高职高专土建类“十三五”规划教材

建筑施工组织

（第三版）

主　审　王　辉
主　编　姚玉娟　张　昊
副主编　何理勇　王立霞
参　编　秦桂芳　李文倩　李　伟

华中科技大学出版社
中国·武汉

图书在版编目(CIP)数据

建筑施工组织/姚玉娟,张昊主编.—3版.—武汉:华中科技大学出版社,2018.1
高职高专土建类“十三五”规划教材
ISBN 978-7-5680-2526-3

Ⅰ.①建… Ⅱ.①姚… ②张… Ⅲ.①建筑工程-施工组织-高等职业教育-教材 Ⅳ.①TU721

中国版本图书馆CIP数据核字(2017)第012278号

建筑施工组织(第三版) 姚玉娟 张 昊 主编
Jianzhu Shigong Zuzhi(Di-san Ban)

策划编辑:金 紫
责任编辑:周永华
封面设计:原色设计
责任校对:马燕红
责任监印:朱 玢
出版发行:华中科技大学出版社(中国·武汉) 电话:(027)81321913
武汉市东湖新技术开发区华工科技园 邮编:430223
录 排:华中科技大学惠友文印中心
印 刷:武汉华工鑫宏印务有限公司
开 本:850mm×1065mm 1/16
印 张:12.75
字 数:261千字
版 次:2019年6月第3版第2次印刷
定 价:36.00元

内 容 提 要

本书是高职高专土建类“十三五”规划教材，是根据教育部对高职高专人才的培养要求编写的。本书主要内容分为五大部分：施工准备工作，流水施工基本原理与应用实例，施工网络计划方法与应用实例，施工组织总设计和单位工程施工组织设计的编制方法以及工程应用实例。本书阐述了目前施工组织中的基本原理、方法，并且图文并茂、理论与实例结合，内容比较全面，便于读者接受和掌握。每章配有思考与练习题，便于学生课后练习。

本书主要作为高等职业教育土建类专业的教学用书，也可供土建工程技术人员参考。

第三版前言

本书是应高职高专土建施工类专业教学需求，为该专业建筑施工组织这一主干课程提供的适用教材，其目的是使学生系统地掌握建筑施工组织的基本理论和基本方法，从而具备从事建筑施工组织与管理的基本能力。

本书以《工程网络计划技术规程》(JGJ/T 121—2015)为基础，以建筑工程项目施工阶段的组织为核心，将课程的理论、方法融为一体，形成较为完整的、适合高职高专土建施工类专业课程体系要求的“建筑施工组织”知识体系。

在编写过程中，坚持“以应用为目的，专业理论知识以需求够用为度”的原理，既注重理论联系实际的适用性，又突出施工组织的实践性。书中引入了大量施工组织与项目管理的案例，深入浅出、通俗易懂，以培养和提高学生解决问题的能力为最终目的，力求体现高等职业技术教育的特色和培养高等技术应用型专门人才的目标。

本书由河南建筑职业技术学院姚玉娟、北京农业职业学院张昊担任主编。绪论由沧州职业技术学院李文倩编写，第 1 章由河南建筑职业技术学院姚玉娟编写，第 2 章由河南建筑职业技术学院李伟编写，第 3 章由北京农业职业学院张昊编写，第 4 章由海口经济学院秦桂芳编写，第 5 章由重庆大学土木工程学院何理勇编写，第 5 章实例由河南建筑职业技术学院王立霞编写。本书由河南建筑职业技术学院王辉主审。

本书在编写过程中得到了河南建筑职业技术学院、北京农业职业学院、海口经济学院、重庆大学的大力支持，在此表示感谢！

由于编者水平有限，书中难免有不妥之处，欢迎老师、学生及各界人士批评指正。

编　者

2017 年 7 月

目　　录

绪　论

【知识点及学习要求】

知　识　点	学习要求
知识点1　施工组织研究的对象和任务	了解
知识点2　建设程序及施工程序	熟悉
知识点3　施工组织设计的内容	掌握

0.1　课程研究的对象和任务

0.1.1　施工组织的研究对象

建筑施工组织是研究和制定组织建筑工程施工全过程既合理又经济的方法和途径。

现代建筑工程是许许多多施二过程的组合体，每一种施工过程都能用多种不同的方法和机械来完成。即使是同一种工程，由于施工速度、气候条件及其他许多因素的关系，所采用的方法也不同。进行施工组织要善于在每一独特的场合下，找到最合理的施工方法和组织方法。为此，必须运用一定的科学方法来解决建筑施工组织的问题。

0.1.2　现代建筑对施工组织提出的要求

建筑施工组织目前所面对的施工项目是现代化建筑物，这些建筑不论是在规模上，还是在功能上都是以往的建筑所不能比拟的。它们反映在施工技术上的特征是高耸、大跨度、超深基础；反映在安装技术上的特征是配备有现代化的通信系统、监控系统、自动控制系统与环境系统、综合布线系统等；反映在安全施工方面要求有严格的安全措施和消防措施；反映在质量方面要求严格按照ISO 9000质量标准体系，高效优质地施工；在环境保护、文明施工上要求做到无污染，无噪声，无公害，工地文明、整洁、形象美观等。这些都给施工组织带来了广泛的研究内容，提出了许多新的要求。

0.1.3　施工组织的任务

要多、快、好、省地完成施工生产任务，必须有科学的施工组织，合理地解决一系列问题。其具体任务如下。

(1) 确定开工前必须完成的各项准备工作。

(2) 计算工程数量,合理部署施工力量,确定劳动力,机械台班,各种材料、构件等的需要量和供应方案。

(3) 确定施工方案,选择施工机具。

(4) 安排施工顺序,编制施工进度计划。

(5) 确定工地上的设备停放场、料场、仓库、办公室、预制场地等的平面布置。

(6) 制定确保工程质量及生产安全的有效技术措施。

此外,施工的总方案可以是多种多样的,应该根据工程具体任务的特点,工期要求,劳动力数量及技术水平,机械装备能力,材料供应和构件生产、运输能力,地质、气候等自然条件及技术条件进行综合分析,将几个方案反复比较,选择出最理想的方案。

把上述各项问题加以综合考虑,并作出合理的决定,形成指导施工生产的技术经济文件——施工组织设计。它本身是施工准备工作,而且是指导施工准备工作、全面布置施工生产活动、控制施工进度、进行劳动力和机械调配的基本依据,对于是否能多、快、好、省地完成建筑工程的施工生产任务起着决定性的作用。

0.2 建设项目的建设程序

0.2.1 基本建设的含义及分类

1) 基本建设的含义

基本建设是国民经济各部门、各单位新增固定资产的一项综合性的经济活动,它通过新建、扩建、改建和恢复工程等投资活动来完成。基本建设是国民经济的组成部分。国民经济各部门都有基本建设经济活动,它包括:建设项目的投资决策,建设布局,技术决策,环保、工艺流程的确定,设备选型,生产准备及对工程建设项目的规划、勘察、设计和施工等活动。有计划、有步骤地进行基本建设,对于扩大社会再生产、提高人民物质文化生活水平和加强国防实力具有重要意义。

2) 基本建设的分类

从全社会角度来看,基本建设是由多个建设项目组成的。基本建设项目一般是指在一个总体设计或初步设计范围内,由一个或几个有内在联系的单位工程组成,在经济上实行统一核算,行政上有独立组织形式,实行统一管理的建设单位。凡属于总体进行建设的主体工程和附属配套工程、供水供电工程等,均应作为一个工程建设项目,不能将其按地区或施工承包单位划分为若干个工程建设项目。此外,也不能将不属于一个总体设计范围内的工程,按各种方式归算为一个工程建设项目。

3）建设项目可以按不同标准分类

（1）按建设性质分类。

基本建设项目可分为新建项目、扩建项目、改建项目、迁建项目和恢复（重建）项目。

① 新建项目：指根据国民经济和社会发展的近远期规划，按照规定的程序立项，从无到有的建设项目。现有企业、事业和行政单位一般没有新建项目，只有当新增加的固定资产价值超过原有全部固定资产价值（原值）3 倍以上时，才可算新建项目。

② 扩建项目：指企业为扩大生产能力或新增效益而增建的生产车间或工程项目，以及事业和行政单位增建业务用房等。

③ 改建项目：指为了提高生产效率，改变产品方向，提高产品质量及综合利用原材料等而对原有固定资产或工艺流程进行技术改造的工程项目。

④ 迁建项目：指现有企、事业单位为改变生产布局、考虑自身的发展前景或基于环境保护等特殊要求，搬迁到其他地点进行建设的项目。

⑤ 恢复（重建）项目：指原固定资产因自然灾害或人为灾害等原因已全部或部分报废，又在原地投资重新建设的项目。

基本建设项目按其性质分为上述五类，一个基本建设项目只能有一种性质，在项目按总体设计全部建成之前，其建设性质是始终不变的。

（2）按投资作用分类。

基本建设项目按其投资在国民经济各部门中的作用，分为生产性建设项目和非生产性建设项目。

① 生产性建设项目：是指直接用于物质生产或直接为物质生产服务的建设项目，包括工业建设、农业建设、基础设施建设和商业建设等。

② 非生产性建设项目：是指用于满足人民物质和文化、福利需要的建设和非物质生产部门的建设，包括办公用房、居住建筑、公共建筑和其他建设项目等。

（3）按建设项目总规模和投资的多少分类。

按照国家规定的标准，基本建设项目划分为大型、中型和小型三类。

（4）按行业性质和特点分类。

根据工程建设的经济效益、社会效益和市场需求等基本特性，可以将其划分为竞争性项目、基础性项目和公益性项目三种。

① 竞争性项目：主要是指投资效益比较高、竞争性比较强的一般建设项目。

② 基础性项目：主要是指具有自然垄断性、建设周期长、投资额大而收益低的基础设施项目和需要政府重点扶持的一部分基础工业项目，以及直接增强国力的符合经济规模的支柱产业项目。

③ 公益性项目：主要包括科技、文教、卫生、体育和环保等设施项目，公、检、法等政权机关及政府机关、社会团体办公设施项目，国防建设项目等。

0.2.2 基本建设程序

基本建设程序是基本建设项目从策划、选择、评估、决策、设计、施工、竣工验收到投入生产或交付使用的整个建设过程中,各项工作必须遵循的先后工作次序。基本建设程序是经过大量实践工作所总结出来的工程建设过程中客观规律的反映,是工程项目科学决策和顺利进行的重要保证。按照我国现行规定,一般大中型工程项目的建设程序可以分为以下几个阶段。

1) 项目建议书阶段

项目建议书是由业主单位提出的要求建设某一项目的建议性文件,是对工程项目建设的轮廓设想。项目建议书的主要作用是推荐一个项目,论述其建设的必要性、建设条件的可行性和获利的可能性。根据国民经济中长期发展规划和产业政策,由审批部门审批,并据此开展可行性研究工作。

项目建议书的内容视项目的不同有繁有简,一般包括以下几方面内容:

(1) 建设项目提出的必要性和依据;

(2) 产品方案、拟建规模和建设地点的初步设想;

(3) 资源情况、建设条件、协作关系的初步分析;

(4) 投资估算和资金筹措设想;

(5) 经济效益和社会效益初步估计。

项目建议书按要求编制完成后,应根据建设规模分别报送有关部门审批。项目建议书经审批后,就可以进行详细的可行性研究工作了,但并不表示项目非上不可,项目建议书并不是项目的最终决策。

2) 可行性研究阶段

可行性研究的主要作用是对项目在技术上是否可行和经济上是否合理进行科学的分析和论证,在评估论证的基础上,由审批部门对项目进行审批。经批准的可行性研究报告是进行初步设计的依据。可行性研究报告的主要内容因项目性质不同而有所不同,一般包括以下几方面内容:

(1) 项目的背景和依据;

(2) 需求预测及拟建规模、产品方案、市场预测和确定依据;

(3) 技术工艺、主要设备和建设标准;

(4) 资源、原料、动力、运输、供水及公用设施情况;

(5) 建厂条件、建设地点、厂区布置方案、占地面积;

(6) 项目设计方案及协作配套条件;

(7) 环境保护、规划、抗震、防洪等方面的要求及相应措施;

(8) 建设工期和实施进度;

(9) 生产组织、劳动定员和人员培训;

(10) 投资估算和资金筹措方案;

(11) 财务评价和国民经济评价;

(12) 经济评价和社会效益分析。

可行性研究经批准后,建设项目才算正式"立项"。

3) 设计阶段

设计是对拟建工程的实施在技术上和经济上所进行的全面而详尽的安排,即建设单位委托设计单位,按照可行性研究报告的有关要求,按建设单位提出的技术、功能、质量等要求来对拟建工程进行图纸方面的详细说明。它是基本建设计划的具体化,同时也是组织施工的依据。按我国现行规定,对于重大工程项目要进行三段设计,即初步设计、技术设计和施工图设计。中小型项目可按两段设计进行,即初步设计和施工图设计。有的工程技术较复杂,可把初步设计的内容适当加深到扩大初步设计。

(1) 初步设计:根据批准的可行性研究报告和比较准确的设计基础资料所做的具体实施方案,目的是阐明在指定的地点、时间和投资控制数额内,拟建工程在技术上的可能性和经济上的合理性,并通过对工程项目所作出的基本技术经济规定,编制项目总概算。

(2) 技术设计:根据初步设计和更详细的调查研究资料,进一步解决初步设计中的重大技术问题,如工艺流程、建筑结构、设备选型及数量确定等,并修正总概算。

(3) 施工图设计:根据批准的扩大初步设计或技术设计的要求,结合现场实际情况,完整地表现建筑物外形、内部空间分割、结构体系、构造状况及建筑群的组成和周围环境的配合。它还包括各种运输、通信、管道系统和建筑设备的设计。在工艺方面,应具体确定各种设备的型号、规格及各种非标准设备的制造加工过程。在施工图设计阶段应编制施工图预算。

4) 建设准备阶段

项目在开工前要切实做好各项准备工作,其主要内容包括:

(1) 征地、拆迁和场地平整;

(2) 完成施工用水、电、路等畅通工作;

(3) 组织设备、材料订货;

(4) 准备必要的施工图纸;

(5) 组织施工招标,择优选定施工单位。

5) 施工安装阶段

工程项目经批准开工建设,项目即进入了施工阶段。项目新开工时间,是指工程建设项目设计文件中规定的任何一项永久性工程第一次正式破土开槽开始施工的日期。施工安装活动应按照工程设计要求、施工合同条款及施工组织设计,在保证工程质量、工期、成本及安全、环保等目标的前提下进行,达到竣工验收标准后,由施工单位移交给建设单位。

6）生产准备阶段

对于生产性工程建设项目而言，生产准备是项目投产前由建设单位进行的一项重要工作。它是衔接建设和生产的桥梁，是项目建设转入生产经营的必要条件。生产准备工作的内容根据项目或企业的不同，其要求也各不相同，但一般应包括以下内容：

(1) 招收和培训生产人员；

(2) 组织准备；

(3) 技术准备；

(4) 物资准备。

7）竣工验收阶段

当工程项目按设计文件的规定内容和施工图纸的要求建完后，便可组织验收。竣工验收是工程建设过程的最后一环，是投资成果转入生产或使用的标志，也是全面考核基本建设成果、检验设计和工程质量的重要步骤。工程项目竣工验收、交付使用，应达到下列标准：

(1) 生产性项目和辅助公用设施已按设计要求建完，能满足要求；

(2) 主要工艺设备已安装配套，经联动负荷试车合格，形成生产能力，能够生产出设计文件规定的产品；

(3) 职工宿舍和其他必要的生产福利设施，能适应投产初期的需要；

(4) 生产准备工作能适应投产初期的需要；

(5) 环境保护设施、劳动安全卫生设施、消防设施已按设计要求与主体工程同时建成使用。

0.2.3 建设项目的组成

一个建设项目的分解体系如图 0-1 所示。

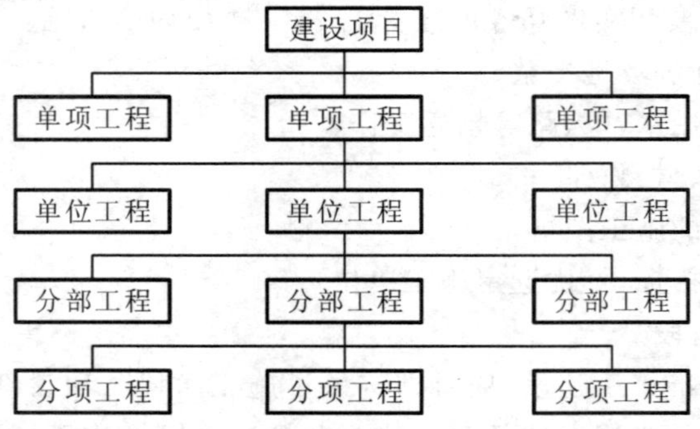

图 0-1 建设项目的分解体系

由于建设项目是一个庞大的体系，它由许多不同功能的部分组成，而每个部分又有着构造上的差异，使得施工生产和造价计算都不可能简单化、统一化，必须有针对性地分别对待每一项具体内容，由部分至整体地实现生产和计算。这就产生了如何对建设项目进行具体划分的问题。建设项目划分指的就是怎样对建设项目进行分解。根据我国的有关规定和几十年来的一贯做法，以及建设项目和其价格确定的需要，建设项目是按以下方式划分的。

1）建设项目

建设项目是指按一个总的设计意图，由一个或几个单项工程所组成，经济上实行统一核算，行政上实行统一管理的建设单位。一般以一个企、事业单位或独立的工程作为一个建设项目。

2）单项工程

单项工程是指具有独立的设计文件，可以独立施工，建成后能够独立发挥生产能力或效益的工程。如工业项目的生产车间、设计规定的主要产品生产线。非工业生产项目是指建设项目中能够发挥设计规定的主要效益的各个独立工程，如办公楼、影剧院、宿舍、教学楼等。单项二程是建设项目的组成部分。

3）单位工程

单位工程是指具有独立设计，可以独立组织施工，但完成后不能独立发挥效益的工程。从施工的角度看，单位工程就是一个独立的施工系统，在工程建设项目总体施工部署和管理目标的指导下，形成自身的项目管理方案和目标，按其投资和质量的要求，如期建成交付生产和使用。对于建设规模较大的单位工程，还可将其能形成独立使用功能的部分划分为若干子单位工程。由于单位工程的施工条件具有相对的独立性，因此，一般要单独组织施工和竣工验收。它是单项工程的组成部分。如一个车间可以由土建工程和设备安装两类单位工程组成。

（1）土建工程包括下列单位工程：① 一般土建工程；② 工业管道工程；③ 电气照明工程；④ 卫生工程；⑤ 庭院工程等。

（2）设备安装工程包括下列单位工程：① 机械设备安装工程；② 通风设备安装工程；③ 电气设备安装工程；④ 电梯安装工程等。

4）分部工程

分部工程是单位工程的组成部分。建筑按主要部位划分，如基础工程、墙体工程、地面与楼面工程、门窗工程、装饰工程和屋面工程等；设备安装工程由设备组别组成，按照工程的设备种类和型号、专业等，划分为建筑采暖工程、煤气工程、建筑电气安装工程、通风与空调工程和电梯安装工程等。

5）分项工程

组成分部工程的若干个施工过程称为分项工程。就是建设项目的基本组成单元，是由专业工种完成的中间产品。它可通过较为简单的施工过程生产出来，可以有适当的计量单位。它是计算工料消耗、进行计划安排、统计工作、实施质量检验的基本构成因素，如内墙砌砖、墙面抹水泥砂浆等，都称为分项工程。

6）检验批

分项工程可由一个或若干个检验批组成，检验批可根据施工及质量控制和专业验收需要按楼层、施工段、变形缝等进行划分。

0.3　建筑产品及其生产的特点

建筑产品是建筑施工的最终成果,建筑产品多种多样,但归纳起来有体形庞大、整体难分、不能移动等特点,这些特点就决定了建筑产品生产与一般的工业产品生产不同,只有对建筑产品及其生产的特点进行研究,才能更好地组织建筑产品的生产,保证产品的质量。

0.3.1　建筑产品的特点

与一般工业产品相比,建筑产品具有自己的特点,具体如下。

1) 建筑产品的固定性

建筑产品是按照使用要求在固定地点兴建的,建筑产品的基础与作为地基的土地直接联系,因而建筑产品在建造中和建成后是不能移动的,建筑产品建在哪里就在哪里发挥作用。在有些情况下,一些建筑产品本身就是土地不可分割的一部分,如油气田、桥梁、地铁、水库等。固定性是建筑产品与一般工业产品的最大区别。

2) 建筑产品的多样性

建筑产品一般是由设计和施工部门根据建设单位(业主)的委托,按特定的要求进行设计和施工的。由于对建筑产品的功能要求多种多样,因而对每一建筑产品的结构、造型、空间分割、设备配置、内外装饰都有具体要求。即使功能要求相同,建筑类型相同,但由于地形、地质等自然条件不同及交通运输、材料供应等社会条件不同,在建造时施工组织、施工方法也存在差异。建筑产品的这种多样性特点决定了建筑产品不能像一般工业产品那样进行批量生产。

3) 建筑产品体积庞大

建筑产品是生产与生活的场所,要在其内部布置各种生产与生活必需的设备与用具,因而与其他工业产品相比,建筑产品占有广阔的空间,排他性很强。因其体积庞大,建筑产品对城市的形成影响很大,城市规划中必须控制建筑区位、面积、层高、层数、密度等,建筑必须服从城市规划的要求。

4) 建筑产品的高值性

能够发挥投资效用的任一项建筑产品,在其生产过程中都耗用了大量的材料、人力、机械及其他资源,建筑产品不仅实物形体庞大,而且造价高昂,动辄数百万,甚至数千万、数亿人民币,特大的工程项目其工程造价可达数十亿、上百亿人民币。建筑产品的高值性也使其工程造价关系到各方面的重大经济利益,同时也会对宏观经济产生重大影响。

0.3.2　建筑产品生产的特点

1) 建筑产品生产的流动性

建筑产品生产的流动性具有以下两层含义。

(1) 由于建筑产品是在固定地点建造的，生产者和生产设备要随着建筑物建造地点的变更而流动，相应材料、附属生产加工企业、生产和生活设施也经常迁移，使建筑生产费用增加。同时，由于建筑产品生产现场和规模都不固定，需求变化大，要求建筑产品生产者在生产时遵循弹性组织原则。

(2) 由于建筑产品固定在土地上，与土地相连，在生产过程中，产品固定不动，人、材料、机械设备围绕着建筑产品移动，要从一个施工段移到另一个施工段，从房屋的一个部位转移到另一个部位。许多不同的工种，在同一对象上进行作业，不可避免地会产生施工空间和时间上的矛盾。这就要求有一个周密的施工组织设计，使流动的人、机、物等互相协调配合，做到连续、均衡施工。

2）建筑产品生产的单件性

建筑产品的多样性决定了建筑产品生产的单件性。每项建筑产品都是按照建设单位的要求进行设计与施工的，都有其相应的功能、规模和结构特点，所以工程内容和实物形态都具有个别性、差异性。而工程所处的地区、地段不同更增强了建筑产品的差异性。同一类型工程或标准设计，在不同的地区、季节及现场条件下，施工准备工作、施工工艺和施工方法不尽相同，所以建筑产品只能是单件生产，而不能按通用定型的施工方案重复生产。这一特点就要求施工组织设计编制者考虑设计要求、工程特点、工程条件等因素，制订出可行的施工组织方案。

3）建筑产品的生产过程具有综合性

建筑产品的生产首先由勘察单位进行勘测，设计单位设计，建设单位进行施工准备，建安工程施工单位进行施工，最后经过竣工验收交付使用。所以建安工程施工单位在生产过程中，要和业主、金融机构、设计单位、监理单位、材料供应部门、分包单位等配合协作。由于生产过程复杂，协作单位多，是一个特殊的生产过程，这就决定了建筑产品的生产过程具有很强的综合性。

4）建筑产品的生产受外部环境影响较大

建筑产品体积庞大，使建筑产品不具备在室内生产的条件，一般都要求露天作业，其生产受到风、霜、雨、雪、温度等气候条件的影响；建筑产品的固定性决定了其生产过程会受到工程地质、水文条件变化的影响，以及地理条件和地域资源的影响。这些外部影响对工程进度、工程质量、建设成本等都有很大影响。这一特点要求建筑产品生产者必须提前进行原始资料调查，制订合理的季节性施工措施、质量保证措施、安全保证措施等，科学组织施工，使生产有序进行。

5）建筑产品的生产过程具有连续性

建筑产品不能像其他许多工业产品一样可以分解为若干部分同时生产，而必须在同一固定场地上按严格程序连续生产，上一道工序不完成，下一道工序就不能进行。建筑产品是持续不断的劳动过程的成果，只有全部生产过程完成，才能发挥其生产能力或使用价值。一个建设工程项目从立项到投产使用要经历五个阶段，即设计前的准备阶段（包括项目的可行性研究和立项）、设计阶段、施工阶段、使用前的准备阶段(包括竣工验收和试运行)和保修阶段。这是一个不可间断的、完整的周期性生产过程,它要求在生产过程中各阶段、各环节、各项工作必须有条不紊地组织起来,在时间上不间断,空间上不脱节。要求生产过程的各项工作必须合理组织、统筹安排,遵守施工程序,按照合理的施工顺序科学地组织施工。

6) 建筑产品的生产周期长

建筑产品的体积庞大决定了建筑产品生产周期长,建筑项目的建设周期,少则1～2年,多则5～6年,甚至10年以上。因此它必须长期大量占用和消耗人力、物力和财力,要到整个生产周期完结,才能出产品。故应科学地组织建筑生产,不断缩短生产周期,尽快提高投资效果。

0.3.3 建筑产品技术经济特点

由上可知,建筑产品与其他工业产品相比,有其一系列独具的技术经济特点,现代建筑施工已成为一项十分复杂的生产活动,这就对施工组织与管理工作提出了更高的要求,主要表现在以下方面。

(1) 建筑产品的固定性和其生产的流动性,构成了建筑施工中空间上的分布与时间上的排列的主要矛盾。建筑产品具有体积庞大和高值性的特点,这就决定了在建筑施工中要投入大量的生产要素(劳动力、材料、机具等),同时为了迅速完成施工任务,在保证材料、物资供应的前提下,最好有尽可能多的工人和机具同时进行生产。而建筑产品的固定性又决定了在建筑生产过程中,各种工人和机具,只能在同一场所的不同时间,或在同一时间的不同场所进行生产活动。要顺利进行施工,就必须正确处理这一主要矛盾。在编制施工组织设计时要通盘考虑,优化施工组织,合理组织平行、交叉、流水作业,使生产要素按一定的顺序、数量和比例投入,使所有的工人、机具各得其所,各尽其能,实现时间、空间上的最佳利用,以达到连续、均衡施工。

(2) 建筑产品具有多样性和复杂性,每一个建筑物或建筑群的施工准备工作、施工工艺方法、施工现场布置等均不相同。因此在编制施工组织设计时必须根据施工对象的特点和规模、地质、水文、气候、机械设备、材料供应等客观条件,从运用先进技术、提高经济效益出发,做到技术和经济统一,选择合理的施工方案。

(3) 建筑施工具有生产周期长、综合性强、技术间歇性强、露天作业多、受自然条件影响大、工程性质复杂等特点,进一步增加了建筑施工中矛盾的复杂性,这就要求施工组织设计要考虑全面,事先制订相应的技术、质量、安全、节约等保证措施,避免质量安全事故,确保安全生产。另外,在建筑施工中,需要组织各种专业的建筑施工单位和不同工种的工人,组织数量众多的各类建筑材料、制品和构配件的生产、运输、储存和供应工作,组织各种施工机械设备的供应、维修和保养工作。同时,还要组织好施工临时供水、供电、供热、供气及安排生产和生活所需的各种临时设施。其间的协作配合关系十分复杂。这要求在编制施工组织设计时要照顾施工的各个方面和各个阶段的联系配合问题，合理安排资源供应，精心规划施工平面布置，合理部署施工现场，实现文明施工，降低工程成本，发挥投资效益。

总之，由于建筑产品及其生产的特点，要求每个工程开工之前，根据工程的特点和要求，结合工程施工的条件和程序，编制出拟建工程的施工组织设计。建筑施工组织设计应按照基本建设程序和客观的施工规律的要求，从施工全局出发，研究施工过程中带有全局性的问题。施工组织设计包括确定开工前的各项准备工作，选择施工方案，安排劳动力和各种技术物资的组织与供应，安排施工进度及规划和布置现场等。施工组织设计用以全面安排和正确指导施工的顺利进行，从而达到工期短、质量优、成本低的目标。

0.4 施工组织设计概论

0.4.1 施工组织设计的概念及作用

1）施工组织设计的概念

施工组织设计是以施工项目为对象编制的，用以指导施工的技术、经济和管理的综合性文件，是对拟建工程在人力和物力、时间和空间、技术和组织等方面所做的全面合理的安排，是沟通工程设计和施工之间的桥梁。作为指导拟建工程项目的全局性文件，施工组织既要体现拟建工程的设计和使用要求，又要符合建筑施工的客观规律。它应尽量适应施工过程的复杂性和具体施工项目的特殊性，通过科学、经济、合理的规划安排，使工程项目能够连续、均衡、协调地进行施工，满足工程项目对工期、质量、投资方面的各项要求。

2）施工组织设计的作用

施工组织设计是用以指导施工组织与管理、施工准备与实施、施工控制与协调、资源的配置与使用等全面性的技术经济文件，是对施工活动的全过程进行科学管理的重要手段。其作用具体表现在以下方面。

（1）施工组织设计是施工准备工作的重要组成部分，同时又是做好施工准备工作的依据和保证。

（2）施工组织设计是根据工程各种具体条件拟定的施工方案、施工顺序、劳动组织和技术组织措施等，是指导开展紧凑、有序施工活动的技术依据。

（3）施工组织设计所提出的各项资源需要量计划，直接为组织材料、机具、设备、劳动力需要量的供应和使用提供数据。

（4）通过编制施工组织设计，可以合理利用和安排为施工服务的各项临时设施，可以合理地部署施工现场，确保文明施工、安全施工。

（5）通过编制施工组织设计，可以将工程的设计与施工、技术与经济、施工全局性规律和局部性规律、土建施工与设备安装、各部门之间、各专业之间有机结合，统一协调。

(6) 通过编制施工组织设计,可分析施工中的风险和矛盾,及时研究解决问题的对策、措施,从而提高了施工的预见性,减少了盲目性。

(7) 施工组织设计是统筹安排施工企业生产的投入与产出过程的关键和依据。工程产品的生产和其他工业产品的生产一样,都是按要求投入生产要素,通过一定的生产过程,而后生产出成品,而中间转换的过程离不开管理。施工企业也是如此,从承接工程任务开始到竣工验收交付使用为止的全部施工过程的计划、组织和控制的基础就是科学的施工组织设计。

(8) 施工组织设计可以指导投标与签订工程承包合同,并作为投标书的内容和合同文件的一部分。

0.4.2 施工组织设计分类

施工组织设计是一个总的概念,根据工程项目的类别、工程规模、编制阶段、编制对象和范围的不同,在编制的深度和广度上也有所不同。

1) 按施工组织设计阶段不同分类

根据工程施工组织设计阶段和作用的不同,工程施工组织设计可以划分为两类:一类是投标前编制的施工组织设计(简称标前设计),另一类是签订工程承包合同后编制的施工组织设计(简称标后设计)。两类施工组织设计的特点和区别见表0-1。

表0-1 标前和标后施工组织设计的特点和区别

种类	服务范围	编制时间	编制者	主要特征	追求主要目标
标前设计	投标与签约	投标书编制前	经营管理层	规划性	中标和经济效益
标后设计	施工准备至验收	签约后开工前	项目管理层	作业性	施工效率和效益

2) 按施工组织设计的工程对象分类

按施工组织设计的工程对象分类,可分为施工组织总设计、单位工程施工组织设计及分部(分项)工程施工组织设计。

(1) 施工组织总设计。

施工组织总设计是以整个建设项目或民用建筑群为对象编制的,用以指导整个工程项目施工全过程的各项施工活动的全局性、控制性文件。它是对整个建设项目的全面规划,涉及范围较广。施工组织总设计一般在初步设计或扩大初步设计被批准之后,由总承包企业的总工程师负责,会同建设、设计和分包单位的工程师共同编制。施工组织总设计用于确定建设总工期、各单位工程开展的顺序及工期、主要工程的施工方案、各种物资的供需计划、全工地性暂设工程及准备工作、施工现场的布置等工作,同时它也是施工单位编制年度施工计划和单位工程施工组织设计的依据。

(2) 单位工程施工组织设计。

单位工程施工组织设计是以一个单位工程(一个建筑物或构筑物,一个施工系统)为编制对象,用以指导其施工全过程的各项施工活动的局部性、指导性文件。它是施工单位年度施工计划和施工组织总设计的具体化,用以直接指导单位工程的施工活动,是施工单位编制作业计划和制订季、月、旬施工计划的依据。单位工程施工组织设计一般在施工图设计完成后,在拟建工程开工之前,由工程项目的技术负责人负责编制。单位工程施工组织设计,根据工程规模、技术复杂程度不同,其编制内容的深度和广度亦有所不同。对于简单单位工程,施工组织设计一般只编制施工方案并附以施工进度和施工平面图,即"一案、一图、一表"。

(3) 分部(分项)工程施工组织设计。

分部(分项)工程施工组织设计也叫分部(分项)工程施工作业设计。它是以分部(分项)工程为编制对象,用以具体实施其分部(分项)工程施工全过程的各项施工活动的技术、经济和组织的实施性文件。一般对于工程规模大、技术复杂、施工难度大或采用新工艺、新技术施工的建筑物或构筑物,在编制单位工程施工组织设计之后,常需对某些重要的又缺乏经验的分部(分项)工程再深入编制专业工程的具体施工设计。例如,深基础工程、大型结构安装工程、高层钢筋混凝土主体结构工程、无黏结预应力混凝土工程、定向爆破、冬雨期施工、地下防水工程等。分部(分项)工程作业设计一般在单位工程施工组织设计确定了施工方案后,由施工队(组)技术人员负责编制,其内容具体、详细、可操作性强,是直接指导分部(分项)工程施工的依据。

施工组织总设计、单位工程施工组织设计和分部(分项)工程施工组织设计,是同一工程项目不同广度、深度和作用的三个层次。

0.4.3 施工组织设计的编制程序及内容

1) 编制程序

编制施工组织设计要遵循一定的程序,要按照施工的客观规律,协调和处理好各个影响因素的关系,用科学的方法进行编制。一般的编制程序如下:

(1) 分析设计资料,选择施工方案和施工方法;

(2) 编制工程进度图;

(3) 计算人工、材料、机具需要量,制订供应计划;

(4) 临时工程的供水、供电、供热计划;

(5) 工地运输组织;

(6) 布置施工平面图;

(7) 编制技术措施计划与计算技术经济指标;

(8) 编写说明书。

不同的施工组织设计阶段,编制程序有所不同。图 0-2 为施工组织设计的编制程序。

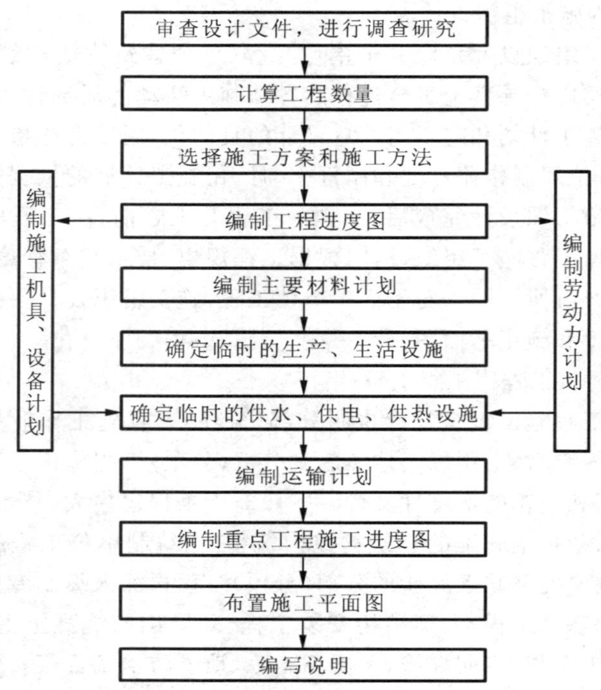

图 0-2 施工组织设计的编制程序

2）注意事项

编制施工组织设计，特别是编制实施性施工组织设计时，应注意认真处理好以下问题，才能使施工组织设计对施工活动具有指导意义。

(1) 根据工程的特点，解决好施工中的主要矛盾，既要突出重点，又要兼顾全局。但要防止面面俱到，烦琐冗长。

(2) 认真而细致地做好工程排队工作。安排工程进度，是施工组织设计必须解决的关键问题，各项工程的施工顺序和搭接关系及保证重点工程等问题，只能通过工程排队并合理调整来解决。

(3) 注意技术物资与生活资料的补给，为工地运输创造条件。如新建公路可以从补给线向内修筑，逐段通车，补给线陆续向内延伸，可方便运输。

(4) 留有余地，便于调整。由于影响施工的因素很多，所以在执行时必然会出现未能预见到的问题。这就要求编制时力求可行，执行时又要根据现场具体情况进行修改、调整、补充，因此，编制的施工组织设计应留有适当的调整余地。

0.4.4 组织施工的原则

1）贯彻执行党和国家关于基本建设的各项制度，坚持基本建设程序

我国关于基本建设的制度有：对基本建设项目必须实行严格的审批制度；施工许可制度；从业资格管理制度；招标投标制度；总承包制度；发承包合同制度；工程监

理制度；建筑安全生产管理制度；工程质量责任制度；竣工验收制度等。这些制度为建立和完善建筑市场的运行机制、加强建筑活动的实施与管理，提供了重要的法律依据，必须认真贯彻执行。

建设程序是指建设项目从决策、设计、施工到竣工验收整个建设过程中的各个阶段及其先后顺序。各个阶段有着不容分割的联系，但不同的阶段有不同的内容，既不能相互代替，也不许颠倒或跳跃。实践证明，凡是坚持建设程序，基本建设就能顺利进行，就能充分发挥投资的经济效益；违背了建设程序，就会造成施工混乱，影响质量、进度和成本，甚至对建设工作带来严重的危害。因此，坚持建设程序，是工程建设顺利进行的有力保证。

2）严格遵守国家和合同规定的工程竣工及交付使用期限

对总工期较长的大型建设项目，应根据生产或使用的需要，安排分期分批建设、投产或交付使用，以期早日发挥建设投资的经济效益。在确定分期分批施工的项目时，必须注意使每期交工的项目可以独立地发挥效用，即主要项目同有关的辅助项目应同时完工，可以立即交付使用。

3）合理安排施工程序和顺序

建筑产品的特点之一是产品的固定性，这使得建筑施工各阶段工作始终在同一场地上进行。没有前一段的工作，后一段就不可能进行，即使它们之间交叉搭接地进行，也必须严格遵守一定的程序和顺序。施工程序和顺序反映客观规律的要求，其安排应符合施工工艺，满足技术要求，有利于组织立体交叉、流水作业，有利于为后续工程施工创造良好的条件，有利于充分利用空间、争取时间。

4）尽量采用国内外先进的施工技术，科学地确定施工方案

先进的施工技术是提高劳动生产率、改善工程质量、加快施工进度、降低工程成本的主要途径。在选择施工方案时，要积极采用新材料、新设备、新工艺和新技术，努力为新结构的推行创造条件；要注意结合工程特点和现场条件，使技术的先进适用性和经济合理性相结合；还要符合施工验收规范、操作规程的要求和遵守有关防火、保安及环卫等规定，确保工程质量和施工安全。

5）采用流水施工方法和网络计划技术安排进度计划

在编制施工进度计划时，应从实际出发，采用流水施工方法组织均衡施工，以达到合理使用资源、充分利用空间、缩短工程周期的目的。

网络计划技术是当代计划管理的有效方法，采用网络计划技术编制施工进度计划，可使计划逻辑严密、层次清晰、关键问题明确，同时便于对计划方案进行优化、控制和调整，并有利于电子计算机在计划管理中的应用。

6）贯彻工厂预制和现场预制相结合的方针，提高建筑工业化程度

建筑技术进步的重要标志之一是建筑工业化，在制订施工方案时必须注意根据地区条件和构件性质，通过技术经济比较，恰当地选择预制方案或现场浇筑方案。确定预制方案时，应贯彻工厂预制与现场预制相结合的方针，努力提高建筑工业化程度,但不能盲目追求装配化程度的提高。

7) 充分发挥机械效能,提高机械化程度

机械化施工可加快工程进度,减轻劳动强度,提高劳动生产率。为此,在选择施工机械时,应充分发挥机械的效能,并使主导工程的大型机械如土方机械、吊装机械能连续作业,以减少机械台班费用;同时,还应使大型机械与中小型机械相结合,机械化与半机械化相结合,扩大机械化施工范围,实现施工综合机械化,以提高机械化施工程度。

8) 加强季节性施工措施,确保全年连续施工

为了确保全年连续施工,减少季节性施工的技术措施费用,在组织施工时,应充分了解当地的气象条件和水文地质条件。尽量避免把土方工程、地下工程、水下工程安排在雨期和洪水期施工,避免把混凝土现浇结构安排在冬期施工,避免把高空作业、结构吊装安排在风季施工。对那些必须在冬雨期施工的项目,则应采用相应的技术措施,既要确保全年连续施工、均衡施工,更要确保工程质量和施工安全。

9) 合理地部署施工现场,尽可能地减少暂设工程

在编制施工组织设计及现场组织施工时,应精心地进行施工总平面图的规划,合理地部署施工现场,节约施工用地;尽量利用正式工程、原有建筑物及已有设施,以减少各种临时设施;尽量利用当地资源,合理安排运输、装卸与储存作业,减少物资运输量,避免二次搬运。

【思考与练习】

0-1 建筑工程施工为什么要编制施工组织设计?

0-2 建筑产品及其生产具有哪些特点?

0-3 试述组织施工的基本原则。

0-4 什么是基本建设程序? 它有哪些主要阶段?

0-5 施工组织设计有几种类型? 其基本内容有哪些?

0-6 如何使施工组织设计起到组织和指导施工全过程的作用?

第1章　施工准备工作

【知识点及学习要求】

知　识　点	学习要求
知识点1　施工准备工作的分类和内容	了解
知识点2　调查研究与收集资料	熟悉
知识点3　技术资料准备	掌握
知识点4　施工现场准备	掌握
知识点5　资源准备	掌握
知识点6　季节施工准备	熟悉

1.1　施工准备工作概述

施工准备工作是为了保证工程顺利开工和施工活动正常进行而必须事先做好的各项工作。它是施工程序中的重要环节，不仅存在于开工之前，而且贯串在整个施工过程中。为了保证工程项目顺利地进行施工，必须做好施工准备工作。

1.1.1　施工准备工作的意义

施工准备工作的基本任务是为拟建工程的施工建立必要的技术和物质条件，统筹安排施工力量和施工现场。施工准备工作也是建筑业企业搞好目标管理、推行内部技术经济承包的重要依据，同时施工准备工作还是土建施工和设备安装顺利进行的根本保证。因此，认真地做好施工准备工作，对于发挥企业优势，合理供应资源，加快施工速度，提高工程质量，降低工程成本，增加企业经济效益，赢得企业社会信誉，实现企业管理现代化等具有重要的意义。

1）遵循建筑施工程序

施工准备是建筑施工程序的重要阶段。现代工程施工是十分复杂的生产活动，其技术规律和市场经济规律要求工程施工必须严格按建筑施工程序进行。只有认真做好施工准备工作，才能取得良好的建设效果。

2）降低施工风险

工程施工的周期长、环境复杂、不可见因素多，因而可能遇到较多的风险。这些风险包括技术的、安全的、经济的、环境的乃至政治的，等等。通过加强施工准备工作、做好规划、采取预防措施、加强应变能力，便能有效地转移风险、避免风险、降低风险损失,使施工取得良好效果。

3) 创造工程开工和施工的良好条件

工程施工是一项非常复杂的大型生产活动,需要处理复杂的技术问题,耗用大量的物资,使用众多的人力,涉及广泛的社会问题。因此,需要通过周密的统筹安排和周密准备才能使工程顺利开工,开工后能顺利地施工且能得到各方面条件的保证。

4) 提高企业经济效益

实践证明,施工准备工作的好坏,将直接影响建筑产品生产的全过程。凡是重视和做好施工准备工作,积极为工程项目创造一切有利施工条件的,工程就能顺利开工,开工后能连续施工并得到各方面条件的保证,取得施工的主动权;如果忽视施工准备工作,必然会在施工中受各种因素制约,处处被动,造成难以估量的严重后果。

因此,严格遵守施工程序,按照客观规律组织施工,做好各项施工准备工作是施工顺利进行和工程圆满完成的重要保证。

1.1.2 施工准备工作的分类

1) 按施工准备工作的范围不同分类

按施工准备工作的范围不同,一般可分为全场性施工准备、单项(单位)工程施工条件准备和分部(分项)工程作业条件准备三种。

(1) 全场性施工准备。它是以整个建设项目为对象而进行的各项施工准备。其特点是它的施工准备工作的目的、内容都是为整个建设项目服务的,既为全场性的施工活动创造有利条件,也兼顾单位工程施工条件的准备。

(2) 单项(单位)工程施工条件准备。它是以一个建筑物或构筑物为对象而进行的施工条件准备工作。其特点是它的准备工作的目的、内容都是为单项(单位)工程施工服务的,它不仅为该单项(单位)工程在开工前做好一切准备,而且要为分部(分项)工程做好施工准备工作。

(3) 分部(分项)工程作业条件准备。它是以一个分部(分项)工程或冬雨季施工项目为对象而进行的施工作业条件准备。

2) 按拟建工程所处的施工阶段不同分类

按拟建工程所处的施工阶段不同,一般可分为开工前的施工准备和各施工阶段前的施工准备两种。

(1) 开工前的施工准备。它是在拟建工程正式开工之前所进行的一切施工准备工作。其目的是为拟建工程正式开工创造必要的施工条件。它既可能是全场性的施工准备,又可能是单位工程施工条件的准备。

(2) 各施工阶段前的施工准备。它是在拟建工程开工之后,每个施工阶段正式开工之前所进行的一切施工准备工作。其目的是为施工阶段正式开工创造必要的施工条件。如混合结构的民用住宅的施工，一般可分为地下工程、主体工程、装饰工程和屋面工程等施工阶段，每个施工阶段的施工内容不同，所需要的技术条件、物资条件、组织要求和现场布置等方面也不同，因此，在每个施工阶段开工之前，都必须做好相应的施工准备工作。

综上所述，可以看出：不仅在拟建工程开工之前应做好施工准备工作，而且随着工程施工的进展，在各施工阶段开工之前也要做好施工准备工作。施工准备工作既要有阶段性，又要有连贯性，因此施工准备工作必须有计划、有步骤、分期分阶段地进行，要贯串拟建工程整个生产过程的始终。

1.1.3　施工准备工作的内容

一般工程的施工准备工作可归纳为五个部分：调查研究与收集资料、技术资料准备、施工现场准备、资源准备和季节施工准备，如图 1-1 所示。

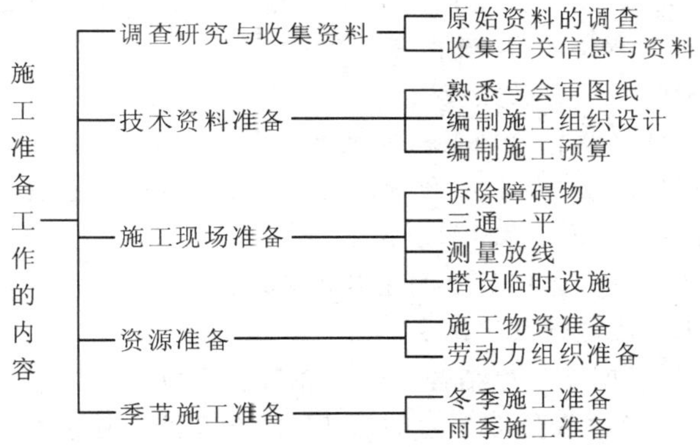

图 1-1　施工准备工作的内容

但这五个部分只是施工准备工作的基本内容，实际工程施工中的工作内容，应视工程本身及其具体条件而定。如只有一个单位工程的施工项目和包含多个单项工程的建设项目，一般小型项目和规模庞大的大中型项目，新建项目与扩建项目等，施工准备工作的具体内容都不尽相同，应根据工程的实际需要和实际条件而对施工准备工作提出不同的具体要求。只有按照施工项目的规划来确定施工准备工作的内容，并拟定具体的、分阶段的施工准备工作实施计划，才能充分地为施工创造一切必要的条件。

1.1.4　施工准备工作的要求

1）施工准备应分阶段、有组织、有计划、有步骤地进行

施工准备工作不仅要在开工前集中进行，而且要贯串整个施工过程。随着工程施工的不断进展，在各分部（分项）工程施工开始之前，都要不断地做好准备工作，为各分部（分项）工程施工的顺利进行创造必要的条件。

为了保证施工准备工作的按时完成,应编制施工准备工作计划,明确其完成时间、内容要求及责任人员,并纳入施工单位的施工组织设计和年度、季度及月度施工计划中去,认真贯彻执行。

2) 施工准备工作应有严格的保证措施

(1) 建立施工准备工作责任制。

按施工准备工作计划将责任落实到有关部门和人,同时明确各级技术负责人在施工准备工作中应负的责任。

(2) 建立施工准备工作检查制度。

施工准备工作不但要有计划、有分工,而且要有布置、有检查,以利于经常督促、发现薄弱环节,不断改进工作。

(3) 坚持按基本程序办事,严格执行开工报告制度。

依据《建设工程监理规范》(GB/T 50319—2013),工程项目开工前,施工准备工作具备了以下条件时,施工单位应向监理单位报送工程开工报审表及开工报告、证明文件等,由总监理工程师签发,并报建设单位。

① 设计交底和图纸会审已完成。

② 施工组织设计已获总监理工程师批准。

③ 施工单位现场质量、安全生产管理体系已建立,管理及施工人员已到位,施工机械具备使用条件,主要工程材料已落实。

④ 进场道路及水、电、通信等已满足开工要求。

3) 施工准备工作应做好几个结合

(1) 前期准备与后期准备相结合。施工总准备必须兼顾单位工程的施工,单位工程的施工准备必须考虑各分部工程的施工,避免盲目重复进行,浪费人力、财力、物力。

(2) 室内与室外准备工作相结合。室内准备工作主要是指各种技术资料的编制与汇总,室外准备工作主要是指物资准备和现场准备。室内准备对室外准备起指导作用,而室外准备则是室内准备的具体落实。

(3) 土建工程与专业工程相结合。土建施工单位在明确施工任务,制订出施工准备工作的初步计划后,应及时通知各有关协作的专业单位,使各协作单位及早做好施工准备工作。

4) 取得协作单位的支持和配合

由于施工准备工作涉及面广,因此,除了施工单位本身的努力以外,还要取得建设单位、监理单位、设计单位、供货单位及其他协作单位的大力支持,分工负责,统一步调,共同做好施工准备工作。

1.2 调查研究与收集资料

建筑工程施工涉及的单位多、内容广、情况多变、问题复杂。对一项工程所涉及的自然条件和技术经济条件等施工资料进行调查研究与收集整理，是施工准备工作的一项重要内容，也是编制施工组织设计的重要依据。调查研究与收集资料的工作应有计划、有目的地进行，事先要拟定详细的调查提纲。其调查的范围、内容要求等应根据拟建工程的规模、性质、复杂程度、工期及对当地的了解程度确定。调查时，除向建设单位、勘察设计单位、当地气象台站及有关部门和单位收集资料及有关规定外，还应到实地勘测，并向当地居民了解。对调查、收集到的资料应注意整理归纳、分析研究，对其中特别重要的资料，必须复查其数据的真实性和可靠性。

1.2.1　技术经济资料调查

技术经济资料调查包括地方建筑生产企业，地方资源，交通运输，水、电及其他能源，主要设备、三大材料和特殊材料等项调查。调查的项目见表1-1至表1-5。

表1-1　地方建筑材料及构件生产企业情况调查内容

序号	企业名称	产品名称	规格质量	单位	生产能力	供应能力	生产方式	出厂价格	运距	运输方式	单位运价	备注

注：企业名称按照构件厂，木工厂，金属结构厂，商品混凝土厂，砂石厂，建筑设备厂，砖、瓦、石灰厂等填列。资料来源：当地计划、经济、建筑主管部门。调查目的：落实物资供应。

表1-2　地方资源情况调查内容

序号	材料名称	产地	储存量	质量	开采（生产）量	开采费	出厂价	运距	运费	供应的可能性

注：材料名称按照块石、碎石、砾石、砂、工业废料（包括冶金矿渣、炉渣、电站粉煤灰）填列。调查目的：落实地方物资准备工作。

表1-3　地区交通条件调查内容

序号	项　目	调 查 内 容	调 查 目 的
1	铁路	（1）邻近铁路专有车站至工地的距离及沿途运输条件 （2）站场卸货线长度、起重能力和储存能力 （3）装载单个货物的最大尺寸、重量的限制 （4）运费、装卸费和装卸力量	（1）选择施工运输方式 （2）拟定施工运输计划

续表

序号	项　目	调 查 内 容	调 查 目 的
2	公路	(1) 主要材料产地至工地的公路等级、路面构造、路宽及完好情况，允许最大载重量、途经桥涵等级，允许最大尺寸、最大载重量 (2) 当地专业运输机构及附近村镇能提供的装卸、运输能力，汽车、畜力、人力车的数量及运输效率、运费、装卸费 (3) 当地有无汽车修配厂，修配能力和至工地的距离、路况 (4) 沿途架空电线高度	(1) 选择施工运输方式 (2) 拟定施工运输计划
3	航运	(1) 货源、工地至邻近河流、码头渡口的距离，道路情况 (2) 洪水、平水、枯水期时，通航的最大船只吨位及到达船只的可能性 (3) 码头装卸能力、最大起重量，增设码头的可能性 (4) 渡口渡船能力，同时可载汽车、马车数，每日次数，能为施工提供的运载能力 (5) 运费、渡口费、装卸费	

表 1-4　供水、供电、供气条件调查内容

序号	项　目	调 查 内 容	调 查 目 的
1	给水排水	(1) 工地用水与当地现有水源连接的可能性，可供水量，管线敷设地点、管径、材料、埋深、水压、水质及水费；水源至工地距离，沿途地形、地物状况 (2) 自选临时江河水源的水质、水量、取水方式，至工地距离，沿途地形、地物状况；自选临时水井的位置、深度、管径、出水量和水质 (3) 利用永久性排水设施的可能性，施工排水的去向、距离和坡度；有无洪水影响，防洪设施状况	(1) 确定生活、施工供水方案 (2) 确定工地排水方案和防洪设施 (3) 拟定供排水设施的施工进度计划
2	供电与通信	(1) 当地的电源位置，引入的可能性，可供电的容量、电压、导线截面和电费，引入方向，接线地点及其至工地距离，沿途地形地物状况 (2) 建设单位和施工单位自有的发、变电设备的型号、台数和容量 (3) 利用邻近电信设施的可能性，电话、通信网络等至工地的距离，可能增设电信设备、线路的情况	(1) 确定供电方案 (2) 确定通信方案 (3) 拟定供电、通信设施的施工进度计划
3	供气	(1) 蒸汽来源，可供蒸汽量，接管地点、管径、埋深，至工地距离，沿途地形、地物状况，蒸汽价格 (2) 建设、施工单位自有锅炉的型号、台数和能力，所需燃料及水质标准 (3) 当地或建设单位可能的提供压缩空气、氧气的能力，至工地距离	(1) 确定施工、生活用气方案 (2) 确定压缩空气、氧气的供应计划

表 1-5　三大材料、特殊材料及主要设备调查内容

序号	项　目	调 查 内 容	调 查 目 的
1	三大材料	(1) 钢材订货的规格、钢号、强度等级、数量和到货时间 (2) 木材料订货的规格、等级、数量和到货时间 (3) 水泥订货的品种、程度等级、数量级和到货时间	(1) 确定临时设施和堆放场地 (2) 确定木材加工计划 (3) 确定水泥储存方式
2	特殊材料	(1) 需要的品种、规格、数量 (2) 试制、加工和供应情况 (3) 进口材料和新材料	(1) 制订供应计划 (2) 确定储存方式
3	主要设备	(1) 主要工艺设备名称、规格、数量和供货单位 (2) 分批和全部到货时间	(1) 确定临时设施和堆放场地 (2) 拟定防雨措施

1.2.2　社会资料的调查

社会资料调查主要包括建设地区的政治、经济、文化、科技、风土、民俗等内容。其中，建设单位情况、社会劳动力和生活设施、参加施工各单位情况的调查资料，可作为安排劳动力、布置临时设施和确定施工力量的依据。调查的项目见表 1-6 至表 1-8。

表 1-6　对建设单位调查的项目

调 查 单 位	调 查 内 容	调 查 目 的
建设单位	(1) 建设项目设计任务书、有关文件 (2) 建设项目性质、规模、生产能力 (3) 生产工艺流程、主要工艺设备名称及来源 (4) 建设期限、开工时间、交工先后顺序、竣工投产时间 (5) 总概算投资、年度建设计划 (6) 施工准备工作的内容、安排、工作进度表	(1) 施工依据 (2) 项目建设部署 (3) 制定主要工程施工方案 (4) 规划施工总进度 (5) 安排年度施工计划 (6) 规划施工总平面图 (7) 确定占地范围

表 1-7　建设地区社会劳动力和生活设施的调查内容

序号	项　目	调 查 内 容	调 查 目 的
1	社会劳动力	(1) 少数民族地区的风俗习惯 (2) 当地能提供的劳动力人数、技术水平、工资费用和来源 (3) 上述人员的生活安排	(1) 拟定劳动力计划 (2) 安排临时设施
2	房屋设施	(1) 必须在工地居住的单身人数和户数 (2) 能作为施工用的现有的房屋栋数，每栋面积，结构特征，总面积、位置、水、暖、电、卫、设备状况 (3) 上述建筑物的适宜用途，用作宿舍、食堂、办公室的可能性	(1) 确定现有房屋为施工服务的可能性 (2) 安排临时设施

续表

序号	项　目	调 查 内 容	调 查 目 的
3	周围环境	(1) 主副食品供应,日用品供应,文化教育,消防治安等机构能为施工提供的支援能力 (2) 邻近医疗单位至工地的距离,可能就医情况 (3) 当地公共汽车、邮电服务情况 (4) 周围是否存在有害气体、污染情况,有无地方病	安排职工生活基地,解除后顾之忧

表 1-8　参加施工的各单位能力调查内容

序号	项　目	调 查 内 容
1	工人	(1) 工人数量、分工种人数,能投入本工程施工的人数 (2) 专业分工及一专多能的情况、工人队组形式 (3) 定额完成情况、工人技术水平、技术等级构成
2	管理人员	(1) 管理人员总数,所占比例 (2) 技术人员数,专业情况,技术职称,其他人员数
3	施工机械	(1) 机械名称、型号、能力、数量、新旧程度、完好率,能投入本工程施工的情况 (2) 总装备程度(马力/全员) (3) 分配、新购情况
4	施工经验	(1) 历年曾施工的主要工程项目、规模、结构、工期 (2) 习惯施工方法,采用过的先进施工方法,构件加工,生产能力和质量 (3) 工程质量合格情况,科研、革新成果
5	经济指标	(1) 劳动生产率,年完成能力,质量、安全、降低成本情况 (2) 机械化程度 (3) 工业化程度,设备、机械的完好率、利用率

资料来源:参加施工的各单位。目的:明确施工力量、技术素质,规划施工任务分配、安排。

1.2.3　自然条件调查分析

自然条件调查分析主要是为了了解建设地点的地形、地貌、地质、水文、气象及场址周围环境和障碍物情况等,一般可作为确定施工方法和技术措施的依据。调查的项目见表 1-9。

表 1-9　自然条件调查的项目

项目		调查内容	调查目的
气象资料	气温	(1) 全年各月平均温度 (2) 最高温度、月份，最低温度、月份 (3) 冬天、夏季室外计算温度 (4) 霜期、冻期、冰雹期 (5) 小于－3 ℃、0 ℃、5 ℃的天数，起止日期	(1) 防暑降温 (2) 全年正常施工天数 (3) 冬期施工措施 (4) 估计混凝土、砂浆强度增长
	降雨	(1) 雨季起止时间 (2) 全年降水量、一日最大降水量 (3) 全年雷暴日数、时间 (4) 全年各月平均降水量	(1) 雨季施工措施 (2) 现场排水、防洪 (3) 防雷 (4) 雨天天数估计
	风	(1) 主导风向及频率(风玫瑰图) (2) 大于等于 8 级风全年天数、时间	(1) 布置临时设施 (2) 高空作业及吊装措施
工程地形、地质	地形	(1) 区域地形图 (2) 工程位置地形图 (3) 工程建设地区的城市规划 (4) 控制桩、水准点的位置 (5) 地形地质的特征 (6) 勘察文件、资料等	(1) 选择施工用地 (2) 合理布置施工总平面图 (3) 计算现场平整土方量 (4) 障碍物及数量 (5) 拆迁和清理施工现场
	地质	(1) 钻孔布置图 (2) 地质剖面图(各层土的特征、厚度) (3) 地质稳定性：滑坡、流沙、冲沟 (4) 地基土强度的结论，各项物理力学指标：天然含水量、孔隙比、渗透性、压缩性指标、塑性指数、地基承载力 (5) 软弱土、膨胀土、湿陷性黄土分布情况；最大冻结深度 (6) 防空洞、枯井、土坑、古墓、洞穴，地基土破坏情况 (7) 地下沟通管网、地下构筑物	(1) 土方施工方法的选择 (2) 地基处理方法 (3) 基础、地下结构施工措施 (4) 障碍物拆除计划 (5) 基坑开挖方案设计
	地震	抗震设防烈度的大小	对地基、结构影响、施工注意事项
工程水文地质	地下水	(1) 最高、最低水位及时间 (2) 流向、流速、流量 (3) 水质分析 (4) 抽水试验、测定水量	(1) 土方施工、基础施工方案的选择 (2) 降低地下水位方法、措施 (3) 判定侵蚀性质及施工注意事项 (4) 使用、饮用地下水的可能性

续表

项目		调查内容	调查目的
工程水文地质	地面水(地面河流)	(1)临近的江河湖泊及距离 (2)洪水、平水、枯水时期,其水位、流量、流速、航道深度,通航可能性 (3)水质分析	(1)临时给水 (2)航运组织 (3)水工工程
	周围环境及障碍物	(1)施工区域现有建筑物、构筑物、沟渠、树木、土堆、高压输变电线路等 (2)邻近建筑坚固程度,及其中人员工作生活、健康状况	(1)及时拆迁、拆除 (2)保护工作 (3)合理布置施工平面 (4)合理安排施工进度

1.2.4 相关信息与资料的收集

相关信息与资料包括:现行的由国家有关部门制定的技术规范、规程及有关技术规定,如《建筑工程施工质量验收统一标准》(GB 50300—2013)及相关专业工程施工质量验收规范,《建筑施工安全检查标准》(JGJ 59—2011)及有关专业工程安全技术规范规程,《建设工程项目管理规范》(GB/T 50326—2006),《建筑工程冬期施工规程》(JGJ/T 104—2011),各专业工程施工技术规范等;《全国统一建筑安装工程工期定额》,企业现有的施工定额、施工手册、类似工程的技术资料及平时施工实践活动中所积累的资料等。收集这些相关信息与资料,是进行施工准备工作和编制施工组织设计的依据之一,可为其提供有价值的参考。

1.3 技术资料准备

技术资料的准备即通常所说的室内准备(内业准备),它是施工准备工作的核心。由于任何技术的差错都可能引起人身安全事故和质量事故,造成人民生命、财产和经济的巨大损失。因此,必须认真地做好技术资料的准备工作。技术资料准备的主要内容包括:熟悉与会审图纸、编制施工组织设计和编制施工预算等。

1.3.1 熟悉与会审图纸

熟悉与会审图纸的目的,就是在单位工程开工之前,使从事施工和管理的工程技术人员充分了解和掌握设计图纸的设计意图、构造特点和技术要求;通过审查发现图纸中存在的问题和错误,并加以改正,以保证施工的顺利进行。

1)熟悉图纸阶段

搞好图纸会审工作,首先要求参加会审的人员应熟悉图纸。各专业技术人员在领到施工图后,必须先认真、全面地了解图纸,要清楚设计图及技术标准的规定要求,要熟悉工艺流程和结构特点等重要环节,必要时,还要到现场进行详细的调查,以了解设计图是否符合现场要求。

熟悉图纸工作的组织：由施工项目经理部组织有关工程技术人员熟悉图纸，了解设计意图与建设单位要求及施工应达到的技术标准。

熟悉图纸的要求：① 先粗后细，先看平、立、剖面图，再看细部做法；② 先小后大，先看小样图，后看大样图；③ 先建筑后结构，并把建筑图与结构图互相对照；④ 先一般后特殊，先看一般的部位和要求，后看特殊的部位和要求；⑤ 图纸与说明结合；⑥ 土建与安装结合；⑦ 图纸要求与实际情况结合。

2）自审图纸阶段

自审图纸的组织：由施工项目经理部组织各工种对本工种的有关图纸进行审查，掌握和了解图纸的细节；在此基础上，由总承包单位内部的土建与水、暖、电等专业共同核对图纸；最后，总承包单位与分包单位在各自审查图纸的基础上，共同核对图纸中的差错，协商施工配合事项。

自审图纸的要求如下。

（1）审查拟建工程的地点、建筑总平面图同国家、城市或地区规划是否一致，以及建筑物或构筑物的设计功能和使用要求是否符合环卫、防火及美化城市方面的要求。

（2）审查设计图纸是否完整齐全及设计图纸和资料是否符合国家有关技术规范要求。

（3）审查建筑、结构、设备安装图纸是否相符，有无“错、漏、碰、缺”，内部结构和工艺设备有无矛盾。

（4）审查地基处理与基础设计同拟建工程地点的工程地质和水文地质等条件是否一致，以及建筑物或构筑物与原地下构筑物及管线之间有无矛盾。深基础的防水方案是否可靠，材料设备能否解决。

（5）明确拟建工程的结构形式和特点，复核主要承重结构的承载力、刚度和稳定性是否满足要求，审查设计图纸中的形体复杂、施工难度大和技术要求高的分部（分项）工程或新结构、新材料、新工艺，在施工技术和管理水平上能否满足质量和工期要求，选用的材料、构配件、设备等能否解决。

（6）明确建设期限，分期分批投产或交付使用的顺序和时间，以及工程所用的主要材料、设备的数量、规格、来源和供货日期。

（7）明确建设、设计和施工等单位之间的协作、配合关系，以及建设单位可以提供的施工条件。

（8）审查设计是否考虑了施工的需要，各种结构的承载力、刚度和稳定性是否满足设置内爬、附着、固定式塔式起重机等的要求。

3）图纸会审阶段

图纸会审的组织：一般工程由建设单位组织并主持会议，设计单位交底，施工单位、监理单位参加。重点工程或大型复杂工程，如有必要可邀请各主管部门、消防等协作单位参加。会审的程序是：设计单位作设计交底，施工单位对图纸提出问题，有关单位发表意见,与会者讨论、研究、协商,逐条解决问题达成共识,组织会审的单位汇总成文,各单位会签,形成图纸会审纪要,会审纪要作为与施工图纸具有同等法律效力的技术文件使用。

图纸会审的要求如下。

(1) 设计是否符合国家有关方针、政策和规定。

(2) 设计规模、内容是否符合国家有关的技术规范要求(尤其是强制性标准的要求),是否符合环境保护和消防安全的要求。

(3) 建筑设计是否符合国家有关的技术规范要求(尤其是强制性标准的要求)。

(4) 建筑平面布置是否符合核准的按建筑红线划定的详图和现场实际情况,是否提供符合要求的永久水准点或临时水准点位置。

(5) 图纸及说明是否齐全、清楚、明确。

(6) 结构、建筑、设备等图纸本身及相互之间有无错误和矛盾,图纸与说明之间有无矛盾。

(7) 有无特殊材料(包括新材料)要求,其品种、规格、数量能否满足需要。

(8) 设计是否符合施工技术装备条件。如需采取特殊技术措施时,技术上有无困难,能否保证安全施工。

(9) 地基处理及基础设计有无问题,建筑物与地下构筑物、管线之间有无矛盾。

(10) 建(构)筑物及设备的各部位尺寸、轴线位置、标高、预留孔洞及预埋件,大样图及做法说明有无错误和矛盾。

1.3.2 编制施工组织设计

施工组织设计是根据拟建工程的工程规模、结构特点和建设单位要求,编制的指导该工程施工全过程的综合性文件,是施工准备工作的主要技术文件。它结合所收集的原始资料、施工图纸和施工图预算等相关信息,综合建设单位、监理单位、设计单位的具体要求进行编制,以保证工程施工好、快、省并且安全、顺利地完成。

施工单位必须在施工约定的时间内完成施工组织设计的编制与自审工作,并填写施工组织设计报审表,报送项目监理机构。总监理工程师应在约定的时间内,组织专业监理工程师审查,提出审查意见后,由总监理工程师审定批准,需要施工单位修改时,由总监理工程师签发书面意见,退回施工单位修改后再报审,总监理工程师应重新审定,已审定的施工组织设计由项目监理机构报送建设单位。施工单位应按审定的施工组织设计文件组织施工,如需对其内容做较大变更,应在实施前将变更内容书面报送项目监理机构重新审定。对规模大、结构复杂或属于新结构、特种结构的工程,专业监理工程师提出审查意见后,由总监理工程师签发审查意见,必要时与建设单位协商,组织有关专家会审。

1.3.3 编制施工预算

施工预算是施工单位根据中标后的施工合同价款、施工图纸、施工组织设计或施工方案、施工定额等文件进行编制的，它是企业内部经济核算和班组承包的依据，是企业内部使用的一种预算。它直接受施工合同中合同价款的控制，是施工前的一项重要准备工作。它是施工项目经理部内部控制各项成本支出、考核用工、签发施工任务书、限额领料，基层进行经济核算、进行经济活动分析的依据。在施工过程中，要按施工预算严格控制各项指标，以促进降低工程成本和提高施工管理水平。

1.4　施工现场准备

施工现场的准备即通常所说的室外准备，它是为拟建工程的施工创造有利的施工条件的保证。其工作应按施工组织设计的要求进行，主要内容有：清除障碍物、三通一平、施工测量、搭设临时设施等。

1.4.1　清除障碍物

施工场地内的一切障碍物，无论是地上的或是地下的，都应在开工前清除。清除时，一定要了解现场实际情况，尤其是在城市的老区内，由于原有建筑物和构筑物情况复杂，在清除前需要采取相应的措施防止发生事故。

对于房屋的拆除，一般只要把水源、电源切断后即可进行拆除。若房屋较大、较坚固，则有可能采用爆破的方法，这需要由专业的爆破作业人员来承担，并且必须经有关部门批准。

对于原有电力、通信、给排水、煤气、供热网等设施的拆除和清理，要与有关部门联系并办理有关手续后方可进行，一般由专业公司来处理。

场地内若有树木，必须报园林部门批准后方可砍伐。

拆除障碍物后，留下的渣土等杂物都应清除出场外。运输时，应遵守交通、环保部门的有关规定，运土的车辆要按指定的路线和时间行驶，并采取封闭运输车或在渣土上洒水等措施，以免尘土飞扬而污染环境。

1.4.2　三通一平

在工程用地范围内，接通施工用水、用电、道路和平整场地的工作简称为“三通一平”。其实工地上的实际需要往往不止是水通、电通、路通，有的工地还需要供应蒸汽，架设热力管线，称为“热通”；通煤气，称为“气通”；通电话作为联络通信工具，称为“话通”。还可能因为施工中的特殊要求，有其他的“通”，但最基本的还是“三通”。

1）通水

施工现场的通水包括给水和排水两个方面。

水是施工现场的生产、生活和消防不可缺少的。拟建工程开工之前，必须按照施工平面图的要求，接通施工用水、生活用水和消防用水的管线，尽可能与永久性给水系统结合，既要满足用水的需要和使用方便，还要尽量缩短管线。

施工的排水也十分重要，尤其是雨季，如排水不畅，会影响施工和运输的顺利进行，因此要做好排水工作。

2）通电

通电包括施工生产用电和生活用电。

电是施工现场的主要动力来源。拟建工程开工之前，必须按照施工组织设计的要求布设电路和用电设备。若拟建工程在城市或工业区，则可充分利用现有设施为施工服务，否则必须建立临时供电系统，确保施工现场动力设备和通信设备的正常运行。

3）修通道路

工程施工需要使用大量建筑材料和建筑构配件，运输任务十分繁重。因此，开工前道路必须修通。最好安排永久性道路先施工，以节约施工费用和材料。如果修筑永久性道路的进度赶不上施工的需要，则可以先铺设临时施工道路。

4）场地平整

按照建筑平面图的要求，在完成清除障碍物之后，即可根据建筑总平面图规定的标高，计算挖、填土方量，进行土方调配，确定场地平整方案，进行场地平整工作。如果工程项目的规模较大，可以根据施工总进度计划分段进行。

1.4.3 施工测量

施工测量是把设计图纸上的建筑通过测量手段“搬”到地面上去，并用各种标志表现出来作为施工依据。施工测量在建造房屋中具有十分重要的地位，同时又是一项精确细致的工作，因此必须保证精度。为了做好施工测量工作，施工人员应做到以下几点。

1）对测量仪器的正确使用和校验

熟悉所使用的测量仪器和工具，并经常对它们进行维修和保养。凡在使用中发现仪器不准确或有损伤，应立即送计量检测及维修单位进行检修，从而保证仪器的精度。

2）了解设计意图，熟悉并校核施工图纸

认真熟悉施工图纸，了解工程全貌和设计意图，掌握现场情况和定位条件，主要轴线尺寸间的相互关系，地上、地下标高及测量精度要求。

3）校核红线位置和水准点

建设单位提供的由城市规划部门给定的建筑红线，在法律上起着标定建筑边界用地的作用。在使用红线桩前要进行校核，施工过程中要保护好桩位。水准点也同样要校核和保护。

红线位置和水准点经校核发现问题，应提交建设单位处理。

4）制定测量、放线方案

根据设计图纸和施工方案，制定切实可行的测量、放线方案，主要包括平面控制、标高控制、±0.00以下施测、±0.00以上施测、沉降观测和竣工测量等项目。

建筑物定位放线是确定整个工程平面位置的关键环节，施测中必须保证精度，杜绝错误，否则其后果将难以处理。建筑物的定位放线一般通过设计图中的平面控制轴线来确定，测定并经自检合格后，提交有关部门和建设单位（或监理单位）验线，以保证定位的正确性。

1.4.4　搭设临时设施

施工现场的临时设施应按照施工总平面图的布置要求来建造，必要时，应报请规划、市政、消防、环保等部门。

各种生产、生活临时设施，包括各种仓库、混凝土搅拌站、预制构件场、机修站、各种生产作业棚、办公用房、宿舍、食堂、文化生活设施等，均应按批准的施工组织设计规定的数量、标准、面积等要求修建，应符合安全文明施工的要求，应尽量利用原有建筑物，以便节省投资。

为施工方便和安全，对于指定的施工用地的周界，应用围挡围护起来。围挡的形式、材料及高度应符合市容管理的有关规定和要求，在主要入口处设立“五牌一图”（即工程概况牌、安全生产制度牌、文明施工制度牌、环境保护制度牌、消防保卫制度牌及施工现场平面布置图）及企业标志。

1.5　资源准备

施工资源准备是指施工中必需的物资资源的准备和劳动力组织准备。

1.5.1　物资资源的准备

物资资源的准备是指施工中必需的劳动手段（施工机械、工具、临时设施）和劳动对象（材料、配件、构件）等的准备。它是一项较为复杂而又细致的工作，一般应考虑以下几方面的内容。

1）建筑材料的准备

建筑材料的准备主要是根据施工进度计划和工料分析，编制材料需要量计划，按照使用要求及材料储备定额和消耗定额，分别按材料名称、规格、使用时间进行备料、供料，确定仓库和堆场面积，组织运输。

建筑材料进场应按施工进度要求分期分批进行，并按照施工现场平面布置图的位置进行堆放，以减少二次搬运，且应堆放整齐，标明标牌，以免混淆。此外，应做好防水、防潮及易碎材料的保护工作。

不得使用无出厂合格证或质量保证书的原材料，并应做好建筑材料的试验和检验工作。

2) 预制构件和商品混凝土的准备

工程项目施工中需要大量的预制构件、门窗、金属构件、水泥制品及卫生洁具等,应根据施工预算提供的名称、规格、质量和数量,确定加工方案和供应方式及进场后的存放地点,编制需求量计划。

对于采用商品混凝土的工程,应先与生产单位签订供货合同,注明品种、规格、数量、需要时间及送货地点等。

3) 模板和脚手架的准备

模板和脚手架是施工现场使用量大、占地面积大的周转材料。

模板、脚手架及其配件规格多、数量大,对堆放场地要求比较高,应按施工平面图的布置位置分规格、型号整齐码放,并做好防水、防潮措施。拆下的模板和脚手架应注意维修和保养。

4) 施工机具的准备

施工选用的各种土方机械、混凝土及砂浆搅拌设备、垂直及水平运输机械、吊装机械、动力机具、钢筋加工设备、木工机械、焊接设备、打夯机、抽水设备等,应根据施工方案和施工进度,确定数量和进场时间。需租赁机械时,应提前签约。

1.5.2 劳动力组织准备

工程项目是否按目标完成,很大程度上取决于承担这一工程的施工人员的素质,现场施工人员包括施工的组织指挥者和具体操作者两大部分。这些人员的选择和组合,将直接关系到工程质量、施工进度及工程成本。因此,施工现场人员的准备是开工前施工准备的一项重要内容。

1) 组建施工项目经理部

施工项目经理部是由项目经理在企业的支持下组建并领导进行项目管理的组织机构。它是项目管理的组织机构,负责项目全过程的管理工作。组建施工项目经理部应遵循以下原则。

(1) 根据工程规模、结构特点和复杂程度,确定施工组织的领导机构名额和人选。

(2) 坚持合理分工与密切协作相结合的原则。

(3) 把有施工经验、有创新精神、工作效率高的人选入领导机构。

(4) 认真执行因事设职、因职选人的原则。

2) 组织精干的施工队伍

施工队伍的建立要认真考虑专业、工种的合理配合,技工、普通工的比例要满足实际工作的需要。施工班组的确定应根据工程的特点、现有的劳动力组织情况及施工组织设计的劳动力需要量计划来确定选择。

施工队伍的数量、进场时间、退场时间,都应根据劳动力需用计划来确定,并随着施工进度及时予以调整，防止脱节和窝工。

3）搞好技术、安全交底和岗前培训

施工前，施工单位要对施工队伍进行劳动纪律、施工质量和安全教育，要求本单位职工和外包施工队人员必须做到遵守劳动时间，坚守工作岗位，遵守操作规程，保证产品质量，保证安全生产，服从调动，爱护公物。同时，施工单位还应做好职工、技术人员的培训和技术更新工作。只有不断提高职工、技术人员的业务技术水平，才能从根本上保证建筑工程质量，并不断提高企业的竞争力。此外，对于某些采用新工艺、新结构、新材料、新技术的工程，应该先将有关的管理人员和操作工人组织起来培训，使之达到标准后再上岗操作。

1.6 季节施工准备

建筑工程施工绝大部分工作是露天作业，因此，季节对施工生产的影响较大，特别是冬季和雨季。为了按期、保质地完成施工任务，必须做好冬期、雨期施工准备工作。

1.6.1 冬期施工准备

1）合理安排冬期施工项目

冬期施工条件差，技术要求高，费用要增加。为此，应考虑将既能保证施工质量，同时费用增加较少的项目安排在冬期施工，如吊装、打桩、室内粉刷、装修（可先安装好门窗及玻璃）等工程。而费用增加很多又不易确保质量的土方、基础、外粉刷、屋面防水等工程，均不宜安排在冬期施工。

2）做好冬期施工用材料和设备的供应

这包括混凝土和砂浆用外加剂、各种保温材料、防寒用品等的储存和供应。

3）做好测温、保温防冻工作

冬期施工昼夜温差较大，为保证施工质量，应做好测温工作，防止砂浆、混凝土在达到临界强度前遭受冻结而破坏。室外各种临时设施要做好保温防冻，如防止给排水管道冻裂，防止道路积水结冰，及时清扫道路上的积雪，以保证运输顺利。

4）加强安全教育，严防火灾发生

要有防火安全技术措施，并经常检查落实，保证各种热源设备完好。做好职工培训及冬期施工的技术操作和安全施工的教育，确保施工质量，避免事故发生。

1.6.2 雨期施工准备

雨期施工主要以预防为主，采用防雨措施及加强排水手段来确保雨期正常地进行生产,以保证雨期施工不受影响。

1) 施工场地的排水工作

对施工现场及车间等应根据地形对场地排水系统进行合理疏通,以保证水流畅通,不积水,并防止相邻地区地面雨水倒排入场内。现场内的主要行车道路两旁要做好排水沟,保证雨期道路运输畅通。

2) 机电设备的防护

对现场的各种机电设施、机具等的电闸、电箱要采取防雨、防潮措施,并安装接地保护装置,特别是脚手架、垂直运输设施等,要采取防倒塌、防雷击、防漏电等一系列技术措施。

3) 原材料及半成品的防护

对怕雨淋的材料及半成品应采取防雨措施,可放入防护棚内,垫高并保持通风良好以防止淋雨浸水而变质。在雨期到来前,材料、物资应多储存,减少雨期运输量,以节约费用。

4) 临时设施的检修

对现场的临时设施,如工人宿舍、办公室、食堂、库房等应进行全面检查与维修,四周要有排水沟渠,对危险建筑物应进行翻修加固或拆除。

5) 落实雨期施工的任务和计划

一般情况下,在雨期到来之前,应争取提前完成不宜在雨期施工的任务,如基础工程、地下工程、土方工程、室外装修及屋面工程等,而多留些室内工作在雨期施工。

6) 加强施工管理,做好雨期施工安全教育

组织雨期施工的技术、安全教育,严格岗位职责,学习并执行雨期施工的操作规范、各项规定和技术要点,做好对班组的交底,确保工程质量和安全。

【思考与练习】

1-1 试述施工准备工作的意义。

1-2 简述施工准备工作的主要内容。

1-3 简述施工准备工作的要求。

1-4 调查研究与收集资料包括哪些方面?各方面的主要内容是什么?

1-5 技术资料准备工作包括哪些内容?

1-6 图纸会审的要求有哪些?

1-7 施工现场的准备工作包括哪些内容?

1-8 物资准备工作应如何进行?

1-9 冬期施工准备工作应如何进行?

1-10 雨期施工准备工作应如何进行?

第 2 章　流水施工原理

【知识点及学习要求】

知　识　点	学习要求
知识点 1　流水施工的基本概念	了解
知识点 2　组织流水施工的基本方法	熟悉
知识点 3　流水施工在实际工程中的应用	掌握

2.1　流水施工的基本概念

流水施工是一种科学的工程项目施工组织方法，是组织建筑工程施工最常用的方法之一。它可以充分地利用时间和空间，减少非生产性劳动消耗，提高劳动生产率，保证工程施工连续、均衡、有节奏地进行，对提高工程质量、降低工程造价、缩短工程工期有显著的作用。

2.1.1　施工组织方式

任何一个工程项目都是由若干个施工过程所组成，而每一个施工过程又都是由专业施工队完成的。其施工组织方式可分为依次施工、平行施工和流水施工。

2.1.2　施工组织方式的比较

三栋相同类型住宅楼的地基与基础工程，由挖土方、砌基础、回填土三个施工过程组成，要求各施工过程均由专业施工队施工，施工时间均为 5 天，每个专业施工队人数为挖土方 15 人、砌基础 22 人、回填土 12 人，现分别用三种方式组织施工，施工组织方式比较如图 2-1 所示。

1）依次施工

依次施工是按照每栋住宅楼所划分的施工过程或工序，及其先后顺序组织逐栋施工。即每栋前面一个施工过程完成后，后面一个施工过程才能开始，逐栋依次进行施工。这是一种最简单、最基本的施工组织形式。

（1）按栋（或施工段）依次施工。

第一栋住宅楼地基与基础工程完工后，再进行第二栋住宅楼施工。即在第一栋住宅楼地基与基础工程施工中，依次完成挖土方、砌基础、回填土后，再进入第二栋住宅楼施工，以此类推。按栋依次施工组织方式如图 2-2 所示。

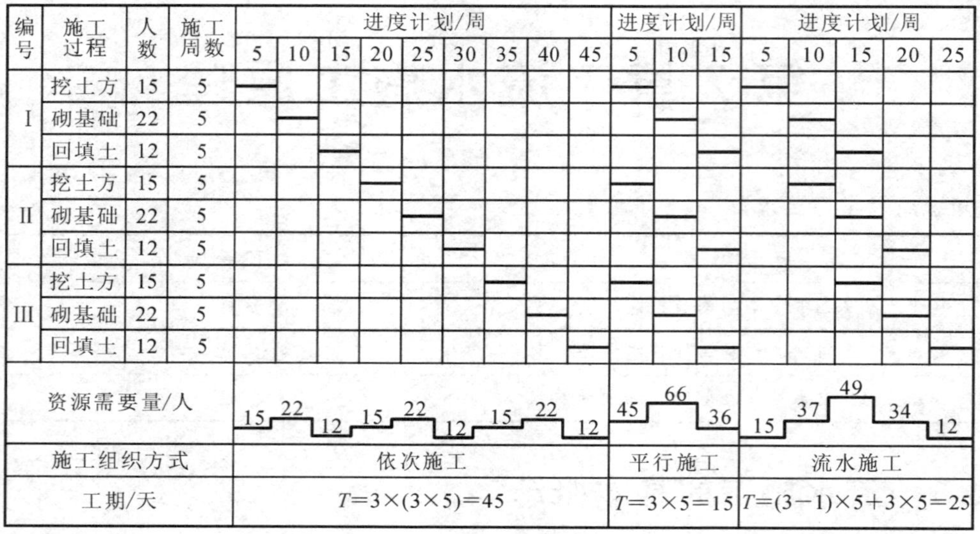

编号	施工过程	人数	施工周数	进度计划/周									进度计划/周			进度计划/周				
				5	10	15	20	25	30	35	40	45	5	10	15	5	10	15	20	25
I	挖土方	15	5																	
	砌基础	22	5																	
	回填土	12	5																	
II	挖土方	15	5																	
	砌基础	22	5																	
	回填土	12	5																	
III	挖土方	15	5																	
	砌基础	22	5																	
	回填土	12	5																	
资源需要量/人				15 22 12 15 22 12 15 22 12									45 66 36			15 37 49 34 12				
施工组织方式				依次施工									平行施工			流水施工				
工期/天				$T=3\times(3\times5)=45$									$T=3\times5=15$			$T=(3-1)\times5+3\times5=25$				

图 2-1　施工组织方式比较图

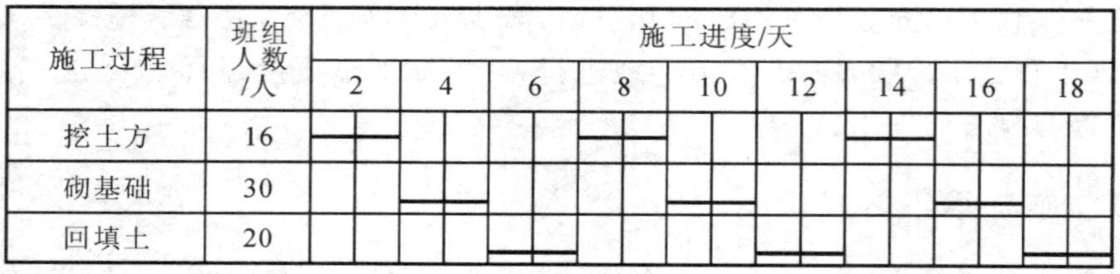

施工过程	班组人数/人	施工进度/天								
		2	4	6	8	10	12	14	16	18
挖土方	16									
砌基础	30									
回填土	20									

图 2-2　按栋依次施工组织方式

(2) 按施工过程依次施工。

先对三栋住宅楼挖土方这个施工过程依次进行施工后，再对这三栋住宅楼的下一个施工过程砌基础依次进行施工，以此类推。按施工过程依次施工组织方式如图 2-3所示。

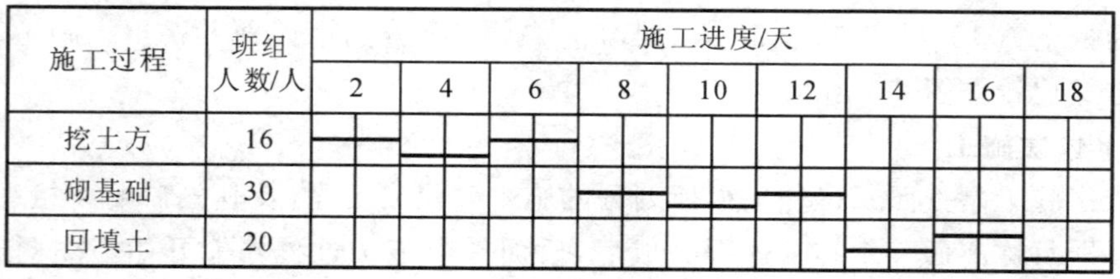

施工过程	班组人数/人	施工进度/天								
		2	4	6	8	10	12	14	16	18
挖土方	16									
砌基础	30									
回填土	20									

图 2-3　按施工过程依次施工组织方式

依次施工组织方式具有以下特点。

① 同一施工过程的工作是间断的，工作面(栋号)不能充分利用，故工期较长。

② 如果组织专业施工队施工，同一工种不能连续施工，会形成工种工人窝工。

③ 如果组织同一施工队逐栋进行各施工过程的连续施工，则不利于专业化生

产，会影响工人改进操作方法和提高劳动生产率。

④ 单位时间内投入资源量较少，现场临时设施量不多，则有利于资源供应和现场施工的组织和管理工作。

2）平行施工

平行施工是组织若干相同的施工队，在同一时间不同工作面内，各自独立地完成所有相同工程对象的施工。施工组织方式如图 2-4 所示。

施工过程	施工班组数	班组人数	进度计划/天						
			2	4	6	8	10	12	14
挖土方	3	16							
混凝土垫层	3	16							
砌砖基础	3	20							
回填土	3	10							

图 2-4 平行施工组织方式

平行施工组织形式具有以下特点。

(1) 每栋相同施工过程同时施工，充分利用了工作面，故工期较短。

(2) 如果组织专业施工队施工，基础工程完成后立即施工主体工程，则同工种不能连续施工，会形成工种工人窝工。

(3) 如果组织同一施工队进行各施工过程的连续施工，则不利于组织专业化生产，影响改进工人的操作方法和提高劳动生产率。

(4) 单位时间内投入的资源量成倍增长，现场临时设施亦随之增加，不利于资源的供应和现场的组织与管理工作。

3）流水施工

流水施工是把若干栋同类型建筑物或一栋建筑物，在工艺上分解为若干个施工过程，在平面上划分出若干个相对独立的施工段，在竖向上划分为若干个施工层，然后按照各分项工程性质，组建相应的专业施工队。各专业施工队按照已定的施工顺序，依次连续地在各施工段上重复完成施工过程相同的工作内容，使工程项目整个建造过程，在时间和空间上连续、均衡、有节奏。这种施工组织方式称为流水施工。施工组织方式如图 2-5 所示。

施工过程	班组人数	进度计划/天														
		2	4	6	8	10	12	14	16	18	20	22	24	26	28	30
挖土方	16															
混凝土垫层	16															
砌砖基础	20															
回填土	10															

图 2-5 流水施工组织方式

流水施工组织形式一般具有以下特点。

(1) 由于建筑产品的固定性,生产工人和设备既在建筑物水平方向流动,又沿建筑物垂直方向流动。采取分段作业、平行搭接施工的组织方式,既充分地利用了工作面,又缩短了工期。

(2) 同一施工过程的专业施工队在不同的施工段上能连续作业,既消除了专业工种工人的窝工,又有利于改进操作方法,以提高劳动生产率。

(3) 不同施工过程的专业施工队在同一施工段上尽可能保持连续作业,在不同施工段上又能进行最大限度的搭接,可避免工作面闲置,缩短了工期。

(4) 单位时间内投入的资源量较为均衡,有利于资源的供应组织和管理工作。

2.1.3 流水施工的表达方式

流水施工的表达方式除后面要讲到的网络图外,主要还有横道图和斜线图两种。

1) 流水施工的横道图表示法

流水施工的横道图表示法如图 2-6 所示。

施工过程	施工进度/天						
	2	4	6	8	10	12	14
挖基槽	①	②	③	④			
做垫层		①	②	③	④		
砌基础			①	②	③	④	
回填土				①	②	③	④

图 2-6 流水施工的横道图表示法

横道图表示法的优点:绘图简单,施工过程及其先后顺序表达清楚,时间和空间状况形象直观,使用方便,因而被广泛用来表达施工进度计划。

2) 流水施工的斜线图表示法

流水施工的斜线图表示法如图 2-7 所示。

施工段编号	施工进度/天						
	2	4	6	8	10	12	14
④			挖基槽				
③			做垫层				
②			砌基础				
①				回填土			

图 2-7 流水施工的斜线图表示法

斜线图表示法的优点：施工过程及其先后顺序表达清楚，时间和空间状况形象直观，斜向进度线的斜率可以直观地表示出各施工过程的进展速度。

斜线图表示法的缺点是编制实际工程进度计划不如横道图方便。

2.2　流水施工的主要参数

建筑工程流水施工是随时间推移和空间扩大而展开的。为了正确反映流水施工在时间和空间上的开展情况，就必须引入一些符号来描述施工进度计划图表的特征和各种数量关系，这些符号就称为流水参数。

按性质不同，流水参数可分为工艺参数、空间参数和时间参数。

2.2.1　工艺参数

在组织流水施工时，用以表示流水施工在施工工艺上的开展顺序及其特征的参数，称为工艺参数。

1）施工过程

施工过程是指某一施工对象从开始到完成所经历的（时间）全过程的统称，即上述的分项工程或工序。施工过程所包含施工范围的大小，视施工计划性质而定，即一个施工过程既可以是分项工程，也可以是分部工程，还可以是单位工程或是单项工程。

划分施工过程的基本原则如下。

（1）制备类施工过程，如砂浆、混凝土制备，钢筋加工、中小型构件制作等。

（2）运输类施工过程，指从场外把建筑材料、制品、半成品运到施工现场仓库（或堆场）或施工地点的加工现场而形成的施工过程。

（3）砌筑和安装类施工过程，在施工项目空间上，直接构成施工项目形成的主体，由其直接影响流水施工工期的主导施工过程。

2）流水强度

某施工过程在单位时间内所完成的工程量，称为该工程施工过程的流水强度。其计算公式为

$$V = \sum_{i=1}^{X} R_i S_i \tag{2-1}$$

式中　V——某施工过程中的流水强度；

R_i——投入该施工过程中的第 i 种资源量（施工机械台数、人员数）；

S_i——投入该施工过程中的第 i 种资源量的产量定额；

X——投入该施工过程中的资源种类数。

2.2.2　空间参数

在组织流水施工时，用以表示流水施工在空间布置上开展状态的参数，称为空

间参数。

1) 工作面

工作面是指供某专业工种的工人或某种施工机械进行施工的活动空间。工作面的大小,表明能安排施工人数或机械台数的多少。每个作业的工人或每台施工机械所需工作面的大小,取决于单位时间内其完成的工程量和安全施工的要求。主要工种工作面参考数据见表 2-1。

表 2-1 主要工种工作面参考数据

工 作 项 目	每个技工的工作面	说 明
砖基础	7.6 m/人	以 3/2 砖计,2 砖乘以 0.8,3 砖乘以 0.55
砌砖墙	8.5 m/人	以 1 砖计,3 砖乘以 0.71,2 砖乘以 0.57
毛石基础	3 m/人	以 60 cm 计
毛石墙	3.3 m/人	以 40 cm 计
混凝土柱、墙基础	8 m^3/人	机拌、机捣
混凝土设备基础	7 m^3/人	机拌、机捣
现浇钢筋混凝土柱	2.45 m^3/人	机拌、机捣
现浇钢筋混凝土梁	3.20 m^3/人	机拌、机捣
现浇钢筋混凝土墙	5 m^3/人	机拌、机捣
现浇钢筋混凝土楼板	5.3 m^3/人	机拌、机捣
预制钢筋混凝土柱	3.6 m^3/人	机拌、机捣
预制钢筋混凝土梁	3.6 m^3/人	机拌、机捣
预制钢筋混凝土屋架	2.7 m^3/人	机拌、机捣
预制钢筋混凝土平板、空心板	1.91 m^3/人	机拌、机捣
预制钢筋混凝土大型屋面板	2.62 m^3/人	机拌、机捣
混凝土地坪及面层	40 m^2/人	机拌、机捣
外墙抹灰	16 m^2/人	
内墙抹灰	18.5 m^2/人	
卷材屋面	18.5 m^2/人	
防水水泥砂浆屋面	16 m^2/人	
门窗安装	11 m^2/人	

2) 施工段

将施工对象在平面或空间上划分成若干个劳动量大致相等的施工段落,称为施工段或流水段。施工段以符号 m 表示,各施工段的编号以 j 表示($j=1,2,\cdots,m$)。

(1) 划分施工段的目的。

划分施工段的目的就是组织流水施工,使不同专业施工队在不同的工作面上能同时工作，消除了由于多工种专业施工队不能同时在一个工作面上作业而产生的互相等待、停歇现象。因此，它是组织流水施工的必备条件。

（2）划分施工段的原则。

① 同一专业施工队在各个施工段上的劳动量应大致相等，相差幅度不宜超过10%。

② 每个施工段内要有足够的工作面，以保证相应数量的工人、主导施工机械的生产效率满足合理劳动组织的要求。

③ 施工段的界限应尽可能与结构界限（如沉降缝、伸缩缝等）相吻合，或设在对建筑结构整体性影响小的部位，以保证建筑结构的整体性。

④ 施工段的数目要满足合理组织流水施工的要求。施工段数目过多，会降低施工速度，延长工期；施工段过少，不利于充分利用工作面，可能造成窝工。

⑤ 对于多层建筑物、构筑物或需要分层施工的工程，应既分施工段，又分施工层，各专业工作队依次完成第一施工层中各施工段任务后，再转入第二施工层的施工段作业，以此类推。

例 2-1　某两层现浇钢筋混凝土框架主体结构工程，由支模板、扎钢筋和浇混凝土三个施工过程组成，即施工过程数 $n=3$。现划分的施工段数分别为 $m_0=2$，$m_0=3$，$m_0=4$ 三种情况来组织流水施工。若各施工队在各施工段上的作业时间均为2天，试述 m_0 与 n 之间的关系。

解　① 当 $m_0<n$，即 $m_0=2$、$n=3$ 时，施工进度计划如图2-8所示。

施工层	施工过程	施工进度/天						
		2	4	6	8	10	12	14
I	支模板	①	②					
	扎钢筋		①	②				
	浇混凝土			①	②			
II	支模板			A	①	②		
	扎钢筋				B	①	②	
	浇混凝土					C	①	②

图2-8　$m_0<n$ 时的施工进度计划图

A—木工停歇2天；B—钢筋工停歇2天；C—混凝土工停歇2天

从图2-8中可以看出，施工队不能连续施工，工种工人要窝工，而施工段并不空闲，对于组织单位工程的流水施工是不适宜的。

② 当 $m_0=n$，即 $m_0=3$、$n=3$ 时，施工进度计划如图2-9所示。

从图2-7中可以看出，各施工过程的专业施工队都能连续施工，施工段也无空闲，是较为理想的流水施工组织。

施工层	施工过程	施工进度/天							
		2	4	6	8	10	12	14	16
Ⅰ	支模板	①	②	③					
	扎钢筋		①	②	③				
	浇混凝土			①	②	③			
Ⅱ	支模板				①	②	③		
	扎钢筋					①	②	③	
	浇混凝土						①	②	③

图 2-9　$m_0=n$ 时的施工进度计划图

③ 当 $m_0>n$，即 $m_0=4$、$n=3$ 时，施工进度计划如图 2-10 所示。

施工层	施工过程	施工进度/天									
		2	4	6	8	10	12	14	16	18	20
Ⅰ	支模板	①	②	③	④						
	扎钢筋		①	②	③	④					
	浇混凝土			①	②	③	④				
Ⅱ	支模板				D	①	②	③	④		
	扎钢筋					E	①	②	③	④	
	浇混凝土						F	①	②	③	④

图 2-10　$m_0>n$ 时的施工进度计划图

D—①施工段停歇；E—②施工段停歇；F—③施工段停歇

从图 2-10 中可以看出，各施工过程的专业施工队能连续施工，施工段有空闲。但这种空闲可以用于弥补由于技术间歇、组织间歇等要求所必需的时间。

通过上述三种情况的讨论分析可以得出：当组织有层间关系且分段又分层的流水施工时，为保证各施工过程的施工队能连续施工，每层的施工段数目应满足的基本条件为

$$m_0 \geqslant n \tag{2-2}$$

式中　m_0——每个施工层需要划分的施工段数；

n——施工过程数或专业施工队(组)数。

必须说明：当施工对象无层间关系(只在平面上划分施工段)时，则施工段数与施工过程数之间的关系不受约束，此时主要取决于资源供应条件，但仍以 $m_0 \geqslant n$ 为最优。

3）施工层

在组织流水施工时，为了满足专业工种对操作高度和施工工艺的要求，将拟建工程项目在竖向上划分为若干个操作层，这些操作层称为施工层。

施工层的划分，要按工程项目的具体情况，根据建筑物的高度、楼层确定。

2.2.3　时间参数

在组织流水施工时，用以表示流水施工在时间安排上所处状态的参数，称为时间参数。

1）流水节拍

流水节拍是指在组织流水施工时，某个专业施工队在一个施工段上的施工时间，用符号 t 表示。当各施工过程的施工队在各施工段上持续时间不同时，其流水节拍用 t_i^j 表示（j 为施工过程或施工队编号，$j=1,2,3,\cdots,n$；i 为施工段编号，$i=1,2,3,\cdots,m$）。

流水节拍的大小反映了流水施工速度快慢、资源供应量大小、流水节奏性规律。在施工段数不变的情况下：流水节拍小，工期短、资源量大；流水节拍大，资源量小、工期长。

影响流水节拍的因素主要有施工方法、投入的劳动力或施工机械、工作班次。为了不影响工人的劳动效率，不浪费作业时间，流水节拍应取整数。

确定流水节拍的方法如下。

（1）根据投入的资源量（工人、机械、材料）确定，按式(2-3)进行计算。

$$t_i^j=\frac{Q_i^j}{S_jR_jB_j}=\frac{Q_i^jH_j}{R_jB_j}=\frac{P_i^j}{R_jB_j} \tag{2-3}$$

式中　t_i^j——专业施工队(j)在施工段(i)的流水节拍；

Q_i^j——专业施工队(j)在施工段(i)的工程量；

R_j——专业施工队(j)的工人数或机械台数；

H_j——专业施工队(j)的计划时间定额；

B_j——专业施工队(j)的工作班次；

S_j——专业施工队(j)的计划产量定额；

P_i^j——专业施工队(j)在施工段(i)的劳动量或机械台数数量。

（2）根据所需施工的工期确定。

① 根据工期倒排进度计划，确定某个主导施工过程的工作持续时间。

② 确定主导施工过程在各施工段上的持续时间（即流水节拍）。

a. 当同一施工过程流水节拍相等时，按式(2-4)进行计算，即

$$t_i=\frac{T_i}{m_i} \tag{2-4}$$

式中　t_i——施工过程(i)的流水节拍；

T_i——施工过程(i)的工作持续时间；

m_i——施工过程(i)的施工段数。

b. 当同一施工过程的流水节拍不相等时,根据施工经验估算法,某施工过程在某个施工段上的持续时间即流水节拍,按式(2-5)计算,即

$$t_i^j = \frac{a_i^j + 4b_i^j + c_i^j}{6} \tag{2-5}$$

式中 t_i^j——施工过程(i)在施工段(j)的流水节拍;

a_i^j、b_i^j、c_i^j——施工过程(i)在施工段(j)的最短估算时间、最长估算时间和正常估算时间。

2)流水步距

流水步距是指相邻两个施工过程投入同一施工段开始作业的时间间隔,或相邻两个专业施工队先后开始施工的时间间隔。当施工段确定之后,流水步距的大小直接影响流水工期。流水步距越大,则工期越长;反之,工期越短。流水步距的数目取决于施工过程数(或专业施工队数)。当施工过程数(或专业施工队数)为 n 个时,则流水步距总数为 $n-1$ 个。

确定流水步距时,一般应满足以下基本要求:

① 各施工过程按各自流水速度施工,始终保持工艺先后顺序;

② 各施工过程的专业工作队投入施工后尽可能保持连续作业;

③ 相邻两个施工过程(或专业工作队)在满足连续施工的条件下,能最大限度地实现合理搭接。

(1) 间歇时间:在组织流水施工时,由于施工过程之间的工艺或组织上的需要,必须留出的时间间隔称为间歇时间。按性质不同其又分为工艺间歇时间和组织间歇时间。

① 工艺间歇时间(G):工艺间歇时间是指在同一施工段的相邻两个施工过程之间为保质或考虑安全因素必须留有的工艺技术间隔,它是由施工工艺或材料性质所决定的间歇时间。

② 组织间歇时间(Z):组织间歇时间是由于组织施工需要而增加的间歇时间。

(2) 平行搭接时间(C):为了缩短工期,在工作面允许的条件下,有时在同一施工段中,当前一个专业施工队完成部分施工任务后,后一个专业工作队可以提前进入,两者形成平行搭接施工,这个搭接的时间称为平行搭接时间,用符号 C 表示。

当某些施工过程需要考虑工艺或组织间歇时间时,在满足 $m_0 \geqslant n$ 的条件下,每层最少施工段数按式(2-6)计算,即

$$m_{\min} = n + \frac{\sum Z + \sum G}{K} \tag{2-6}$$

式中 $\sum Z$—— 组织间歇时间总和;

h—— 施工过程数或专业施工队数;

K—— 流水步距;

$\sum G$——工艺间歇时间总和。

(3) 流水施工工期：流水施工工期是指从第一个专业施工队投入流水施工开始，到最后一个专业施工队完成流水施工为止的整个持续时间。由于一项建设工程往往包含许多流水组，故流水施工工期一般均不是整个工程的总工期。

2.3 流水施工的组织方式

在流水施工中，由于流水节拍的规律不同，决定了流水步距、流水施工工期的计算方法也不同，甚至影响到各个施工过程的专业施工队数目。所以，有必要按照流水节拍的特征将流水施工进行分类，如图 2-11 所示。

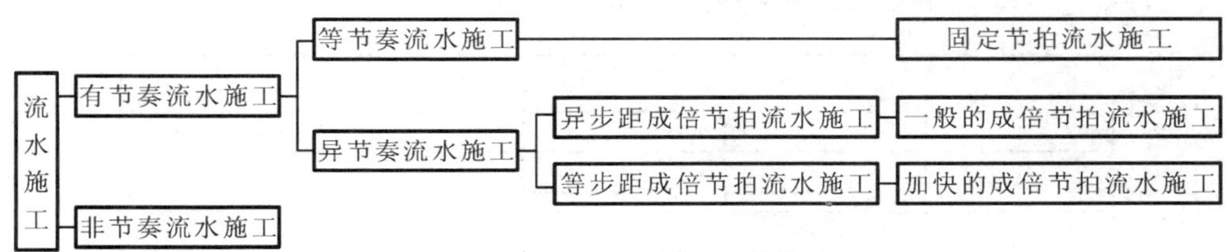

图 2-11　流水施工分类图

2.3.1 有节奏流水施工

有节奏流水施工是指在组织流水施工时，每一个施工过程在各个施工段上的流水节拍都各自相等的流水施工，它分为等节奏流水施工和异节奏流水施工。

1) 等节奏流水施工

等节奏流水施工是指在有节奏流水施工中，各施工过程的流水节拍都相等的流水施工，也称为固定节拍流水施工或全等节拍流水施工。

固定节拍流水施工是流水施工中一种最基本、最有规律的组织施工形式。

(1) 固定节拍流水施工的基本特点。

① 各施工过程的流水节拍均相等，流水步距也相等，且流水步距等于流水节拍，并且始终保持不变，即

$$K_{i,i+1} = t_i = 常数 \tag{2-7}$$

式中　$K_{i,i+1}$——流水步距；

t_i——流水节拍。

② 各专业施工队都能够实现连续均衡施工，施工段没有空闲时间。

③ 施工过程数与专业施工队数相等。

(2) 固定节拍流水施工工期。

① 无间歇时间的固定节拍流水施工。

无间歇时间的固定节拍流水施工是指各施工过程之间没有工艺和组织间歇时间，也不安排搭接施工，且流水节拍均相等的一种流水施工方式。

其流水施工工期,按式(2-8)计算。

$$T=(n-1)t+mt=(m+n-1)t \tag{2-8}$$

式中 T——流水施工工期;

n——施工过程数;

t——流水节拍;

m——施工段数。

例 2-2 某分部工程由 A、B、C、D 四个施工过程组成,划分成五个施工段,流水节拍为 2 天。试组织全等节拍流水施工。

解 计算流水施工工期

$$T=(m+n-1)t=(5+4-1)\times 2\text{ 天}=16\text{ 天}$$

用横道图绘制流水施工进度计划,如图 2-12 所示。

施工过程	施工进度/天							
	2	4	6	8	10	12	14	16
A	①	②	③	④	⑤			
B		①	②	③	④	⑤		
C			①	②	③	④	⑤	
D				①	②	③	④	⑤

图 2-12 某分部工程流水施工进度计划

② 有间歇时间的固定节拍流水施工。

对于有间歇时间的固定节拍流水施工,其流水施工工期 T 可按式(2-9)计算,即

$$T=(n-1)t+\sum G+\sum Z+mt \tag{2-9}$$

③ 有提前插入时间的固定节拍流水施工。

对于有提前插入时间的固定节拍流水施工,其流水施工工期 T 可按式(2-10)计算,即

$$T=(n-1)t+\sum Z+\sum G-\sum C+mt \tag{2-10}$$

式中 $\sum C$——搭接时间总和。

例 2-3 某项目由Ⅰ、Ⅱ、Ⅲ、Ⅳ四个施工过程组成,分为四个施工段,流水节拍均为 3 天,施工过程Ⅰ与Ⅱ之间有 2 天的工艺间歇时间,施工过程Ⅲ与Ⅳ搭接 1 天。试组织全等节拍流水施工。

解 计算流水施工工期

$$T=(m+n-1)t+\sum Z+\sum G-\sum C$$
$$=[(4+4-1)\times 3+2-1]\text{ 天}=22\text{ 天}$$

用横道图绘制流水施工进度计划,如图 2-13 所示。

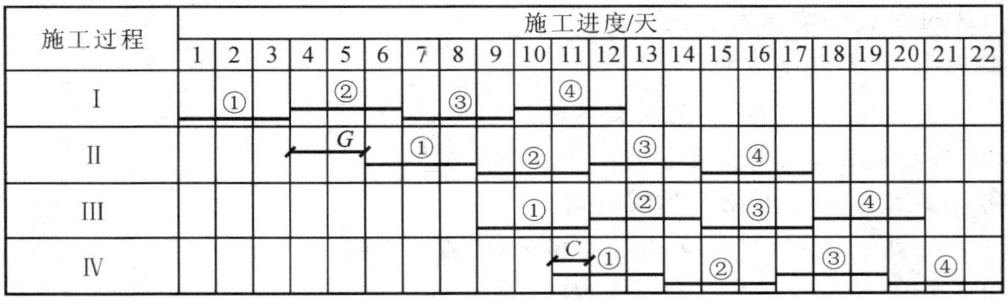

施工过程	施工进度/天																					
	1	2	3	4	5	6	7	8	9	10	11	12	13	14	15	16	17	18	19	20	21	22
Ⅰ		①			②			③			④											
Ⅱ				G			①			②			③			④						
Ⅲ										①			②			③			④			
Ⅳ											C	①			②			③			④	

图 2-13　某工程流水施工进度计划

2）异节奏流水施工

异节奏流水施工是指在有节奏流水施工中，同一施工过程在各个施工段的流水节拍相等，不同施工过程之间的流水节拍不一定相等的流水施工方式。在组织异节奏流水施工时，又可以采用等步距和异步距两种方式。

（1）等步距异节奏流水施工。

等步距异节奏流水施工是指在组织异节奏流水施工时，按每个施工过程流水节拍之间的比例关系，成立相应数量的专业施工队而进行的流水施工，也称为加快的成倍节拍流水施工。

加快成倍节拍流水是指同一施工过程各施工段上的流水节拍都相等，不同施工过程在同一施工段上的流水节拍不尽相等，但互成倍数关系，即互有一个公约数。

① 加快成倍节拍流水的基本特点为：不同施工过程之间存在最大公约数 K；由 $\sum_{j=1}^{n} b_j$ 个专业施工队组成流水作业；专业施工队数多于施工过程数（即 $\sum_{j=1}^{n} b_j > n$）；专业施工队能连续施工，施工段不空闲。

② 计算各施工过程的专业施工队数（b_j）。

不同 t_j 的各施工过程的 b_j 按式(2-11)计算，即

$$b_j = \frac{t_j}{K} \tag{2-11}$$

③ 计算施工段数（m）。

根据施工段数不少于施工过程的专业施工队数的原则，每层最少施工段数，按式(2-12)计算，即

$$m_{\min} \geqslant \sum_{j=1}^{n} b_j \tag{2-12}$$

④ 计算流水工期（T）。

按式(2-13)计算，即

$$T = \left(m + \sum_{j=1}^{n} b_j - 1\right)K + \sum Z + \sum G - \sum C \tag{2-13}$$

例 2-4　某建设工程需建造四幢定型设计的装配式大板住宅，每幢房屋的主要施工过程及其作业时间为基础工程 5 周、结构安装 10 周、室内装修 10 周、室外工程

5 周。试组织成倍节拍流水施工。

解 ① 计算流水步距

$$K = 最大公约数\{5,10,10,5\} = 5(周)$$

② 确定专业工作队总数。

各个施工过程的专业工作队分别为

Ⅰ——基础工程 $b_{Ⅰ} = t_{Ⅰ}/K = 5/5$ 队 $= 1$ 队

Ⅱ——结构安装 $b_{Ⅱ} = t_{Ⅱ}/K = 10/5$ 队 $= 2$ 队

Ⅲ——室内装修 $b_{Ⅲ} = t_{Ⅲ}/K = 10/5$ 队 $= 2$ 队

Ⅳ——室外工程 $b_{Ⅳ} = t_{Ⅳ}/K = 5/5$ 队 $= 1$ 队

则
$$n_1 = \sum b_j = (1+2+2+1)\text{队} = 6\text{队}$$

③ 确定流水施工工期

$$T = (m + n_1 - 1)K = (4 + 6 - 1) \times 5\text{周} = 45\text{周}$$

④ 绘制流水施工进度计划,如图 2-14 所示。

施工过程	工作队	施工进度/周								
		5	10	15	20	25	30	35	40	45
基础工程	Ⅰ	①	②	③	④					
结构安装	$Ⅱ_a$		①		③					
	$Ⅱ_b$			②		④				
室内装修	$Ⅲ_a$				①		③			
	$Ⅲ_b$					②		④		
室外工程	Ⅳ						①	②	③	④

图 2-14 某装配式大板住宅工程流水施工进度计划

(2) 异步距异节奏流水施工。

异步距异节奏流水施工是指同一施工过程在各施工段上的流水节拍都相等,但不同施工过程在同一施工段上的流水节拍不尽相等的一种流水施工方式。

① 基本特点。

a. 同一施工过程的流水节拍都相等,不同施工过程在同一施工段上的流水节拍不尽相等。

b. 专业施工队数与施工过程数相等。

c. 每个专业施工队都连续作业,施工段有空闲。

d. 各施工过程之间的流水步距不尽相等。

② 流水步距的确定。

按式(2-14)计算,即

$$K_{i,i+1}=\begin{cases}t_i & (\text{当 } t_i \leqslant t_{i+1} \text{ 时})\\ mt_i-(m-1)t_{i+1} & (\text{当 } t_i > t_{i+1} \text{ 时})\end{cases} \tag{2-14}$$

③ 流水工期。

计算一般成倍节拍的流水工期，由于各施工过程之间流水步距不同，则需先分别计算出每两相邻施工过程之间的流水步距及各流水步距的总和，然后再加上最后一个施工过程在各段上的流水节拍总和，以及工艺（或组织）间歇时间，即为流水施工工期。其流水工期应按式(2-15)计算，即

$$T=\sum_{i=1}^{n-1}K_{i,i+1}+\sum_{j=1}^{m}t_m^j+\sum Z+\sum G-\sum C \tag{2-15}$$

式中　$\sum_{j=1}^{m}t_m^j$——最后一个施工过程的流水节拍之和；

$\sum_{i=1}^{n-1}K_{i,i+1}$——流水步距总和。

例 2-5　某项目划分为 A、B、C、D 四个施工过程，分为四个施工段组织流水施工，各施工过程的流水节拍分别为 $t_A=3$ 天，$t_B=2$ 天，$t_C=4$ 天，$t_D=2$ 天，施工过程 A 完成后需有 2 天工艺间歇时间，施工过程 C 和 D 之间搭接施工 1 天，试组织异节拍流水施工。

解　① 计算流水步距

$$t_A > t_B$$

$$K_{A,B}=mt_A-(m-1)t_B=[4\times 3-(4-1)\times 2]\text{天}=6\text{天}$$

$$t_B < t_C$$

$$K_{B,C}=t_B=2\text{天}$$

$$t_C > t_D$$

$$K_{C,D}=mt_C-(m-1)t_D=[4\times 4-(4-1)\times 2]\text{天}=10\text{天}$$

② 计算流水施工工期

$$T=[(6+2+10)+4\times 2+2-1]\text{天}=27\text{天}$$

③ 绘制流水施工进度计划，如图 2-15 所示。

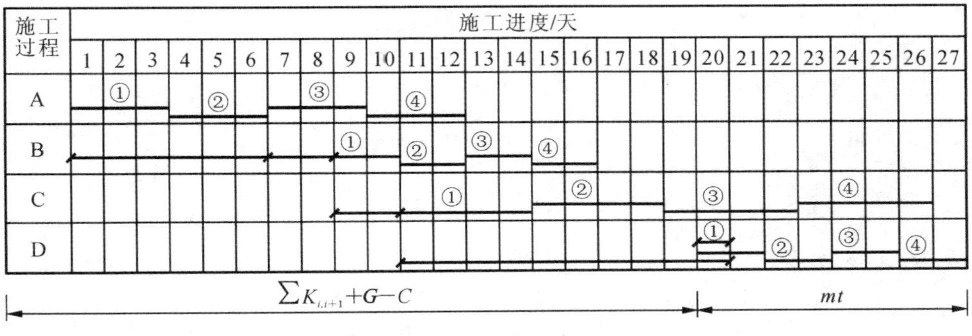

施工过程	施工进度/天																										
	1	2	3	4	5	6	7	8	9	10	11	12	13	14	15	16	17	18	19	20	21	22	23	24	25	26	27
A		①			②			③			④																
B									①		②		③		④												
C												①				②				③				④			
D																				①		②		③		④	

$\sum K_{i,i+1}+G-C$　　　mt

图 2-15　某工程流水施工进度计划

2.3.2 非节奏流水施工

非节奏流水施工是指在组织流水施工时，全部或部分施工过程在各个施工段上的流水节拍不相等的流水施工。

1）非节奏流水施工的基本特点

(1) 各施工过程在各个施工段上的流水节拍不尽相等，且变化无规律。

(2) 流水步距不相等；每个专业施工队都能连续作业，而施工段可能有空闲。

(3) 专业施工队数等于施工过程数。

2）确定流水步距的方法

(1) 先求同一施工过程专业施工队在各施工段上的流水节拍的累加数列。

(2) 按施工顺序，将所求相邻的两个施工过程流水节拍的累加数列向右错位相减。

(3) 在错位相减结果中，数值最大者即为相邻专业施工队之间的流水步距。

例 2-6 某项工程流水节拍见表 2-2，试确定流水步距。

表 2-2 某工程流水节拍 （单位：天）

施工过程	施工段			
	①	②	③	④
Ⅰ	3	2	4	2
Ⅱ	2	3	3	2
Ⅲ	4	2	3	2

解 ① 求各施工过程流水节拍的累加数列

Ⅰ：3，5，9，11

Ⅱ：2，5，8，10

Ⅲ：4，6，9，11

② 错位相减

Ⅰ与Ⅱ

$$
\begin{array}{rrrrrr}
 & 3, & 5, & 9, & 11 & \\
- & & 2, & 5, & 8, & 10 \\
\hline
 & 3, & 3, & 4, & 3, & -10
\end{array}
$$

Ⅱ与Ⅲ

$$
\begin{array}{rrrrrr}
 & 2, & 5, & 8, & 10 & \\
- & & 4, & 6, & 9, & 11 \\
\hline
 & 2, & 1, & 2, & 1, & -11
\end{array}
$$

③ 求流水步距

$$K_{\mathrm{I,II}} = \{3,3,4,3,-10\} = 4(\text{天})$$

$$K_{\mathrm{II,III}} = \{2,1,2,1,-11\} = 2(\text{天})$$

3）流水施工工期（T）的确定

流水施工工期（T）按式（2-15）计算。其适用流水施工的各种组织形式。

例 2-7　已知某工程非节奏流水的各个施工过程在各施工段上的流水节拍，见表 2-3，试组织非节奏流水施工。

表 2-3　某工程流水节拍　（单位：天）

施工过程	施工段			
	①	②	③	④
Ⅰ	3	5	5	6
Ⅱ	4	4	6	3
Ⅲ	3	5	4	4
Ⅳ	5	3	3	2

解　① 计算流水步距

$$\begin{array}{r} 3,\ 8,\ 13,\ 19 \\ -\qquad 4,\ 8,\ 14,\ 17 \\ \hline \end{array}$$

$$K_{\text{Ⅰ},\text{Ⅱ}}=\max\{3,\ 4,\ 5,\ 5,\ -17\}=5(\text{天})$$

$$\begin{array}{r} 4,\ 8,\ 14,\ 17 \\ -\qquad 3,\ 8,\ 12,\ 16 \\ \hline \end{array}$$

$$K_{\text{Ⅱ},\text{Ⅲ}}=\max\{4,\ 5,\ 6,\ 5,\ -16\}=6(\text{天})$$

$$\begin{array}{r} 3,\ 8,\ 12,\ 16 \\ -\qquad 5,\ 8,\ 11,\ 13 \\ \hline \end{array}$$

$$K_{\text{Ⅲ},\text{Ⅳ}}=\max\{3,\ 3,\ 4,\ 5,\ -13\}=5(\text{天})$$

② 计算流水施工工期

$$T=\sum K_{i,i+1}+\sum t_m^j=(5+6+5)+(5+3+3+2)=29(\text{天})$$

③ 绘制流水施工进度计划图，如图 2-16 所示。

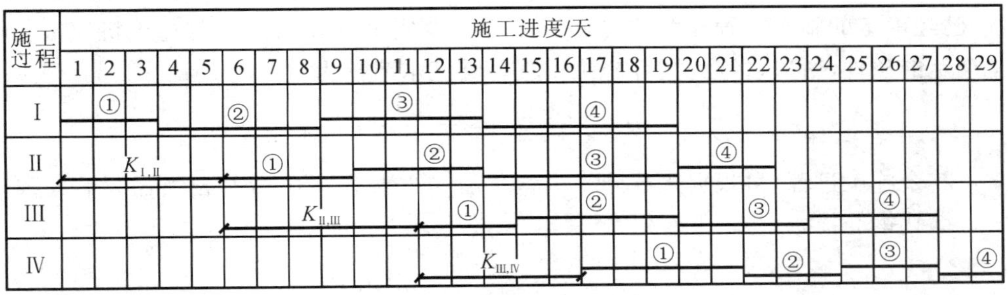

图 2-16　某工程流水施工进度计划图

2.4 流水施工实例

2.4.1 流水施工实例一

某七层混合结构住宅共有四个单元，其施工过程分为：① 土方开挖；② 铺设垫层；③ 绑扎钢筋；④ 浇混凝土；⑤ 砌筑砖基础；⑥ 回填土。

各施工过程的工程量及每一工日(或台班)的产量定额如表 2-4 所示。

表 2-4 施工过程的工程量及产量定额

施工过程	工程量	单位	产量定额
土方开挖	780	m^3	65
铺设垫层	42	m^3	—
绑扎钢筋	10 800	kg	450
浇混凝土	216	m^3	1.5
砌筑砖基础	330	m^3	1.25
回填土	350	m^3	—

分析表中的条件，可以看出铺设垫层施工过程的工程量较少；回填土与土方开挖相比，数量少得多。因此，为简化计算，可将铺设垫层和回填土这两个施工过程所需要的时间作为组织间歇时间来处理，各自预留 1 天时间，总的组织间歇时间为 $\sum Z=2$ 天。

另外，浇混凝土和砌筑砖基础之间的工艺间歇也留出 2 天，即 $\sum G=2$ 天。

显然，这个基础工程能组织成全等节拍流水施工。在施工段上基本相等。首先，根据建筑物的特征，可按房屋单元分界，划分四个施工段即 $m=4$。接着，找出其中的主导施工过程，一般应取工程量大的，施工组织条件(即配备的劳动力或机械设备)已经确定的施工工程作为主导施工工程。本例土方开挖由一台挖土机完成，这是确定的条件，所以可列为主导施工工程。其流水节拍为

$$t=\frac{780}{4\times 65\times 1}=3(\text{天})$$

其余施工过程，可根据主导施工工程所确定的流水节拍，反算出所需要的人数。

绑扎钢筋：

$$R_2=\frac{10\ 800}{4\times 450\times 3}=2(\text{人})$$

浇混凝土：

$$R_3 = \frac{216}{4 \times 1.5 \times 3} = 12(\text{人})$$

砌筑砖基础：

$$R_4 = \frac{330}{4 \times 1.25 \times 3} = 22(\text{人})$$

根据计算所求的施工人数，应复核施工段的工作面是否够，不够应重新考虑。

该基础工程的流水施工工期为

$$T = (4 + 4 - 1) \times 3 + 2 + 2 = 25(\text{天})$$

绘制流水进度计划图，如图 2-17 所示。

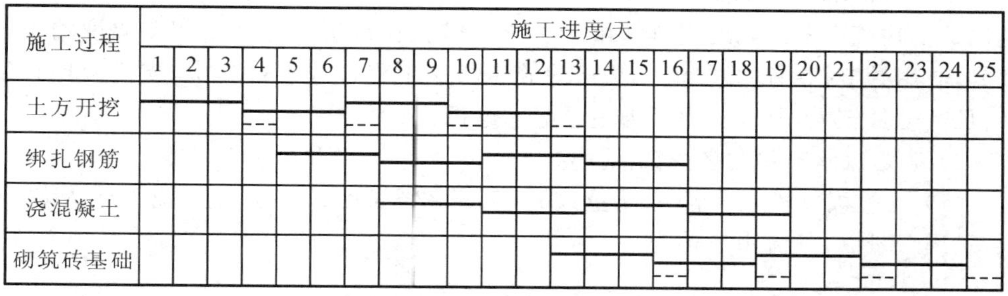

施工过程	施工进度/天																								
	1	2	3	4	5	6	7	8	9	10	11	12	13	14	15	16	17	18	19	20	21	22	23	24	25
土方开挖																									
绑扎钢筋																									
浇混凝土																									
砌筑砖基础																									

图 2-17　某七层混合结构住宅基础工程流水施工进度计划图

2.4.2　流水施工实例二

某三层现浇钢筋混凝土框架结构，划分为三个温度区段，施工工期为 65 天，其主体结构劳动量如表 2-5 所示。

表 2-5　某三层现浇混凝土框架结构劳动量

结构部分	分项名称		每层每个温度区段的劳动量/工日		
			一层	二层	三层
框架	支模板	柱	28	26	26
		梁	56	56	58
		板	22	22	21
	绑扎钢筋	柱	26	26	24
		梁	28	28	29
		板	26	26	27
	浇混凝土	柱	68	63	63
		梁板	122	122	122
楼梯	支模板		6	6	—
	绑扎钢筋		3	3	—
	浇混凝土		15	15	—

具体组织施工方法如下。

1)划分施工过程

本工程框架结构采用以下施工顺序:绑扎柱钢筋、支主梁模板、支次梁模板、支板模板、支柱模板、绑扎梁钢筋、绑扎板钢筋、浇筑柱混凝土、浇筑梁和板混凝土。

根据施工顺序和劳动组织,划分以下四个施工过程:绑扎柱钢筋、支模板、绑扎梁板钢筋和浇筑混凝土。各施工过程中均包括楼梯间部分。

2)划分施工段

考虑结构的整体性,利用温度缝作为分界线,每层划分为三个施工段,此时 $m<n$,施工队会出现窝工现象。所以,本实例将主导施工过程连续施工,其余施工队与其他的工地统一考虑调度安排。由于各施工过程在每层的劳动量相差幅度均小于15%,故用异节拍(有间断)流水法组织施工。该工程各施工过程中,支模板比较复杂,且劳动量较大,所以支模板为主导施工过程。

3)确定流水节拍和各施工队人数

(1) 支模板每段最大的劳动量:28+56+22+6=112(工日),施工队人数 20 人,采用一班制,其流水节拍为

$$t_{支模} = \frac{112}{20 \times 1} = 5.6 \approx 6(天)$$

(2) 绑扎柱钢筋每段最大的劳动量为 26 工日,施工队人数为 10 人,采用一班制,其流水节拍为

$$t_{柱筋} = \frac{26}{10 \times 1} = 2.6 \approx 3(天)$$

(3) 绑扎梁板钢筋每段最大的劳动量为 28+26+3=57(工日),施工队人数 10 人,采用一班制,其流水节拍为

$$t_{梁板筋} = \frac{57}{10 \times 1} = 5.7 \approx 6(天)$$

(4) 浇筑混凝土每段最大的劳动量为 68+122+15=205(工日),施工队人数 50 人,采用两班制,其流水节拍为

$$t_{混凝土} = \frac{205}{2 \times 50} = 2.05 \approx 2(天)$$

4)确定施工工期

由于本实例采用间断式流水施工,须采用分析计算法计算工期。本例使绑扎梁板钢筋与支模板搭接施工 2 天,混凝土养护间歇时间 3 天。

$$\begin{aligned} T &= \left(\sum t - C\right) \times 3 + G \times 2 + t_{梁板筋} \times 2 \\ &= [(3+6+6+2)-2] \times 3 + 3 \times 2 + 6 \times 2 \\ &= 63(天) \end{aligned}$$

5)绘制流水施工进度计划图

流水施工进度计划图如图 2-18 所示。

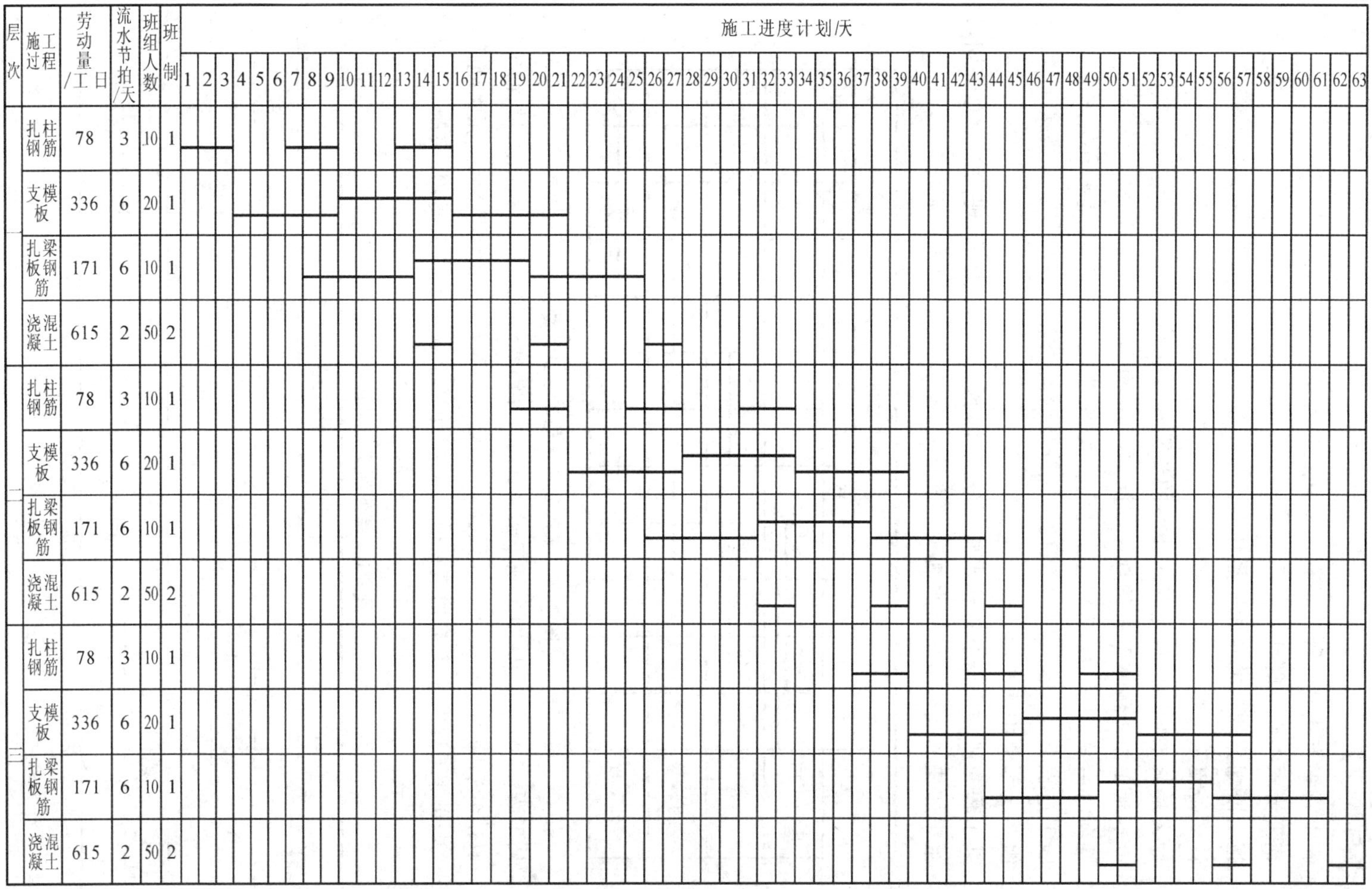

层次
施工过程
劳动量/工日
流水节拍/天
班组人数
班制
施工进度计划/天
1 2 3 4 5 6 7 8 9 10 11 12 13 14 15 16 17 18 19 20 21 22 23 24 25 26 27 28 29 30 31 32 33 34 35 36 37 38 39 40 41 42 43 44 45 46 47 48 49 50 51 52 53 54 55 56 57 58 59 60 61 62 63
一
扎柱钢筋 78 3 10 1
支模板 336 6 20 1
扎梁板钢筋 171 6 10 1
浇混凝土 615 2 50 2
二
扎柱钢筋 78 3 10 1
支模板 336 6 20 1
扎梁板钢筋 171 6 10 1
浇混凝土 615 2 50 2
三
扎柱钢筋 78 3 10 1
支模板 336 6 20 1
扎梁板钢筋 171 6 10 1
浇混凝土 615 2 50 2

图 2-18　某三层现浇混凝土框架结构流水施工进度计划图

【思考与练习】

2-1 施工组织方式有几种？各有什么特点？

2-2 施工流水参数有哪些？

2-3 施工段划分的目的及原则是什么？

2-4 什么是流水节拍？

2-5 什么是流水步距？确定流水步距的步骤有哪些？

2-6 流水施工由于流水节拍的规律不同,分为哪几类？

2-7 某项目由 A、B、C、D 四个施工过程组成,分为四个施工段,流水节拍均为 4 天,施工过程 B 与 C 之间有 2 天的工艺间歇时间,施工过程 C 与 D 搭接 1 天。试组织全等节拍流水施工。

2-8 某工程一般的成倍节拍流水施工进度计划如图 2-19 所示,现为缩短总工期,试组织加快的成倍节拍流水施工进度计划。

施工过程	施工进度/周											
	5	10	15	20	25	30	35	40	45	50	55	60
基础工程	①	②	③	④								
结构安装		①		②		③		④				
室内装修				①		②		③		④		
室外工程									①	②	③	④

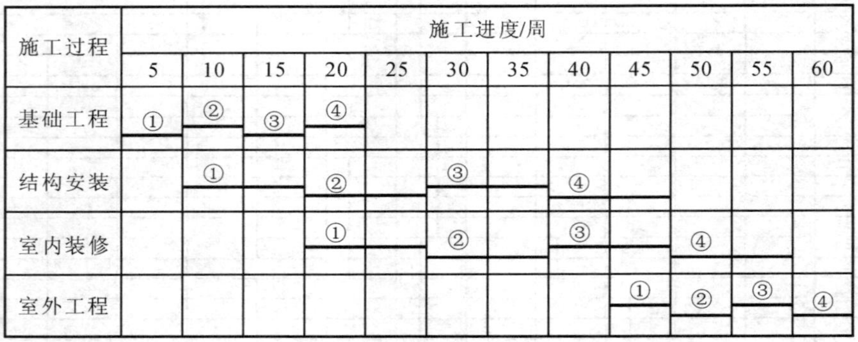

图 2-19 某工程流水施工进度计划图

2-9 某工程由 A、B、C、D 四个施工过程组成,分为四个施工段。各施工过程的流水节拍分别为 $t_A=3$ 天、$t_B=2$ 天、$t_C=4$ 天、$t_D=1$ 天。试组织异节奏流水施工。

2-10 某分部工程的流水节拍值见表 2-6,试计算流水步距和工期,并绘制施工进度计划表。

表 2-6 某分部工程的流水节拍 (单位:天)

施工过程	施工段			
	①	②	③	④
A	3	2	1	4
B	2	3	2	3
C	1	3	2	3
D	2	4	3	1

第3章　网络计划技术

【知识点及学习要求】

知　识　点	学习要求
知识点1　双代号网络计划的绘制与时间参数的计算	掌握
知识点2　双代号时标网络计划的绘制与时间参数的计算	掌握
知识点3　单代号网络计划的绘制与时间参数的计算	熟悉
知识点4　网络计划优化	掌握
知识点5　网络计划在建筑工程中的应用	了解

网络计划技术是利用网络计划进行生产组织与管理的一种方法。在20世纪50年代中期出现于美国，随后被广泛应用于工业、农业等各个领域。这种方法主要用于进度规划、计划和实施控制，是建筑业公认的目前最先进的计划管理方法之一。我国自20世纪60年代起开始使用这种方法，经过多年的推广与实践，目前网络计划技术已成为工程建设领域在工程管理方面必不可少的现代化管理方法。住房和城乡建设部于2015年11月1日起实施新的《工程网络计划技术规程》(JGJ/T 121—2015)，使网络计划在工程管理方面有了统一标准。

3.1　网络计划概述

3.1.1　网络计划基本概念

网络计划技术是用网络图的形式来反映和表达计划的安排。网络图是一种表示整个计划中各项工作实施的先后顺序和所需时间，并表示工作流程的有向、有序的网状图形。

在建筑施工中，网络计划技术主要用来编制工程项目施工的进度计划，并通过对计划的优化、调整和控制，达到缩短工期、降低成本、均衡资源的目标。

3.1.2　网络计划分类

网络计划的种类很多，可以从不同的角度进行分类，常用的分类方法如下。

1）按节点和箭线所代表的含义不同分类

按节点和箭线所代表的含义不同，可分为双代号网络图和单代号网络图两大类。

(1) 双代号网络图。

以箭线及其两端节点的编号表示工作的网络图称为双代号网络图。即用两个节点一根箭线代表一项工作,工作名称写在箭线上面,工作持续时间写在箭线下面,在箭线前后的衔接处画上节点、编上号码,并以节点编号 i 和 j 代表一项工作名称,如图 3-1 所示。

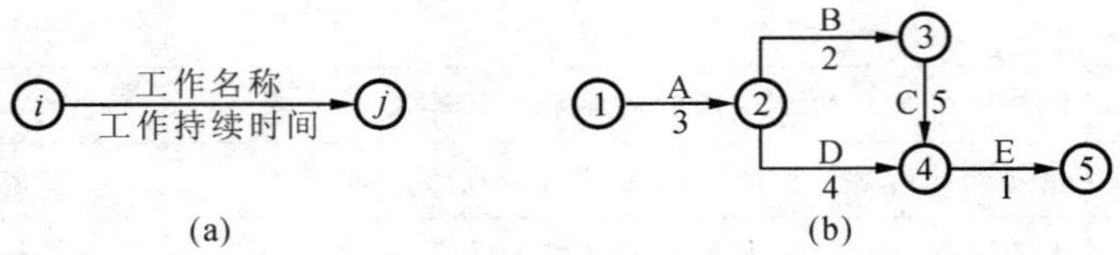

图 3-1 双代号网络图

(a) 工作的表示方法;(b) 工程的表示方法

(2) 单代号网络图。

以节点及其编号表示工作,以箭线表示工作之间的逻辑关系的网络图称为单代号网络图。即每一个节点表示一项工作,节点所表示的工作名称、持续时间和工作代号等标注在节点内,如图 3-2 所示。

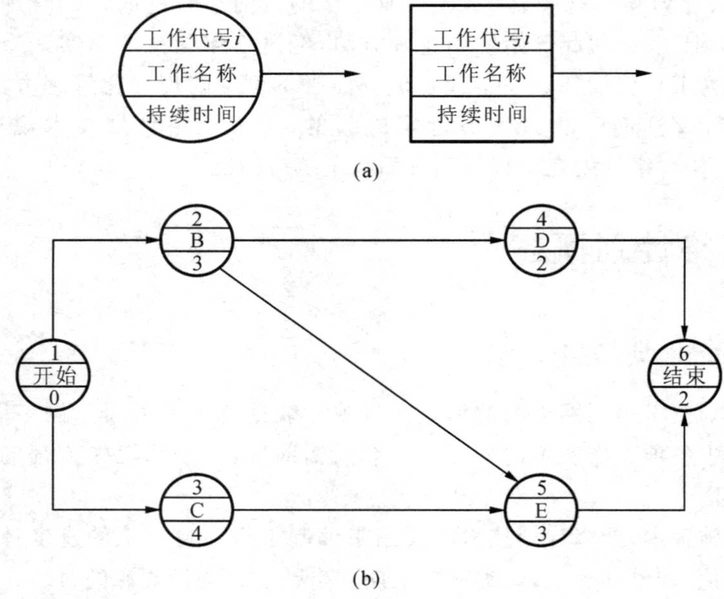

图 3-2 单代号网络图

(a) 工作的表示方法;(b) 工程的表示方法

2) 按网络计划的工程对象不同和使用范围大小分类

根据网络计划的工程对象不同和使用范围大小,网络计划可分为局部网络计划、单位工程网络计划和综合网络计划。

(1) 局部网络计划:以一个分部工作或施工段为对象编制的网络计划。

(2) 单位工程网络计划:以一个单位工程为对象编制的网络计划。

(3) 综合网络计划:以一个建设项目或建筑群为对象编制的网络计划。

3) 按网络计划的时间表达方式不同分类

按网络计划的时间表达方式不同,网络计划可分为时标网络计划和非时标网络计划。

(1) 时标网络计划:工作的持续时间以时间坐标为尺度绘制的网络计划,如图 3-3所示。

(2) 非时标网络计划:工作的持续时间以数字形式标注在箭线下面绘制的网络计划,如图 3-1(b)所示。

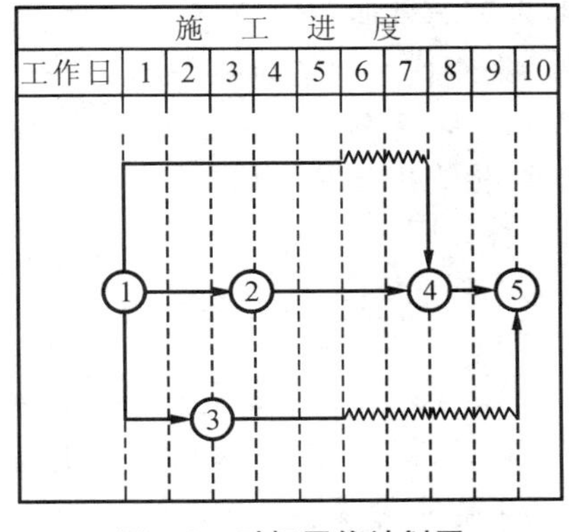

图 3-3　时标网络计划图

3.1.3　网络计划的特点

长期以来,我国一直应用流水施工基本原理,采用横道图的形式来编制工程项目施工进度计划。这种表达方法简单直观,但存在着一些不足。与横道计划相比,网络计划有如下优点。

(1) 网络计划能明确反映各项工作间的逻辑关系。

(2) 通过计算网络图时间参数,能找出影响进度的关键线路,从而抓住主要矛盾,保证工期。

(3) 利用某些工作的机动时间,可进行资源的调整,从而降低成本、均衡施工。

(4) 根据计划目标,可对网络计划进行调整和优化。

但网络图的绘制比较麻烦,表达不像横道图那么直观明了。

3.2　双代号网络计划

双代号网络图的每一个工作(或工序、施工过程、活动等)都由一根箭线和两个节点表示,并在节点内编号,用箭尾节点和箭头节点编号作为这个工作的代号。由于工作均用两个代号标志,所以该表示方法通常称为双代号表示方法。用这种表示方法,将一项计划的所有工作按其逻辑关系绘制而成的网状图形称为双代号网络图。

3.2.1　双代号网络图的组成要素

双代号网络图由箭线、节点、线路三个要素组成,其含义和特点介绍如下。

1) 箭线

在双代号网络图中,一根箭线表示一项工作(或工序、施工过程、活动等),如支设模板、绑扎钢筋、混凝土浇筑、混凝土养护等。

每一项工作都要消耗一定的时间和资源。只要消耗一定时间的施工过程都可作为一项工作,各工作用实箭线表示,如图 3-4 所示。其工作可以分为两种:第一种需要同时消耗时间和资源,如混凝土浇筑,既需要消耗时间,也需要消耗劳动力、水泥、砂石等资源;第二种仅仅需要消耗时间,如混凝土的养护、油漆的干燥等。

在双代号网络图中,为了正确表达施工过程的逻辑关系,有时必须使用一种虚箭线,这种虚箭线没有工作名称,不占用时间,不消耗资源,只解决工作之间的连接问题,称为虚工作,如图 3-5 所示。虚工作在双代号网络计划中起着联系、区分、断路三种作用。

图 3-4 双代号网络图工作表示法　　图 3-5 双代号网络图虚工作表示法

双代号网络图中,就某一工作而言,紧靠其前面的工作称为紧前工作,紧靠其后面的工作称为紧后工作,该工作本身则称为本工作,与之平行的工作称为平行工作,如图 3-6 所示。本工作之前所有的工作称为先行工作,本工作之后所有的工作称为后继工作。

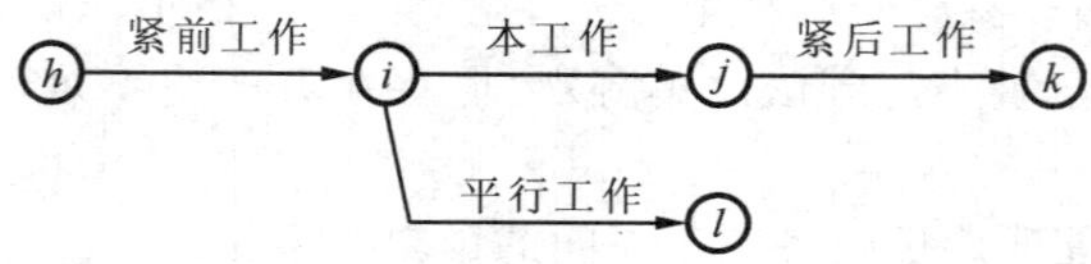

图 3-6 双代号网络图工作间关系

2）节点

节点是双代号网络图中箭线之间的连接点,即工作结束与开始之间的交接点。在双代号网络图中,节点既不占用时间、也不消耗资源,是个瞬间值,即它只表示工作的开始或结束的瞬间,起着承上启下的衔接作用。

节点一般用圆圈或其他形状的封闭图形表示,圆圈中编上整数号码。每项工作都可用箭尾和箭头的节点的两个编号($i-j$)作为该工作的代号。节点的编号,一般应满足 $i<j$ 的要求,即箭尾号码要小于箭头号码,节点的编号顺序应从小到大,可不连续,但不允许重复。

网络图的第一个节点称为起点节点,表示一项计划(或工程)的开始。最后一个节点称为终点节点,表示一项计划(或工程)的结束。其他节点都称为中间节点,每个中间节点既是紧前工作的结束节点,又是紧后工作的开始节点。

3）线路

从网络图的起点节点到终点节点,沿着箭线的指向所构成的若干条“通道”即为线路。一般网络图有多条线路,可依次用该线路上的节点代号来记述,其中持续时间最长的一条线路称为关键线路(至少有一条关键线路)。该关键线路的计算工期即为该计划的计算工期,位于关键线路上的工作称为关键工作,其余线路称为非关键线路,位于非关键线路上的工作称为非关键工作。如图 3-7 所示的网络图中共有两条线路,①→②→③→④→⑤线路的持续时间为 6 天,①→②→④→⑤线路的持续时间为 8 天，则①→②→④→⑤为关键线路。

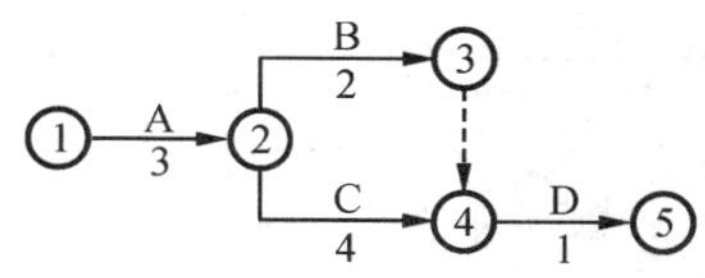

图 3-7　双代号网络图

在双代号网络图中，关键线路要用双实线、粗箭线或彩色箭线表示，关键线路控制着工程计划的进度，决定着工程计划的工期。要注意关键线路并不是一成不变的。在一定条件下，关键线路和非关键线路可以互相转化，如关键线路上的工作持续时间缩短，或非关键线路上的工作持续时间增加，都有可能使关键线路与非关键线路发生转换。

非关键线路都有若干天机动时间，称为时差。非关键工作可以在时差允许范围内放慢施工进度，将部分人力、物力转移到关键工作上，以加快关键工作的进程；或者在时差允许范围内改变工作开始和结束时间，以达到均衡施工的目的。

3.2.2　双代号网络图的绘制

正确绘制网络图是网络计划应用的关键。因此，绘图时必须做到以下两点：首先，绘制的网络图必须正确表达工作之间的逻辑关系；其次，必须遵守双代号网络图的绘制规则。

1）网络图的逻辑关系

工作之间相互制约或依赖的关系称为逻辑关系。工作之间的逻辑关系包括工艺关系和组织关系。

(1) 工艺关系：指生产工艺上客观存在的先后顺序关系，或者是非生产性工作之间由工作程序决定的先后顺序关系。例如，建筑工程施工时，先做基础，后做主体；先做结构，后做装修等。工艺关系是不能随便改变的。

(2) 组织关系：指在不违反工艺关系的前提下，人为安排的工作的先后顺序关系。这种关系不受施工工艺的限制，在保证施工质量、安全和工期的前提下，可以人为安排。

在双代号网络图中，各工作之间在逻辑关系上是变化多端的，双代号网络图中常用的逻辑关系及其相应的表示方法见表 3-1，工作名称均以字母来表示。

表 3-1　双代号网络图中常用的逻辑关系及其相应的表示方法

序号	工作之间的逻辑关系	网络图中的表示方法
1	有 A、B 两项工作按照依次施工方式进行	○ —A→ ○ —B→ ○
2	有 A、B、C 三项工作同时开始工作	○ —A→ ○；○ —B→ ○；○ —C→ ○

续表

序号	工作之间的逻辑关系	网络图中的表示方法
3	有A、B、C三项工作同时结束	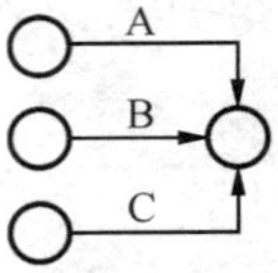 A B C
4	有A、B、C三项工作,只有在A完成后,B、C才能开始工作	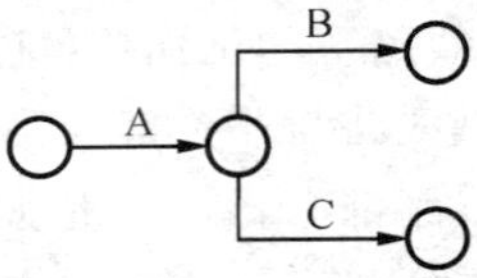 B A C
5	有A、B、C三项工作,C只有在A、B完成后才能开始工作	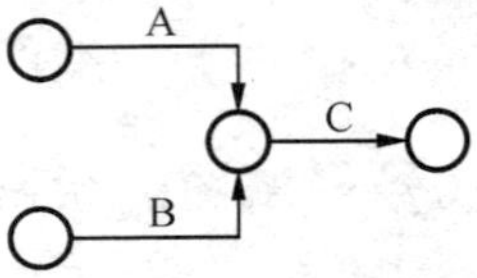 A C B
6	有A、B、C、D四项工作,只有A、B完成后,C、D才能开始工作	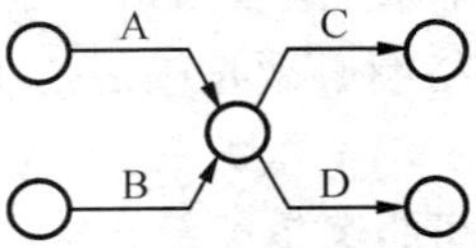 A C B D
7	有A、B、C、D四项工作,只有A完成后,C、D才能开始,B完成后D才能开始工作	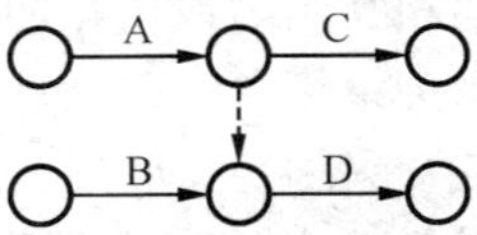 A C B D
8	有A、B、C、D、E五项工作,只有A、B完成后,C才能开始,B、D完成后E才能开始工作	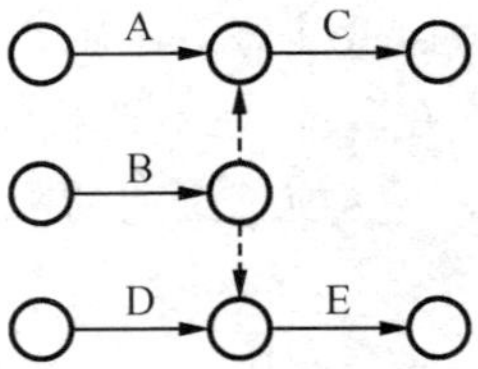 A C B D E
9	有A、B、C、D、E五项工作,只有A、B、C完成后,D才能开始,B、C完成后E才能开始工作	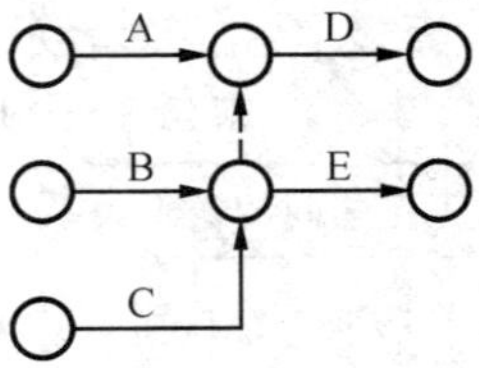 A D B E C
10	A、B、C三项工作分三个施工段组织流水施工	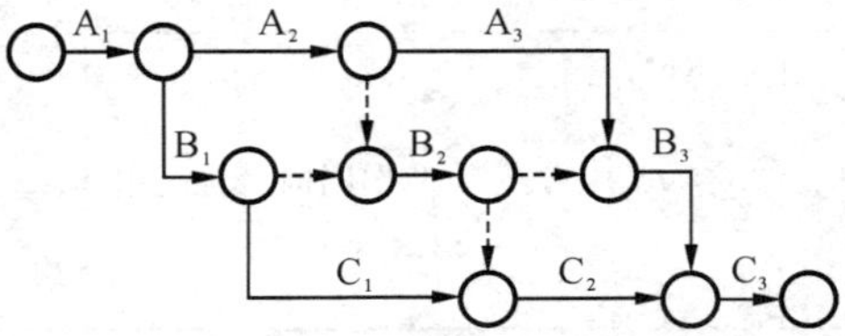 A_1 A_2 A_3 B_1 B_2 B_3 C_1 C_2 C_3

2）网络图的绘制规则

双代号网络图绘制过程中，除正确表达逻辑关系外，还必须遵守以下绘制规则。

（1）双代号网络图中严禁出现循环回路。所谓循环回路是指从网络图中的某一个节点出发，顺着箭线方向又回到了原来出发点的线路。如图 3-8 所示，②→③→④形成循环回路，由于其逻辑关系相互矛盾，此网络图表达必定是错误的。

（2）双代号网络图中，在节点间严禁出现带双向箭头或无箭头的连线，如图 3-9 所示。

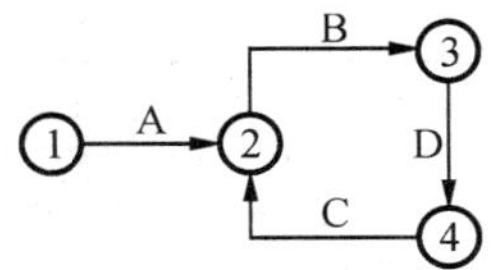

图 3-8　循环回路示意图

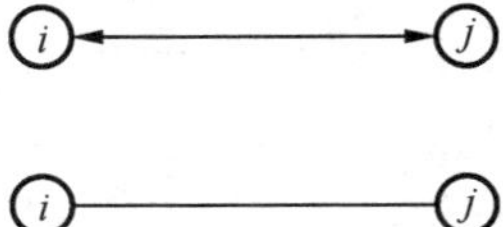

图 3-9　错误的画法

（3）双代号网络图中，不允许出现同样编号的节点或箭线，如图 3-10 所示。

（4）双代号网络图中，同一项工作不能出现两次。如图 3-11 所示，C 工作出现了两次。

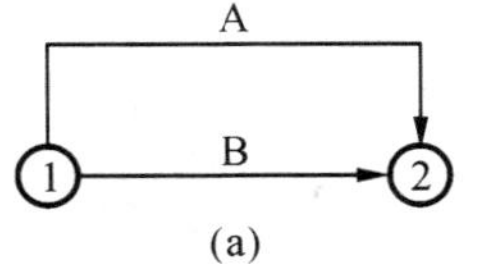

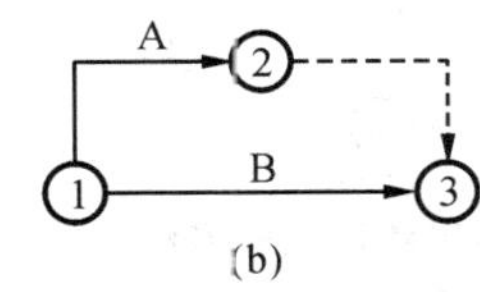

图 3-10　箭线绘制规则示意图

(a) 错误；(b)正确

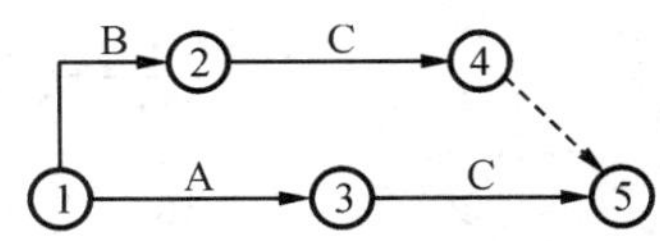

图 3-11　同一项工作出现两次

（5）一张网络图中，应只有一个起点节点和一个终点节点。如图 3-12 所示，有 1、3 两个起点节点，5、6 两个终点节点。

（6）绘制网络图时，箭线不宜交叉；当交叉不可避免时，可用过桥法或指向法。如图 3-13 所示。

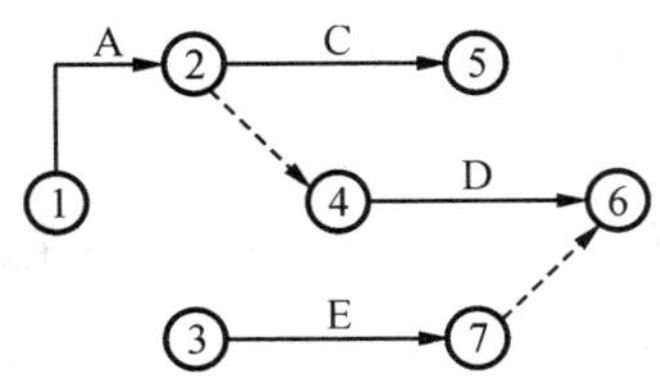

图 3-12　多个起点、终点节点

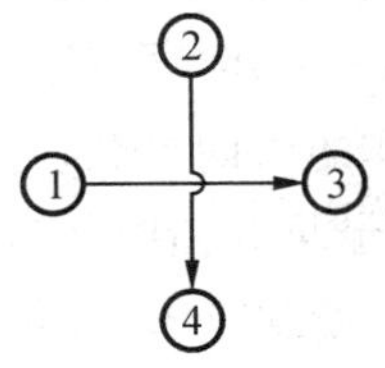

图 3-13　箭线交叉的处理方法

3）网络图的绘制步骤

（1）进行工作分析，绘制逻辑关系表。

（2）绘制草图，从没有紧前工作的工作画起，从左到右把各工作组成网络图。

（3）按网络图的绘制规则和逻辑关系检查、调整网络图。

(4) 整理构图形式,应从以下几个方面进行整理。

① 箭线宜用水平箭线和垂直箭线表示。

② 避免反向箭杆。

③ 去除多余的虚工作,应保证去除后不影响逻辑关系的正确表达,不会出现同样编号的箭线。

(5) 给节点编号,编号原则是对于任一工作其箭尾号码要小于箭头号码。

例 3-1 某工程工作之间的逻辑关系如表 3-2 所示,试绘制双代号网络图。

表 3-2 各工作逻辑关系及持续时间表

工作	A	B	C	D	E	G	H	I
紧前工作	—	—	A	A、B	B	C、D	D、E	G、H
持续时间/天	2	4	10	4	6	3	4	2

解 按照绘制步骤,绘成双代号网络图,如图 3-14 所示。

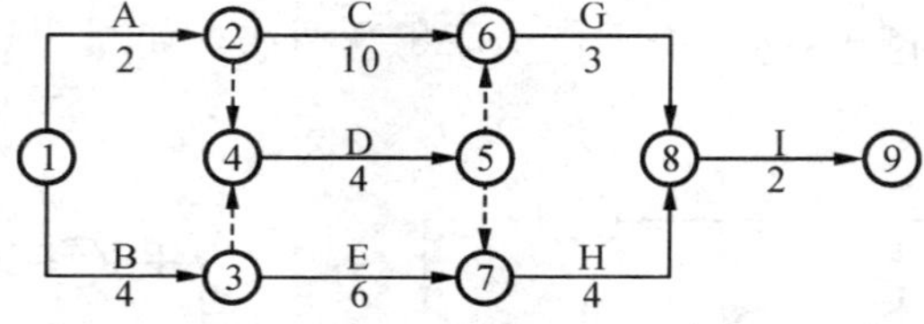

图 3-14 某工程双代号网络图

3.2.3 双代号网络图时间参数的计算

计算网络计划时间参数,目的主要有三个:① 确定关键线路和关键工作,便于施工中抓住重点,向关键线路要时间;② 明确非关键工作在施工中时间上有多大的机动性,便于挖掘潜力,统筹全局,部署资源;③ 确定总工期,做到工程进度心中有数。

1) 时间参数的概念及其符号

(1) 工作持续时间(D_{i-j}):指一项工作从开始到完成的时间。

(2) 工作的时间参数。

① 工作最早开始时间(ES_{i-j}):指在各紧前工作全部完成后,本工作有可能开始的最早时刻。工作 $i-j$ 的最早开始时间用 ES_{i-j} 表示。

② 工作最早完成时间(EF_{i-j}):指在各紧前工作全部完成后,本工作有可能完成的最早时刻。工作 $i-j$ 的最早完成时间用 EF_{i-j} 表示。

③ 工作最迟开始时间(LS_{i-j}):指在不影响整个任务按期完成的前提下,本工作必须开始的最迟时刻。工作 $i-j$ 的最迟开始时间用 LS_{i-j} 表示。

④ 工作最迟完成时间(LF_{i-j}):指在不影响整个任务按期完成的前提下,本工作必须完成的最迟时刻。工作 $i-j$ 的最迟完成时间用 LF_{i-j} 表示。

⑤ 总时差(TF_{i-j}):指在不影响计划总工期的前提下,本工作可以利用的机动时间。工作 $i-j$ 的总时差用 TF_{i-j} 表示。一项工作可利用的时间范围从最早开始时间到最迟完成时间。

⑥ 自由时差(FF_{i-j}):指在不影响紧后工作最早开始时间的前提下,本工作可以利用的机动时间。工作 $i-j$ 的自由时差用 FF_{i-j} 表示。一项工作可利用的时间范围从该工作最早开始时间到紧后工作最早开始时间。

(3)节点的时间参数。

① 节点最早时间(ET_i):指以该节点为开始节点的各项工作的最早开始时间。节点 i 的最早时间用 ET_i 表示。

② 节点最迟时间(LT_i):指以该节点为完成节点的各项工作的最迟完成时间。节点 i 的最迟时间用 LT_i 表示。

2）网络计划时间参数的计算方法

由于双代号网络图中节点时间参数与工作时间参数有着密切的联系,通常在图上直接计算,先计算出节点的时间参数,然后推算出工作的时间参数。

现以图 3-15 所示为例说明双代号网络图时间参数的计算方法。

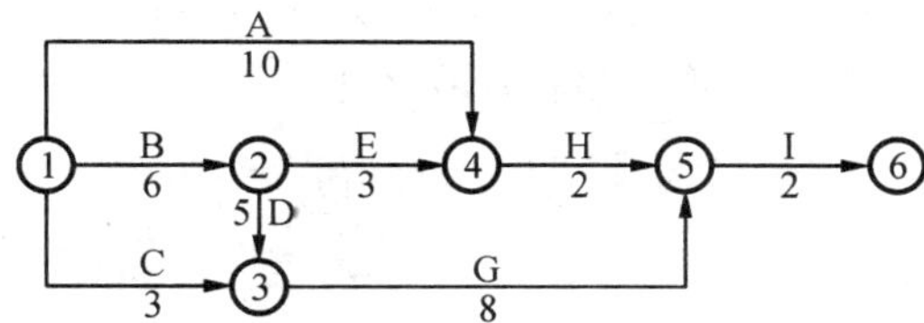

图 3-15　某双代号网络计划图

(1) 节点时间参数的计算。

① 计算各节点最早时间。自起点节点开始,顺着箭线方向逐点向后计算直至终点节点,即“顺着箭线方向相加,逢箭头相碰的节点取最大值”。

当网络计划没有规定开始时间,起点节点的最早时间为零,即

$$ET_1 = 0 \tag{3-1}$$

其他节点的最早时间为

$$ET_i = \max\{ET_i + D_{i-j}\} \tag{3-2}$$

网络计划的计算工期为

$$T_C = ET_n \tag{3-3}$$

当实际工程对工期无要求时,取计划工期等于计算工期,即

$$T_P = T_C \tag{3-4}$$

如图 3-15 所示网络计划中,各节点最早时间计算过程如下:

$ET_1 = 0$

$ET_2 = ET_1 + D_{1-2} = 0 + 6 = 6$

$ET_3 = \max\{ET_1 + D_{1-3}, ET_2 + D_{2-3}\} = \max\{0+3, 6+5\} = 11$

$ET_4=\max\{ET_1+D_{1-4},ET_2+D_{2-4}\}=\max\{0+10,6+3\}=10$

$ET_5=\max\{ET_3+D_{3-5},ET_4+D_{4-5}\}=\max\{11+8,10+2\}=19$

$ET_6=ET_5+D_{5-6}=19+2=21$

② 计算各节点最迟时间。自终点节点 n 开始,逆着箭线方向逐点向前计算直至起点节点,即"逆着箭线方向相减,逢箭尾相碰的节点取最小值"。

终点节点的最迟时间为

$$LT_n = ET_n(\text{或计划工期 } T_P) \tag{3-5}$$

其他节点的最迟时间为

$$LT_i = \min\{LT_j - D_{i-j}\} \tag{3-6}$$

如图 3-15 所示网络计划中,各节点的最迟时间计算过程如下。

$LT_6=ET_6=21$

$LT_5=LT_6-D_{5-6}=21-2=19$

$LT_4=LT_5-D_{4-5}=19-2=17$

$LT_3=LT_5-D_{3-5}=19-8=11$

$LT_2=\min\{LT_3-D_{2-3},LT_4-D_{2-4}\}=\min\{11-5,17-3\}=6$

$LT_1=\min\{LT_2-D_{1-2},LT_3-D_{1-3},LT_4-D_{1-4}\}=\min\{6-6,11-3,17-10\}=0$

将上述节点时间参数的计算结果标注在图上,如图 3-16 所示。

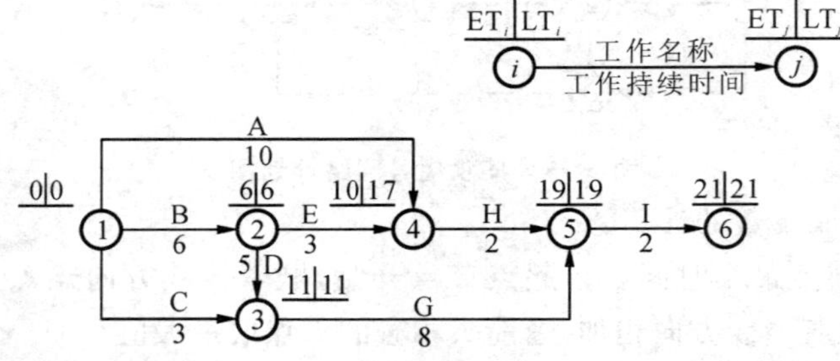

图 3-16　双代号网络计划节点时间参数计算结果

(2) 工作时间参数的计算。

① 计算各工作的最早开始时间。工作的最早开始时间等于该工作的开始节点的最早时间,即

$$ES_{i-j} = ET_i \tag{3-7}$$

② 计算各工作的最早完成时间。工作的最早完成时间等于该工作的最早开始时间加持续时间或用节点参数计算,即

$$EF_{i-j} = ES_{i-j} + D_{i-j} \tag{3-8}$$

或
$$EF_{i-j}=ET_i+D_{i-j} \tag{3-9}$$

如图 3-15 所示网络计划中,各工作的最早开始时间和最早完成时间计算过程如下。

工作 A:$ES_{1-4}=ET_1=0$　　$EF_{1-4}=ES_{1-2}+D_{1-4}=0+10=10$

工作 B：$ES_{1-2}=ET_1=0$　　$EF_{1-2}=ES_{1-2}+D_{1-2}=0+6=6$

工作 C：$ES_{1-3}=ET_1=0$　　$EF_{1-3}=ES_{1-2}+D_{1-3}=0+3=3$

工作 D：$ES_{2-3}=ET_2=6$　　$EF_{2-3}=ES_{2-3}+D_{2-3}=6+5=11$

工作 E：$ES_{2-4}=ET_2=6$　　$EF_{2-4}=ES_{2-4}+D_{2-4}=6+3=9$

工作 G：$ES_{3-5}=ET_3=11$　　$EF_{3-5}=ES_{3-5}+D_{3-5}=11+8=19$

工作 H：$ES_{4-5}=ET_4=10$　　$EF_{4-5}=ES_{4-5}+D_{4-5}=10+2=12$

工作 I：$ES_{5-6}=ET_5=19$　　$EF_{5-6}=ES_{5-6}+D_{5-6}=19+2=21$

③ 计算各工作的最迟完成时间。工作的最迟完成时间等于该工作的完成节点的最迟时间，即

$$LF_{i-j} = LT_j \tag{3-10}$$

④ 计算各工作的最迟开始时间。工作的最迟开始时间等于该工作的最迟完成时间减持续时间或用节点参数计算，即

$$LS_{i-j} = LF_{i-j} - D_{i-j} \tag{3-11}$$

或

$$LS_{i-j} = LT_j - D_{i-j} \tag{3-12}$$

如图 3-15 所示网络计划中，各工作的最迟完成时间和最迟开始时间计算过程如下。

工作 A：$LF_{1-4}=LT_4=17$　　$LS_{1-4}=LF_{1-4}-D_{1-4}=17-10=7$

工作 B：$LF_{1-2}=LT_2=6$　　$LS_{1-2}=LF_{1-2}-D_{1-2}=6-6=0$

工作 C：$LF_{1-3}=LT_3=11$　　$LS_{1-3}=LF_{1-3}-D_{1-3}=11-3=8$

工作 D：$LF_{2-3}=LT_3=11$　　$LS_{2-3}=LF_{2-3}-D_{2-3}=11-5=6$

工作 E：$LF_{2-4}=LT_4=17$　　$LS_{2-4}=LF_{2-4}-D_{2-4}=17-3=14$

工作 G：$LF_{3-5}=LT_5=19$　　$LS_{3-5}=LF_{3-5}-D_{3-5}=19-8=11$

工作 H：$LF_{4-5}=LT_5=19$　　$LS_{4-5}=LF_{4-5}-D_{4-5}=19-2=17$

工作 I：$LF_{5-6}=LT_6=21$　　$LS_{5-6}=LF_{5-6}-D_{5-6}=21-2=19$

⑤ 计算总时差。工作总时差等于该工作最迟完成时间减去最早开始时间再减持续时间或用节点参数计算，即

$$TF_{i-j}=LF_{i-j}-ES_{i-j}-D_{i-j} \tag{3-13}$$

或

$$TF_{i-j}=LT_j-ET_i-D_{i-j} \tag{3-14}$$

如图 3-15 所示网络计划中，各工作总时差计算过程如下。

工作 A：$TF_{1-4}=LF_{1-4}-ES_{1-4}-D_{1-4}=17-0-10=7$

工作 B：$TF_{1-2}=LF_{1-2}-ES_{1-2}-D_{1-2}=6-0-6=0$

工作 C：$TF_{1-3}=LF_{1-3}-ES_{1-3}-D_{1-3}=11-0-3=8$

工作 D：$TF_{2-3}=LF_{2-3}-ES_{2-3}-D_{2-3}=11-6-5=0$

工作 E：$TF_{2-4}=LF_{2-4}-ES_{2-4}-D_{2-4}=17-6-3=8$

工作 G：$TF_{3-5}=LF_{3-5}-ES_{3-5}-D_{3-5}=19-11-8=0$

工作 H：$TF_{4-5}=LF_{4-5}-ES_{4-5}-D_{4-5}=19-10-2=7$

工作 I:$TF_{5-6}=LF_{5-6}-ES_{5-6}-D_{5-6}=21-19-2=0$

⑥ 计算自由时差。工作自由时差等于紧后工作最早开始时间减该工作最早开始时间再减持续时间或用节点参数计算,即

$$FF_{i-j}=ES_{j-k}-ES_{i-j}-D_{i-j} \tag{3-15}$$

或

$$FF_{i-j}=ET_j-ET_i-D_{i-j} \tag{3-16}$$

如图 3-15 所示网络计划中,各工作自由时差计算过程如下。

工作 A:$FF_{1-4}=ES_{4-5}-ES_{1-4}-D_{1-4}=10-0-10=0$

工作 B:$FF_{1-2}=ES_{2-4}-ES_{1-2}-D_{1-2}=6-0-6=0$

工作 C:$FF_{1-3}=ES_{3-5}-ES_{1-3}-D_{1-3}=11-0-3=8$

工作 D:$FF_{2-3}=ES_{3-5}-ES_{2-3}-D_{2-3}=11-6-5=0$

工作 E:$FF_{2-4}=ES_{4-5}-ES_{2-4}-D_{2-4}=10-6-3=1$

工作 G:$FF_{3-5}=ES_{5-6}-ES_{3-5}-D_{3-5}=19-11-8=0$

工作 H:$FF_{4-5}=ES_{5-6}-ES_{4-5}-D_{4-5}=19-10-2=7$

工作 I:$FF_{5-6}=ET_6-ET_5-D_{5-6}=21-19-2=0$

将上述工作时间参数的计算结果标注在图上,如图 3-17 所示。

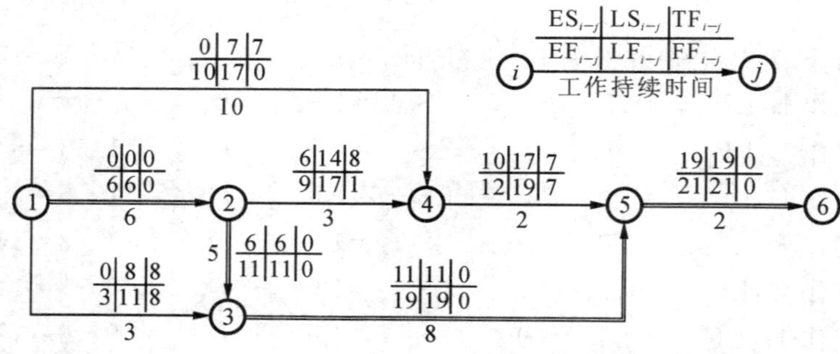

图 3-17 双代号网络计划工作时间参数计算结果

3) 关于总时差和自由时差

(1) 通过计算式不难看出:因 $LT_j \geqslant ET_j$,所以 $TF_{i-j} \geqslant FF_{i-j}$。

(2) 两者的关系。

总时差是属于某线路上共有的机动时间,当该工作使用全部或部分总时差时,该线路上其他工作的总时差就会消失或减少,进行重新分配。

自由时差为某工作独立使用的机动时间,对后续工作没有影响,利用某项工作的自由时差,不会影响其紧后工作的最早开始时间。

(3) 总时差用途。

① 判别关键工作:总时差最小的工作为关键工作。

② 控制总工期:通过总时差可判别出关键工作和非关键工作,而非关键工作有一定的潜力可挖,可在时差范围内机动安排工作的开始时间或延长该工作的时间,从而抽调人力、物力等资源去支援关键线路上的关键工作,以保证关键线路上工期

按时、提前完成。

4）关键工作和关键线路的确定

（1）关键工作的确定。

网络计划中机动时间最少的工作为关键工作，所以工作总时差最小的工作即为关键工作。在计划工期等于计算工期时，总时差为零的工作即为关键工作。

（2）关键线路的确定。

到目前为止，确定关键线路的方法如下。

① 算出所有线路的持续时间，其中持续时间最长的线路为关键线路。这种方法的缺点是找齐所有线路的工作量大，不适用于实际工程。

② 总时差最小的工作为关键工作，将所有关键工作连起来即为关键线路，如图 3-17所示。这种方法的缺点是计算各工作总时差的工作量较大。

③ 下面介绍一种快速确定关键线路的方法——节点标号法，应用这种方法，在计算节点最早时间的同时就“顺便”把关键线路找出来了，其具体步骤如下。

a. 从起点节点向终点节点计算节点最早时间。

b. 在计算节点最早时间的同时，每标注一个节点最早时间，都要把该节点的最早时间是由哪个节点计算而来的节点编号标在该节点上。

c. 自终点节点开始，从右向左，逆箭线方向，按所标节点编号可绘出一条（或几条）线路，该线路即为关键线路。

例 3-2 将图 3-14 所示网络图用节点标号法确定其关键线路。

解 其计算结果如图 3-18 所示，关键线路为①→②→⑥→⑧→⑨。

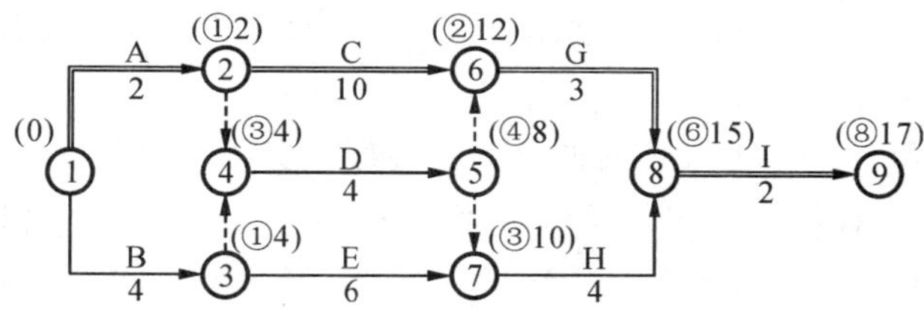

图 3-18 某双代号网络计划节点标号法确定关键线路

3.3 单代号网络计划

单代号网络图是网络计划的另一种表示方法。它是用一个圆圈或方框代表一项工作，将工作代号、工作名称和工作持续时间写在圆圈或方框里，箭线仅用来表示工作之间的顺序关系，如图 3-2(a)所示。用这种方法把一项计划的所有工作按其逻辑关系绘制而成的图形，称为单代号网络图，如图 3-2(b)所示。

单代号网络图与双代号网络图相比，作图方便，图面简洁，由于没有虚工作，产生逻辑关系错误的可能性小。但单代号网络图用节点表示工作，没有长度概念，不便于绘制时标网络计划。

3.3.1 单代号网络图的绘制

由于单代号网络图和双代号网络图所表示的计划内容是一致的，两者的区别仅在于绘图的符号不同。因此，在双代号网络图中所说明的绘图规则，在单代号网络图中原则上都应遵守。另外，当网络图中有多个起点节点或多项终点节点时，应在网络图的起点和终点设置一项虚工作。

为了便于比较，按照表 3-2 中所示逻辑关系绘制单代号网络计划，如图 3-19 所示。

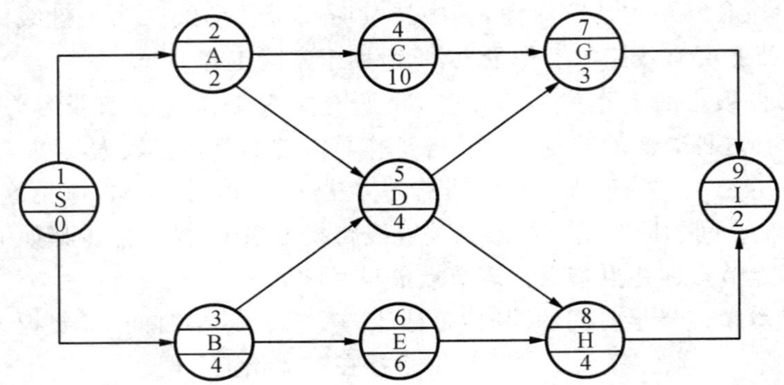

图 3-19 某工程单代号网络图

3.3.2 单代号网络图时间参数的计算

单代号网络图的节点表示工作，所以只需计算工作的时间参数。工作参数的含义与双代号网络图相同，但计算步骤略有区别。下面以图 3-19 为例，说明时间参数的计算方法。

(1) 计算各工作的最早开始时间(ES_i)和最早完成时间(EF_i)。

自起点工作开始，顺着箭线方向逐点向后计算直至终点工作。任一工作的最早开始时间，取决于该工作前面所有工作的完成；最早完成时间等于它的最早开始时间加上持续时间。

当网络计划没有规定开始时间时，起点工作的最早开始时间为零，即

$$ES_1 = 0 \tag{3-17}$$

$$EF_1 = D_1 \tag{3-18}$$

对于其他任何工作：

$$ES_i = \max\{EF_h\} \tag{3-19}$$

$$EF_i = ES_i + D_i \tag{3-20}$$

式中 EF_i——工作 i 的各项紧前工作 h 的最早完成时间；

D_i——工作 i 的持续时间。

如图 3-19 所示网络计划中，各工作的最早开始时间和最早完成时间计算过程如下。

$ES_1=0\quad EF_1=0$

工作 A：$ES_2=EF_1=0\quad EF_2=ES_2+D_2=0+2=2$

工作 B：$ES_3=EF_1=0\quad EF_3=ES_3+D_3=0+4=4$

工作 C：$ES_4=EF_2=2\quad EF_4=ES_4+D_4=2+10=12$

工作 D：$ES_5=\max\{EF_2,EF_3\}=\max\{2,4\}=4\quad EF_5=ES_5+D_5=4+4=8$

工作 E：$ES_6=EF_3=4\quad EF_6=ES_6+D_6=4+6=10$

工作 G：$ES_7=\max\{EF_4,EF_5\}=\max\{12,8\}=12\quad EF_7=ES_7+D_7=12+3=15$

工作 H：$ES_8=\max\{EF_5,EF_6\}=\max\{8,10\}=10\quad EF_8=ES_8+D_8=10+4=14$

工作 I：$ES_9=\max\{EF_7,EF_8\}=\max\{15,14\}=15\quad EF_9=ES_9+D_9=15+2=17$

(2) 计算相邻两工作间的时间间隔($LAG_{i,j}$)。

某工作 i 的最早完成时间与其紧后工作 j 的最早开始时间的差，称为两工作间的时间间隔。

当终点节点为虚拟工作时，有

$$LAG_{i,n}=T_P-EF_i \tag{3-21}$$

式中　T_P——网络计划的计划工期。

其他节点的时间间隔：

$$LAG_{i,j}=ES_j-EF_i \tag{3-22}$$

如图 3-19 所示网络计划中，相邻两工作之间的时间间隔计算过程如下：

$$LAG_{7,9}=ES_9-EF_7=15-15=0$$

$$LAG_{8,9}=ES_9-EF_8=15-14=1$$

$$LAG_{4,7}=ES_7-EF_4=12-12=0$$

$$LAG_{5,7}=ES_7-EF_5=12-8=4$$

$$LAG_{5,8}=ES_8-EF_5=10-8=2$$

$$LAG_{6,8}=ES_8-EF_6=10-10=0$$

$$LAG_{2,4}=ES_4-EF_2=2-2=0$$

$$LAG_{2,5}=ES_5-EF_2=4-2=2$$

$$LAG_{3,5}=ES_5-EF_3=4-4=0$$

$$LAG_{3,6}=ES_6-EF_3=4-4=0$$

$$LAG_{1,3}=ES_3-EF_1=0-0=0$$

$$LAG_{1,2}=ES_2-EF_1=0-0=0$$

(3) 计算自由时差(FF_i)。任一工作自由时差应取该工作与紧后工作时间间隔的最小值，即

$$FF_i=\min\{LAG_{i,j}\} \tag{3-23}$$

如图 3-19 所示网络计划中，各工作自由时差计算过程如下。

$$FF_2=\min\{LAG_{2,4},LAG_{2,5}\}=\min\{0,2\}=0$$

$$FF_3=\min\{LAG_{3,5},LAG_{3,6}\}=\min\{0,0\}=0$$

$FF_4 = LAG_{4,7} = 0$

$FF_5 = \min\{LAG_{5,7}, LAG_{5,8}\} = \min\{4, 2\} = 2$

$FF_6 = LAG_{6,8} = 0$

$FF_7 = LAG_{7,9} = 0$

$FF_8 = LAG_{8,9} = 1$

(4) 计算总时差(TF_i)。任一工作总时差可以用该工作与紧后工作时间间隔$LAG_{i,j}$与紧后工作的总时差 TF_i 之和来表示,当紧后工作有多项时应取其中的最小值,即

终点节点工作的总时差为

$$TF_n = T_P - EF_n \tag{3-24}$$

其他工作的总时差为

$$TF_i = \min\{TF_j + LAG_{i,j}\} \tag{3-25}$$

如图 3-19 所示网络计划中,各工作总时差计算过程如下。

$TF_9 = T_9 - EF_9 = 17 - 17 = 0$

$TF_8 = TF_9 + LAG_{8,9} = 0 + 1 = 1$

$TF_7 = TF_9 + LAG_{7,9} = 0 + 0 = 0$

$TF_6 = TF_8 + LAG_{6,8} = 1 + 0 = 1$

$TF_5 = \min\{TF_8 + LAG_{5,8}, TF_7 + LAG_{5,7}\} = \min\{1 + 2, 0 + 4\} = 3$

$TF_4 = TF_7 + LAG_{4,7} = 0 + 0 = 0$

$TF_3 = \min\{TF_5 + LAG_{3,5}, TF_6 + LAG_{3,6}\} = \min\{3 + 0, 1 + 0\} = 1$

$TF_2 = \min\{TF_4 + LAG_{2,4}, TF_5 + LAG_{2,5}\} = \min\{0 + 0, 3 + 2\} = 0$

$TF_1 = \min\{TF_2 + LAG_{1,2}, TF_3 + LAG_{1,3}\} = \min\{0 + 0, 1 + 0\} = 0$

(5) 计算各工作的最迟开始时间(LS_i)和最迟完成时间(LF_i)。

工作的最迟开始时间等于该工作的最早开始时间与总时差之和,最迟完成时间等于它的最迟开始时间加上持续时间,即

$$LS_i = ES_i + TF_i \tag{3-26}$$

$$LF_i = LS_i + D_i \tag{3-27}$$

如图 3-19 所示网络计划中,各工作的最迟开始时间和最迟完成时间计算过程如下。

$LS_2 = ES_2 + TF_2 = 0 + 0 = 0$　　$LF_2 = LS_2 + D_2 = 0 + 2 = 2$

$LS_3 = ES_3 + TF_3 = 0 + 1 = 1$　　$LF_3 = LS_3 + D_3 = 1 + 4 = 5$

$LS_4 = ES_4 + TF_4 = 2 + 0 = 2$　　$LF_4 = LS_4 + D_4 = 2 + 10 = 12$

$LS_5 = ES_5 + TF_5 = 4 + 3 = 7$　　$LF_5 = LS_5 + D_5 = 7 + 4 = 11$

$LS_6 = ES_6 + TF_6 = 4 + 1 = 5$　　$LF_6 = LS_6 + D_6 = 5 + 6 = 11$

$LS_7 = ES_7 + TF_7 = 12 + 0 = 12$　　$LF_7 = LS_7 + D_7 = 12 + 3 = 15$

$LS_8 = ES_8 + TF_8 = 10 + 1 = 11$　　$LF_8 = LS_8 + D_8 = 11 + 4 = 15$

$$LS_9 = ES_9 + TF_9 = 15 + 0 = 15 \qquad LF_9 = LS_9 + D_9 = 15 + 2 = 17$$

将上例的工作时间参数的计算结果标注在图上，如图 3-20 所示，关键线路用双线标注。

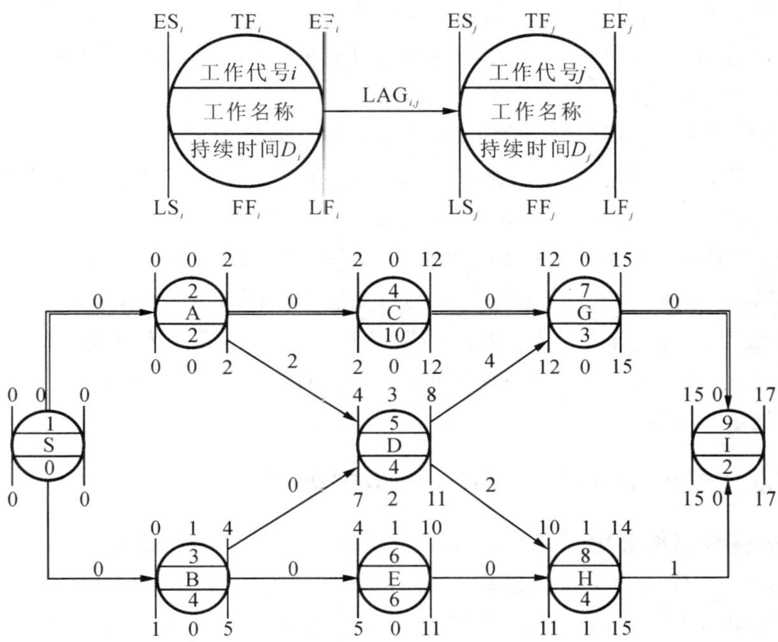

图 3-20　单代号网络计划时间参数计算结果

3.4　双代号时标网络计划

3.4.1　双代号时标网络计划的概念及特点

1）概念

一般双代号网络计划都是不带时标的，工作持续时间与箭线长短是无关的。虽然绘制较方便，但因为没有时标，看起来不太直观，不像建筑工程中常用的横道图。横道图可以从图上直接看出各项工作的开工和完工时间，并能以天为单位统计资源需要量，编制资源需要量计划。

双代号时标网络计划是综合应用一般双代号网络计划和横道图的时间坐标原理，吸取二者的优点，使其结合在一起的以水平时间坐标为尺度编制的双代号网络计划。

2）特点

（1）箭杆长度与工作延续时间长度一致。

（2）可直接在时标网络计划中统计出劳动力、材料等资源需要量，绘制资源动态曲线。

3.4.2 双代号时标网络计划的绘制

在绘制时标网络计划时,一般应先绘好无时标网络计划,即一般网络计划,然后先算后绘,具体计算步骤如下(以按节点最早时间来绘制时标网络计划为例)。

(1) 绘制一般双代号网络计划。

(2) 确定坐标线所代表的时间单位,计算节点最早时间。

(3) 确定节点位置:根据网络图中各节点的最早时间逐个画出各节点,节点定位应参照一般网络计划的形状,其中心对准时间刻度线。

(4) 绘制箭线:箭线水平投影长度应与工作持续时间一致。

① 若某工作箭线长度不能达到该工作完成节点时,用波形线补之。

② 箭线最好画成水平折线,若斜线则其水平投影表示持续时间。

③ 虚工作因不占时间,故必须以垂直方向的虚箭线表示(不能从右向左),有自由时差时加波形线表示。

3.4.3 双代号时标网络计划时间参数的确定

(1) 关键线路的确定。自终点节点逆箭线方向朝起点节点方向观察,自始至终不出现波形线的线路为关键线路。

(2) 工期的确定。时标网络计划的计算工期,应是其终点节点与起点节点所在位置的时标值之差。

(3) 工作时间参数的判读。

在时标网络计划中,6 个工作时间参数的确定步骤如下。

① 工作最早时间参数的确定。按节点最早时间绘制的时标网络计划,工作最早时间参数可直接从图上确定。

a. 工作最早开始时间 ES_{i-j}:左端箭尾节点所对应的时标值。

b. 最早完成时间 EF_{i-j}:若实箭线抵达箭头节点,则最早完成时间就是箭头节点时标值;若实箭线未抵达箭头节点,则其最早完成时间为实箭线右端末所对应的时标值。

② 自由时差 FF_{i-j} 的确定。波形线的水平投影长度即为该工作的自由时差。当箭线无波形部分,则自由时差为零。

③ 总时差 TF_{i-j} 的确定。自右向左进行,且符合下列规定:

以终点节点($j=n$)为箭头节点的总时差应按计划工期 T_P 确定,即

$$TF_{i-j} = T_P - FF_{i-n} \tag{3-28}$$

其他工作总时差等于诸紧后工作的总时差的最小值与本工作的自由时差之和,即

$$TF_{i-j} = \min\{TF_{j-k}\} + FF_{i-j} \tag{3-29}$$

④ 最迟时间参数的确定。最迟开始时间和最迟完成时间应按下式计算，即

$$LS_{i-j} = ES_{i-j} + TF_{i-j} \tag{3-30}$$

$$LF_{i-j} = EF_{i-j} + TF_{i-j} \tag{3-31}$$

例 3-3　按照表 3-2 所示逻辑关系绘成双代号时标网络计划并判读各工作时间参数。

解　① 按照逻辑关系表绘成无时标双代号网络图，如图 3-14 所示。

② 计算节点最早时间，计算结果如图 3-21 所示。

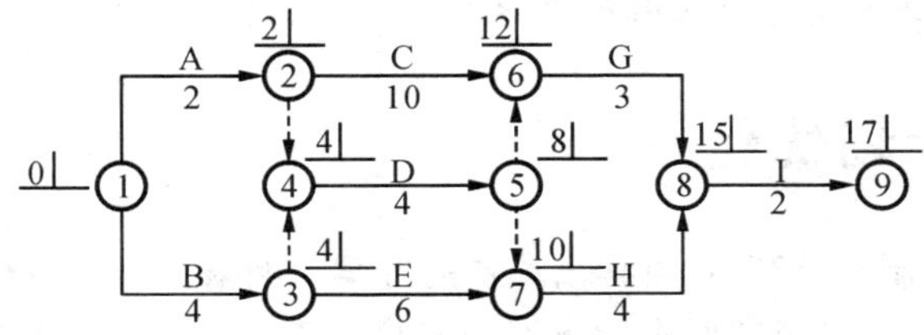

图 3-21　双代号网络计划节点最早时间计算结果

③ 先确定节点位置，再绘制箭杆，绘成双代号时标网络计划，如图 3-22 所示。

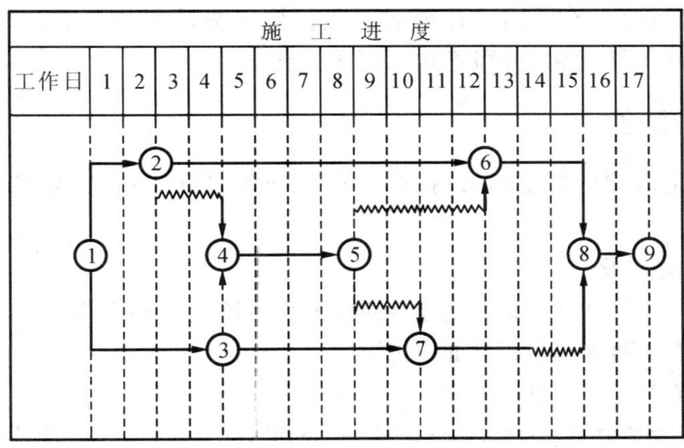

图 3-22　某工程双代号时标网络计划

图 3-22 中可直接读出各工作的最早开始时间、最早完成时间、自由时差，找出关键线路为①→②→⑥→⑧→⑨。

对于关键工作，其总时差、自由时差都为零；对于非关键工作，可进一步计算其总时差：

$$TF_{7-8} = TF_{8-9} + FF_{7-8} = 0 + 1 = 1$$
$$TF_{5-6} = TF_{6-8} + FF_{5-6} = 0 + 4 = 4$$
$$TF_{5-7} = TF_{7-8} + FF_{5-7} = 1 + 2 = 3$$
$$TF_{4-5} = \min\{TF_{5-6}, TF_{5-7}\} + FF_{4-5} = \min\{4, 3\} + 0 = 3 + 0 = 3$$
$$TF_{3-7} = TF_{7-8} + FF_{3-7} = 1 + 0 = 1$$
$$TF_{2-4} = TF_{4-5} + FF_{2-4} = 3 + 2 = 5$$

$$TF_{3-4}=TF_{4-5}+FF_{3-4}=3+0=3$$

$$TF_{1-3}=\min\{TF_{3-4},TF_{3-7}\}+FF_{1-3}=\min\{3,1\}+0=1+0=1$$

对于①－②、①－③工作的最迟开始时间、最迟完成时间计算如下：

$$LS_{1-2}=ES_{1-2}+TF_{1-2}=0+0=0$$

$$LF_{1-2}=EF_{1-2}+TF_{1-2}=2+0=2$$

$$LS_{1-3}=ES_{1-3}+TF_{1-3}=0+1=1$$

$$LF_{1-3}=EF_{1-3}+TF_{1-3}=4+1=5$$

由此类推，可计算出各项工作的最迟开始时间、最迟完成时间。

3.5 网络计划优化

网络计划经绘制和计算后，可得出最初的方案。网络计划的最初方案只是一种可行的方案，不一定是合乎规定要求的方案或最优方案。因此，还必须进行网络计划优化。

网络计划优化是在满足既定约束条件的前提下，按某一目标，通过不断改进网络计划，以寻求满意方案。网络计划的优化目标应按计划任务的需要和条件选定，优化的内容包括工期优化、费用优化和资源优化。

3.5.1 工期优化

工期优化是压缩计算工期，以达到要求工期的目标，或在一定约束条件下使工期最短的过程。

1）工期优化步骤

(1) 计算并找出网络计划的计算工期、关键线路及关键工作。

(2) 按要求工期计算应缩短的持续时间。

(3) 确定各关键工作能缩短的持续时间。

(4) 按上述因素选择关键工作压缩其持续时间，并重新计算网络计划的计算工期。

(5) 当计算工期仍然超过要求工期时，则重复以上步骤，直至计算工期满足要求工期为止。

(6) 当所有关键工作的持续时间都已达到所能缩短的极限，而工期仍不能满足要求时，应对原组织方案进行调整，或对要求工期重新审定。

2）工期优化应考虑的因素

(1) 缩短工期应压缩关键工作。

(2) 作为要压缩时间的关键工作的选择原则如下。

① 缩短持续时间对质量和安全影响不大的工作。

② 有充足备用资源的工作。

③ 缩短持续时间所需增加的费用最少的工作。

(3) 关键工作压缩时间后仍应为关键工作。

（4）若有多条关键线路存在时，要同时、同步压缩。

3）工期优化示例

例 3-4 如图 3-23 所示的网络计划，图中括号内的数据为工作最短持续时间，当指定工期为 140 天时，如何调整？

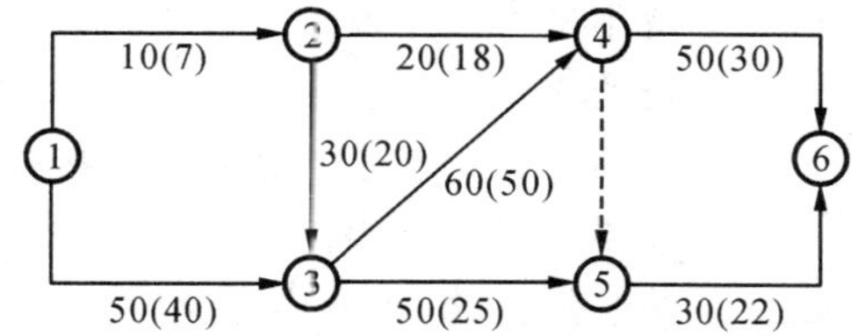

图 3-23 某工程网络计划图

解 ① 用工作正常持续时间计算节点的最早时间，用节点标号法确定关键线路为①→③→④→⑥，关键工作为 1—3、3—4、4—6，如图 3-24 所示。

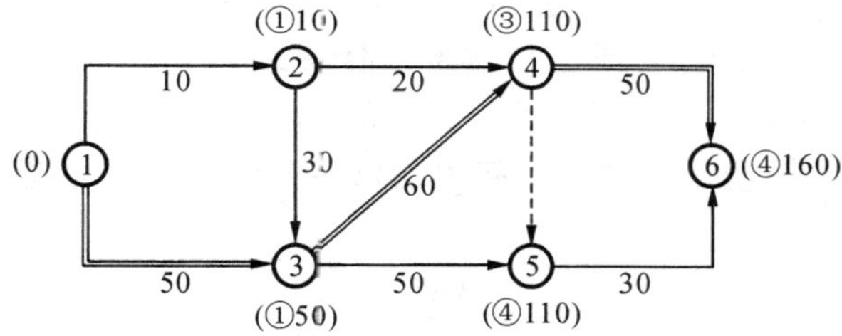

图 3-24 网络计划的关键线路

② 计算工期为 160 天，按指定工期要求应缩短 20 天。

③ 关键工作 1—3 能缩短 10 天，关键工作 3—4 能缩短 10 天，关键工作 4—6 能缩短 20 天。由于只需压缩 20 天，可压缩 1—3 工作 5 天，压缩 3—4 工作 5 天，压缩 4—6 工作 10 天。

④ 重新计算网络计划工期，如图 3-25 所示，图中标出了关键线路，工期为 140 天，满足了工期要求。

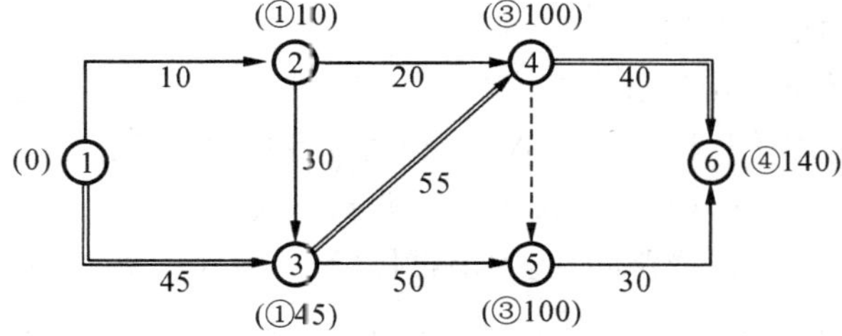

图 3-25 工期优化后的网络计划图

3.5.2 费用优化

费用优化又称时间成本优化，是寻求最低成本时的最优工期安排，或按要求工期寻求最低成本的计划安排过程。要达到上述优化目标，就必须首先研究时间和费用的关系。

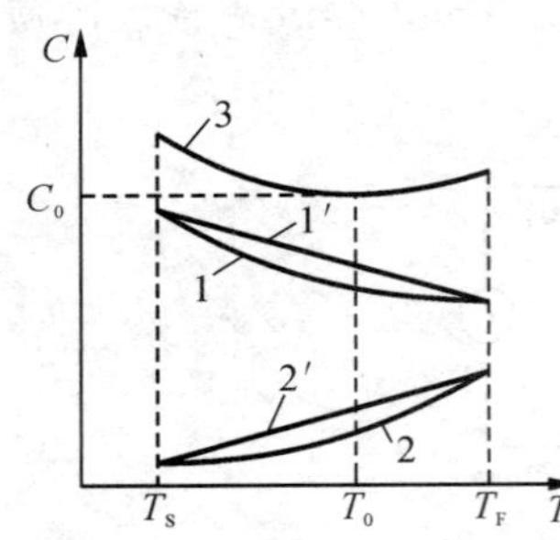

图 3-26 工期-费用曲线

1、1′—直接费用曲线、直线；
2、2′—间接费用曲线、直线；
3—总费用曲线
T_S—最短工期；T_0—最优工期；
T_F—正常工期；C_0—最低总成本

1）工期和费用的关系

工程费用包括直接费用和间接费用两部分，直接费用是直接投入到工程中的成本，即在施工过程中耗费的人工费、材料费、机械设备费等构成工程实体的各项费用；而间接费用是间接投入到工程中的成本，主要由管理费等构成。一般情况下，直接费用随工期的缩短而增加，间接费用随工期的缩短而减少，如图3-26所示。图中的总费用曲线中，总存在一个最低的点，即最小的工程总成本 C_0，与此相对应的工期为最优工期 T_0，这就是费用优化所寻求的目标。

为简化计算，如图 3-26 所示，通常把直接费用曲线 1、间接费用曲线 2 表达为直接费用直线 1′、间接费用直线 2′。这样可以通过直线斜率表达直接（间接）费用率，即直接（间接）费用在单位时间内的增加（减少）值。如工作 $i-j$ 的直接费用率 ΔC_{i-j} 为

$$\Delta C_{i-j} = \frac{CC_{i-j} - CN_{i-j}}{DN_{i-j} - DC_{i-j}} \tag{3-32}$$

式中 CC_{i-j}——将工作持续时间缩短为最短持续时间后完成该工作所需的直接费用；

CN_{i-j}——在正常条件下完成工作 $i-j$ 所需的直接费用；

DN_{i-j}——工作 $i-j$ 的正常持续时间；

DC_{i-j}——工作 $i-j$ 的最短持续时间。

2）费用优化的步骤

费用优化的基本思路是不断地找出能使工期缩短且直接费用增加最少的工作，缩短其持续时间，同时考虑间接费用增加，便可求出费用最低相应的最优工期和满足工期要求相应的最低费用。

费用优化可按下述步骤进行。

（1）计算各工作的直接费用率 ΔC_{i-j} 和间接费用率 $\Delta C'$。

（2）按工作的正常持续时间，确定工期并找出关键线路。

（3）当只有一条关键线路时，应找出直接费用率 ΔC_{i-j} 最小的一项关键工作，作为缩短持续时间的对象；当有多条关键线路时，应找出组合直接费用率 $\sum\{\Delta C_{i-j}\}$ 最小的一组关键工作，作为缩短持续时间的对象。

（4）对选定的压缩对象缩短其持续时间，缩短值 ΔT 必须符合两个原则：一是不能压缩成非关键工作；二是缩短后其持续时间不小于最短持续时间。

（5）计算时间缩短后总费用的变化 C_i

$$C_i = \sum\{\Delta C_{i-j} \times \Delta T\} - \Delta C' \times \Delta T \tag{3-33}$$

(6) 当 $C_i \leqslant 0$，重复上述步骤(3)～(5)，一直计算到 $C_i > 0$，即总费用不能降低为止，费用优化即告完成。

3）费用优化示例

例 3-5　如图 3-27 所示的网络计划，箭线下方括号外为正常持续时间，括号内为最短持续时间，箭线上方为直接费用率，当指定工期为 140 天时，请进行合理压缩，使费用增加最少。

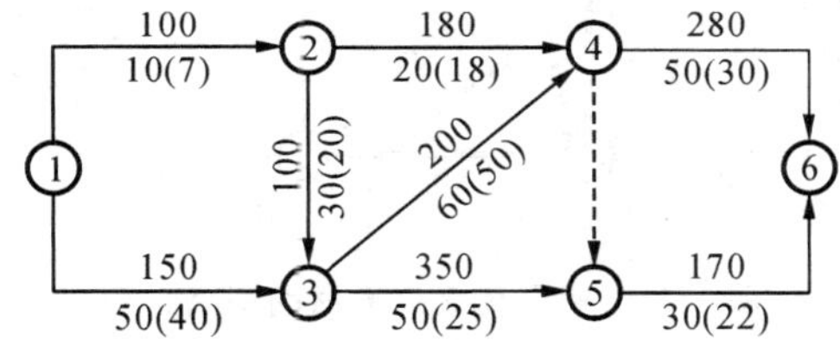

图 3-27　某工程网络计划

解　① 用工作正常持续时间计算节点的最早时间，用标号法确定关键线路为①→③→④→⑥，如图 3-28 所示。

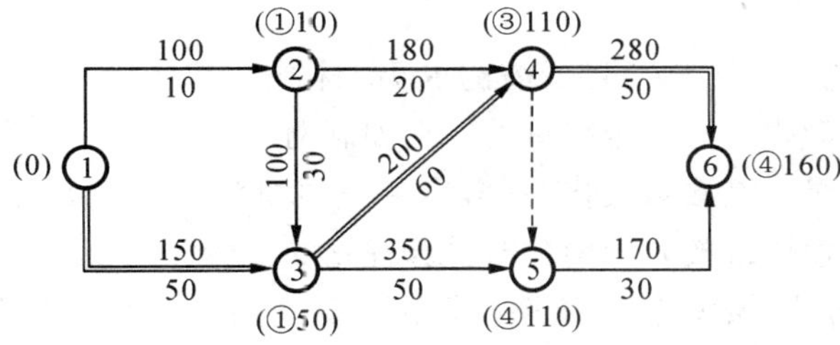

图 3-28　网络计划的关键线路

② 比较关键工作 1—3、3—4、4—6 的直接费用率，工作 1—3 的直接费用率最低，故压缩工作 1—3，$\Delta C_{1-3}=150$，压缩时间 $\Delta t=50-40=10$(天)，增加的直接费用 $\Delta S_1=150\times10=1\ 500$(元)。

③ 重新计算网络计划的时间参数，此时有两条关键线路：①→③→④→⑥和①→②→③→④→⑥，如图 3-29 所示为第一次压缩后的网络计划。

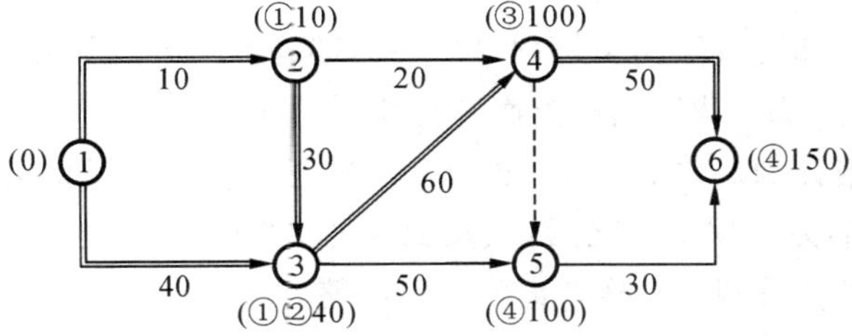

图 3-29　第一次压缩后的网络计划

④ 因工作 1—3 已无可压缩时间,不能将工作 1—2 或工作 2—3 与其组合压缩,故在工作 3—4 和工作 4—6 中,选择直接费用率最低的工作 3—4 进行压缩 $\Delta C_{3-4}=200$,压缩时间 $\Delta t=60-50=10$(天),增加的直接费用 $\Delta S_2=200\times10=2\,000$(元)。

⑤ 此时,工期已压缩至 140 天,且增加的费用最少,调整后的网络计划如图 3-30所示。

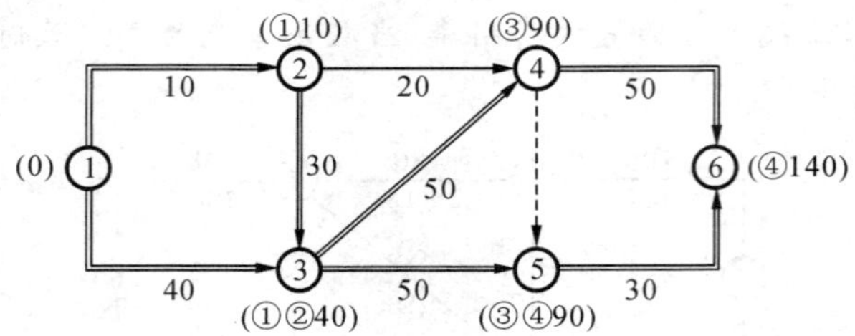

图 3-30 费用优化完成后的网络计划

综上所述,比较例 3-4 和例 3-5,同样是将工期压缩 20 天,但当优化目标不同时,所选择的优化方案是不同的。

3.5.3 资源优化

所谓资源是指完成工程项目所需的人力、材料、机械设备和资金等的统称。一般情况下,这些资源也是有一定限量的。在编制网络计划时必须对资源进行统筹安排,保证资源需要量在其限量之内、资源需要量尽量均衡。资源优化就是通过调整工作之间的安排,使资源按时间的分布符合优化的目标。

资源优化可分为“资源有限-工期最短”和“工期固定-资源均衡”两类问题。

1) 资源有限-工期最短的优化

资源有限-工期最短的优化是调整计划安排,以满足资源限制条件,并使工期拖延最少的过程。

资源有限-工期最短的优化步骤如下。

(1) 按节点最早时间参数绘制双代号时标网络图,根据各个工作在每个时间单位的资源需要量,统计出每个时间单位内的资源需要量 R_t。

(2) 从网络计划开始的第一天起,从左至右计算资源需用量 R_t,并检查其是否超过资源限量 R_a,如检查至网络计划最后一天都是 $R_t\leqslant R_a$,则该网络计划就符合优化要求;如发现 $R_t>R_a$,就停止检查而进行调整。

(3) 调整网络计划。将 $R_t>R_a$ 处的工作进行调整。调整的方法是将该处的一项工作移到该处的另一项工作之后,以减少该处的资源需用量。如该处有两项工作 α、β,则有将 α 移到 β 后和将 β 移到 α 后两个调整方案。

(4) 计算调整后的工期增量。调整后的工期增量等于前面工作的最早完成时间减去移到后面的工作的最早开始时间再减去移到后面的工作的总时差。如将 β

移到 α 后，则其工期增量为

$$\Delta T_{\alpha,\beta} = \mathrm{EF}_{\alpha} - \mathrm{ES}_{\beta} - \mathrm{TF}_{\beta} \tag{3-34}$$

(5) 重复以上步骤，直至所有时间单位内的资源需要量都不超过资源限量，资源优化即告完成。

例 3-6　已知网络计划如图 3-31 所示，箭线下方数据为该工作持续时间，箭线上方数据为工作的每天资源需要量，假定资源限量为 13，试对网络计划进行资源有限-工期最短的优化。

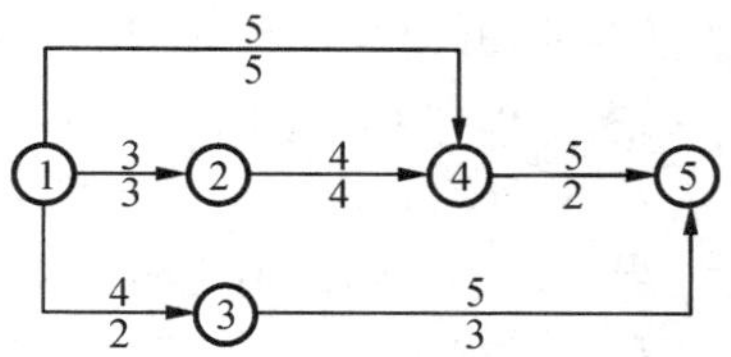

图 3-31　初始网络计划

解　① 按节点最早时间绘制双代号时标网络图，统计出每个时间单位内的资源需要量，计算出工作的总时差（标在括号内），如图 3-32 所示。

② 从图 3-32 中可知，$R_4 = 14 > 13$，必须进行调整，共有六种方案。

方案一：将①→④移到②→④后，$\Delta T_{2-4,1-4} = \mathrm{EF}_{2-4} - \mathrm{ES}_{1-4} - \mathrm{TF}_{1-4} = 7-0-2=5$

方案二：将②→④移到①→④后，$\Delta T_{1-4,2-4} = \mathrm{EF}_{1-4} - \mathrm{ES}_{2-4} - \mathrm{TF}_{2-4} = 5-3-0=2$

方案三：将③→⑤移到②→④后，$\Delta T_{2-4,3-5} = \mathrm{EF}_{2-4} - \mathrm{ES}_{3-5} - \mathrm{TF}_{3-5} = 7-2-4=1$

方案四：将②→④移到③→⑤后，$\Delta T_{3-5,2-4} = \mathrm{EF}_{3-5} - \mathrm{ES}_{2-4} - \mathrm{TF}_{2-4} = 5-3-0=2$

方案五：将①→④移到③→⑤后，$\Delta T_{3-5,1-4} = \mathrm{EF}_{3-5} - \mathrm{ES}_{1-4} - \mathrm{TF}_{1-4} = 5-0-2=3$

方案六：将③→⑤移到①→④后，$\Delta T_{1-4,3-5} = \mathrm{EF}_{1-4} - \mathrm{ES}_{3-5} - \mathrm{TF}_{3-5} = 5-2-4=-1$

$\Delta T_{1-4,3-5} = -1$ 最小，故采取方案六，如图 3-33 所示。

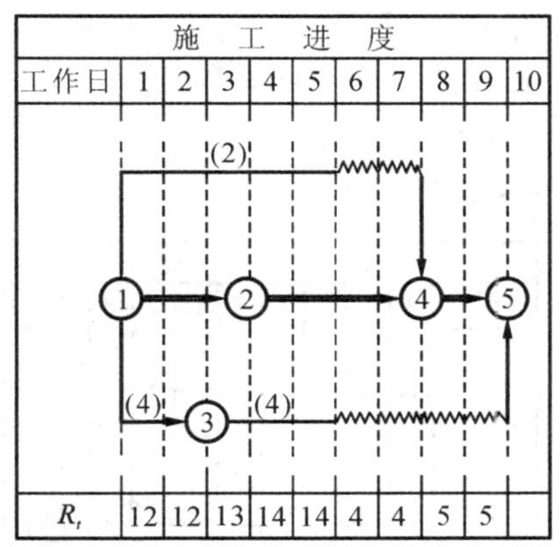

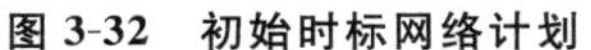
图 3-32　初始时标网络计划

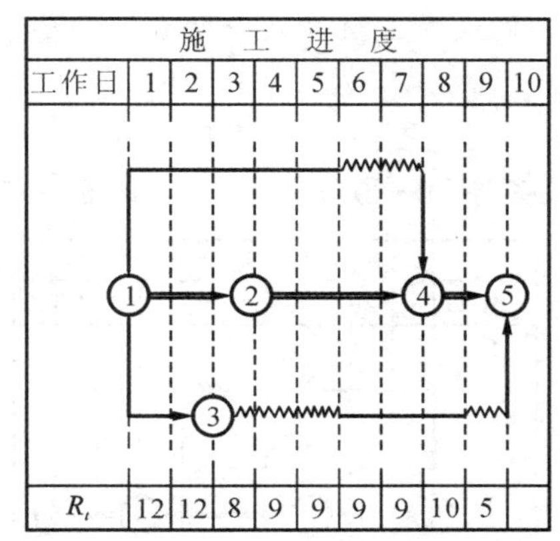

图 3-33　优化完成后的时标网络计划

从图 3-33 中可知，每天资源需要量均小于资源限量 13，即资源优化完成。

2）工期固定-资源均衡的优化

工期固定-资源均衡的优化是指在工期保持不变的条件下，使资源需要量尽可能分布均衡的过程，也就是在资源需要量曲线上尽可能不出现短期高峰或长期低谷的情况，力求使每天资源需要量接近于平均值。

工期固定-资源均衡优化的方法有多种，这里仅介绍削高峰法，即利用非关键工

作的机动时间,在工期固定的条件下,使得资源峰值尽可能减小。

工期固定-资源均衡的优化步骤如下。

(1) 按节点最早时间参数绘制双代号时标网络图,根据各个工作在每个时间单位的资源需要量,统计出每个时间单位内的资源需要量 R_t。

(2) 找出资源高峰时段的最后时刻 T_h,计算非关键工作,如果向右移到 T_h 处开始,还剩下的机动时间 ΔT_{i-j} 即

$$\Delta T_{i-j} = TF_{i-j} - (T_h - ES_{i-j}) \tag{3-35}$$

当 $\Delta T_{i-j} \geqslant 0$ 时,则说明该工作可以向右移出高峰时段,使得峰值减小,并且不影响工期。当有多个工作 $\Delta T_{i-j} \geqslant 0$,应选择 ΔT_{i-j} 值最大的工作向右移出高峰时段。

(3) 绘制出调整后的时标网络计划。

(4) 重复上述步骤(2)~(3),直至高峰时段的峰值不能再减少,资源优化即告完成。

例 3-7 已知网络计划如图 3-31 所示,箭线下方数据为该工作的持续时间,箭线上方数据为工作的每天资源需要量,试对该网络计划进行工期固定-资源均衡的优化。

解 ① 按节点最早时间绘制双代号时标网络图,统计出每个时间单位内的资源需要量,计算出工作的总时差(标在括号内),如图 3-32 所示。

② 从图 3-32 中统计的资源需要量可知,$R_{max}=14$,$T_5=5$。

$$\Delta T_{1-4} = TF_{1-4} - (T_5 - ES_{1-4}) = 2-(5-0) = -3 < 0$$

$$\Delta T_{3-5} = TF_{3-5} - (T_5 - ES_{3-5}) = 4-(5-2) = 1 > 0$$

因 $\Delta T_{3-5}=1>0$,故将③→⑤向右移 3 天,如图 3-34 所示。

③ 从图 3-34 中统计的资源需要量可知,$R_{max}=12$,$T_2=2$。

$$\Delta T_{1-4} = TF_{1-4} - (T_2 - ES_{1-4}) = 2-(2-0) = 0$$

$$\Delta T_{1-3} = TF_{1-3} - (T_2 - ES_{1-3}) = 4-(2-0) = 2 > 0$$

若将①→③向右移 2 天,如图 3-35 所示,并未使峰值减少。

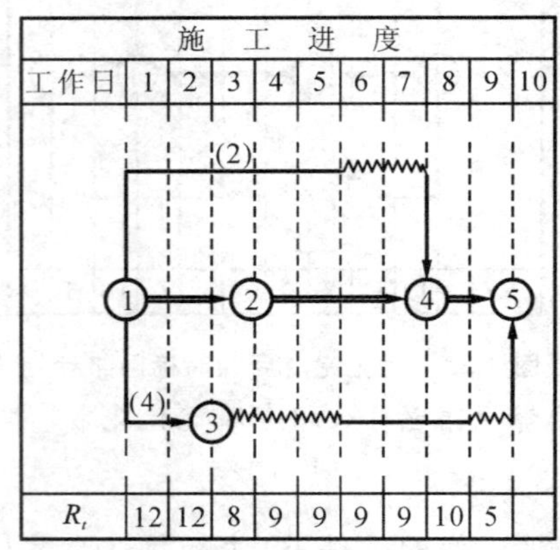

图 3-34 第一次削峰后的时标网络计划

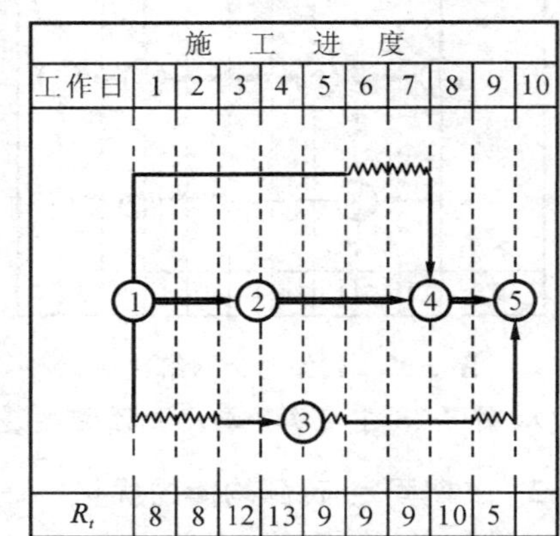

图 3-35 第二次削峰后的时标网络计划

因再调整也不能使峰值减少,故资源优化完成,资源优化后的网络计划应为图 3-34,从图 3-34 中统计的资源需要量可知,$R_{max}=12$,$T_2=2$。

3.6　双代号网络计划在建筑施工中的应用

3.6.1　网络计划的编制步骤

网络计划是用网络图代替横道图在施工方案已确定的基础上来安排施工进度的计划。网络计划根据工程对象的不同分为分部工程进度网络计划、单位工程进度网络计划和群体工程网络计划。无论是哪种网络计划，其编制步骤一般如下。

（1）熟悉图纸，对工程对象进行分析，选择施工方案和施工方法。

（2）根据网络图的用途决定工作项目划分的粗细程度，确定工作项目名称。

（3）确定各工作之间合理的施工顺序，绘制逻辑关系表。在确定各工作之间的逻辑关系时，既要考虑它们之间的工艺关系，又要考虑它们之间的组织关系。

（4）根据各工作之间的逻辑关系绘制网络图。

（5）计算时间参数，确定关键二作、关键线路及非关键工作的机动时间。

（6）根据实际情况调整计划，制订最优的计划方案。

3.6.2　网络计划的排列方法

在绘制网络计划时，为达到形象化、条理化的目的，使网络计划中各工作之间在工艺及组织上的逻辑关系表达更为清晰，常采用如下排列方法。

（1）按施工流水段排列。这种排列方法是把同一施工段的作业排列在同一水平线上，能够反映出建筑工程分段施工的特点，突出表示工作面的利用情况，这是建筑工地习惯使用的一种表达方式，图 3-36 所示为某框架结构的主体工程标准层按施工流水段排列的网络计划。

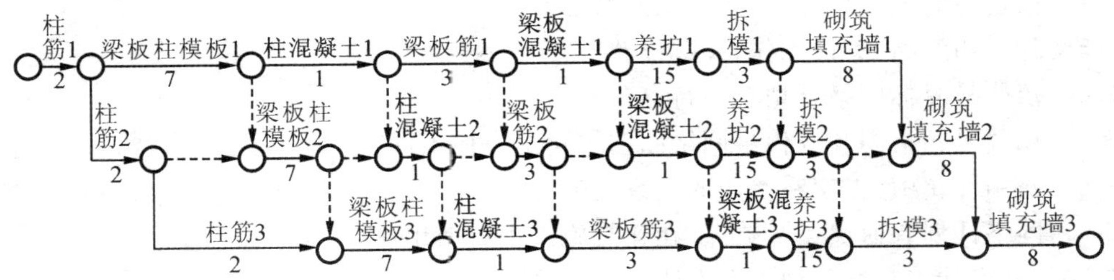

图 3-36　按施工流水段排列的网络计划

（2）按工种排列。这种排列方法是把相同工种的工作排列在同一条水平线上，能够突出不同工种的工作情况，如图 3-37 所示为某基础工程按工种排列的网络计划。

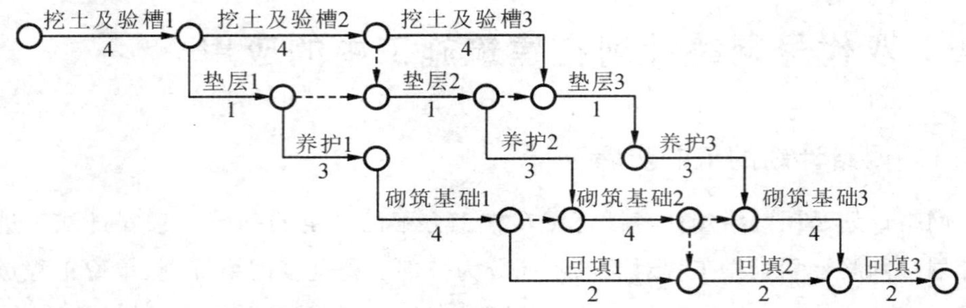

图 3-37 按工种排列的网络计划

(3) 按楼层排列。在分段施工中,当若干项工作沿着建筑物的楼层展开时,其网络计划一般都可以按楼层排列。如图 3-38 所示是某室内装修工程,每层为一段,按楼层由上到下进行的网络计划。

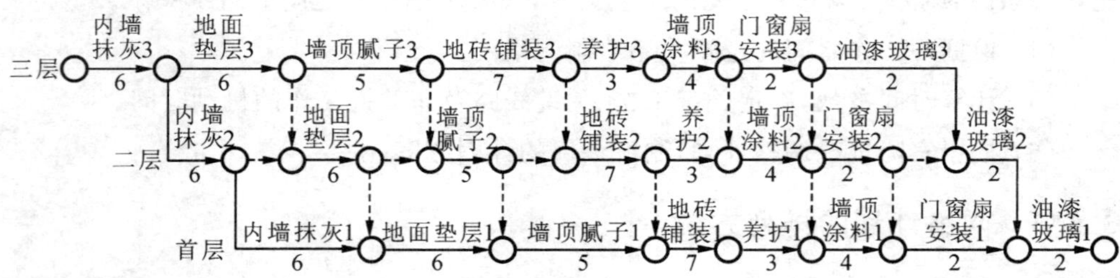

图 3-38 按楼层排列的网络计划

【思考与练习】

3-1 组成双代号网络图的三要素是什么?试述各要素的含义。

3-2 什么是虚箭线?它与实箭线有什么不同?它在双代号网络图中起什么作用?

3-3 简述绘制双代号网络图的基本规则。

3-4 试述总时差、自由时差的含义及特点。

3-5 什么叫线路、关键工作、关键线路?

3-6 双代号时标网络计划有何特点?

3-7 单代号网络图和双代号网络图在表达上有何不同?

3-8 费用优化中,工期和费用的关系是怎样的?

3-9 网络计划有何优点及缺点,在建筑施工中有何用途?

3-10 网络计划有哪几种排列方法?

3-11 网络计划的有关资料如表 3-3 至表 3-5 所示,试对以下三个工程分别绘制双代号网络计划,并计算各个节点的最早时间和最迟时间及各项工作的六个时间参数,最后用双线标明关键线路。

(1)工程 1 资料如表 3-3 所示。

表 3-3　工程 1 资料

工作	A	B	C	D	E
持续时间/天	2	3	5	7	3
紧前工作	—	—	A	A、B	B

(2)工程 2 资料如表 3-4 所示。

表 3-4　工程 2 资料

工作	A	B	C	D	E	G
持续时间/天	5	3	2	4	7	5
紧前工作	—	—	—	A、B	A、B、C	D、E

(3)工程 3 资料如表 3-5 所示。

表 3-5　工程 3 资料

工作	A	B	C	D	E	G	H
持续时间/天	4	3	5	6	4	7	8
紧前工作	—	—	—	—	A、B	B、C、D	C、D

3-12　某网络计划的有关资料如表 3-6 所示，试绘制单代号网络计划，并在图中标出工作的六个时间参数及相邻两工作之间的时间间隔，最后用双线标明关键线路。

表 3-6　某网络计划资料

工作	A	B	C	D	E	G
持续时间/天	12	10	5	7	6	4
紧前工作	—	—	—	B	B	C、D

3-13　某网络计划的有关资料如表 3-7 所示，试绘制双代号时标代号网络计划，并判定各工作的六个时间参数和关键线路。

表 3-7　某网络计划资料

工作	A	B	C	D	E	G	H	I
持续时间/天	5	4	2	2	7	3	4	5
紧前工作	—	A	A	B	B、C	C	D、E	E、G

3-14　如图 3-39 所示网络计划，箭线下方括号外为正常持续时间，括号内为最短持续时间，箭线上方为直接费用率，当指定工期为 43 天时，请进行合理压缩使

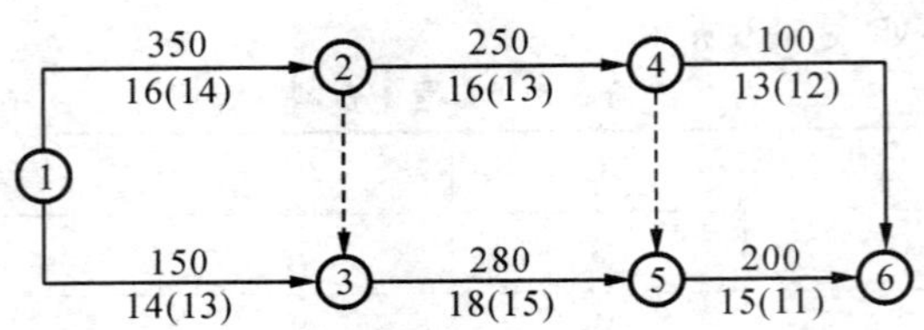

图 3-39 某工程网络计划

费用增量最少。

3-15 已知某工程网络计划如图 3-40 所示,箭线上方为工作的每天资源需要量,箭线下方为工作持续时间,若资源限量为 14,试对该网络计划进行资源有限-工期最短的优化。

3-16 某工程网络计划如图 3-41 所示,箭线上方为工作的每天资源需要量,箭线下方为工作持续时间,试对该网络计划进行工期固定-资源均衡的优化。

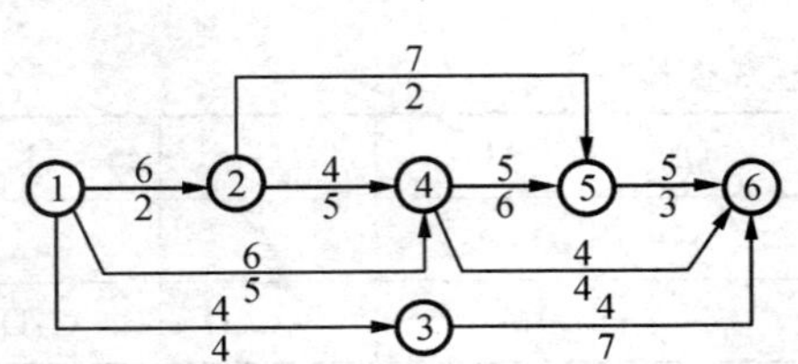

图 3-40 某工程网络计划

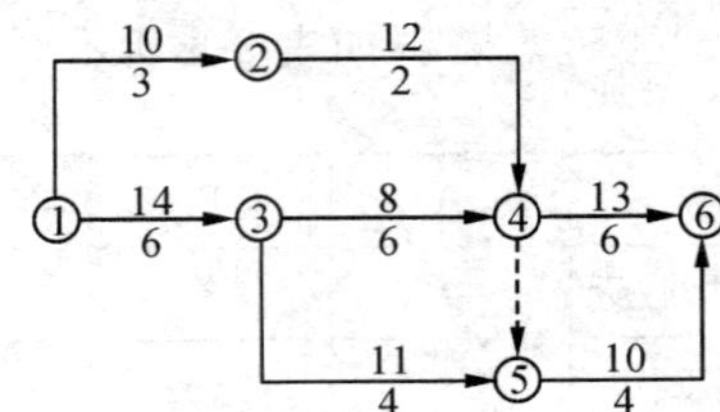

图 3-41 某工程网络计划

第 4 章　施工组织总设计

【知识点及学习要求】

知　识　点	学 习 要 求
知识点 1　施工组织总设计的编制程序和编制依据	熟悉
知识点 2　施工部署和施工总进度计划	掌握
知识点 3　制订资源需要量计划	掌握
知识点 4　施工总平面图的设计内容与设计方法	掌握

4.1　概述

建设项目施工组织总设计是以一个建设项目、住宅小区或其一个独立交工系统为对象进行编制，用以指导其建设全过程各项全局性施工活动的技术、经济、组织、协调和控制的综合性文件。它是整个施工项目的战略部署，其编制范围广，内容比较概括。在项目初步设计或扩大初步设计批准、明确承包范围后，在施工项目总包单位的总工程师主持下，会同建设单位、设计单位和分包单位的负责工程师共同编制。它是编制单位工程施工组织设计或年度施工规划的依据。

4.1.1　建设项目施工组织总设计的作用

施工组织总设计的作用主要体现在以下几个方面：

(1) 从全局出发，为整个建设项目的施工作出全面的战略部署；

(2) 为建设单位（业主）编制基本建设计划提供依据；

(3) 为施工单位（承包商）施工计划和单位工程施工组织设计提供依据；

(4) 为工程建设有关部门组织物资、技术供应提供依据；

(5) 为确定设计方案施工的可能性和经济合理性提供依据；

(6) 为整个施工作业提供总体部署和科学方案。

4.1.2　建设项目施工组织总设计的编制程序

建设项目施工组织总设计的编制程序如图 4-1 所示。

4.1.3　建设项目施工组织总设计的编制依据

1) 建设项目基础文件

(1) 建设项目可行性研究报告及其批准文件。

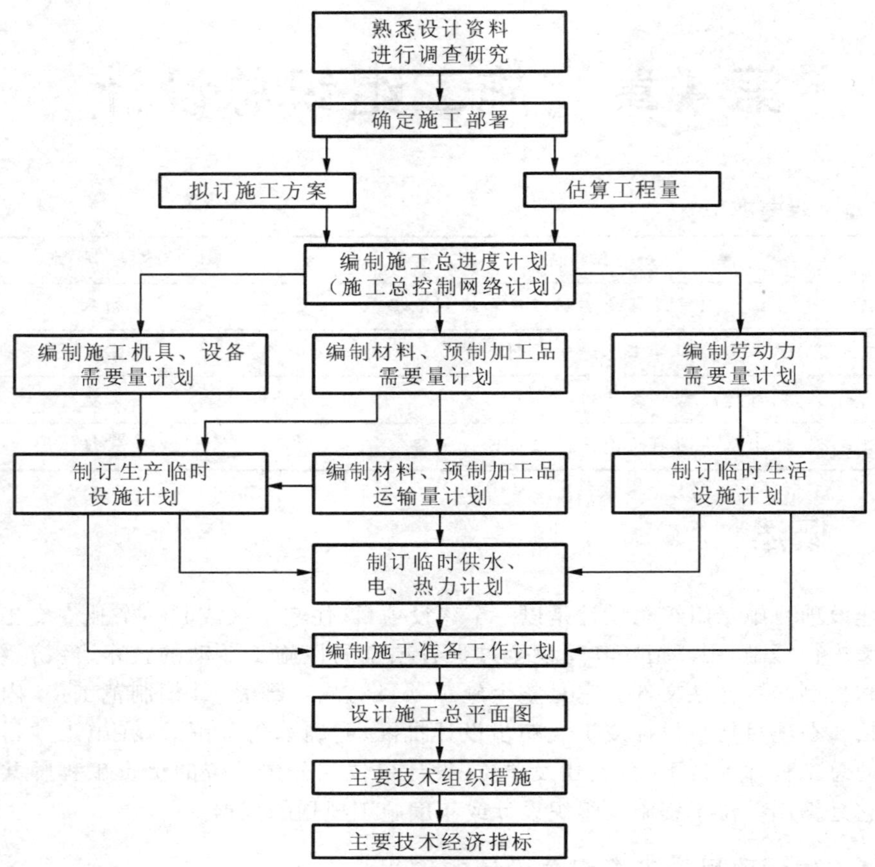

图 4-1 建设项目施工组织总设计的编制程序

(2) 建设项目规划红线范围和用地批准文件。

(3) 建设项目勘察设计任务书、图纸和说明书。

(4) 建设项目初步设计或技术设计批准文件,以及设计图纸和说明书。

(5) 建设项目总概算、修正总概算或设计总概算。

(6) 建设项目施工招标文件和工程承包合同文件。

2) 工程建设政策、法规和规范资料

(1) 关于工程建设报建程序有关规定。

(2) 关于动迁工作有关规定。

(3) 关于工程项目实行建设监理有关规定。

(4) 关于工程建设管理机构资质管理有关规定。

(5) 关于工程造价管理有关规定。

(6) 关于工程设计、施工和验收有关规定。

3) 建设地区原始调查资料

(1) 地区与气象资料。

(2) 工程地形、工程地质和水文地质资料。

(3) 地区交通运输能力和价格资料。

(4) 地区建筑材料、构配件和半成品供应状况资料。

(5) 地区进口设备和材料到货口岸及其转运方式资料。

(6) 地区供水、供电、供热、通信能力和价格资料。

(7) 地区土建和安装施工企业状况资料。

4) 类似施工项目经验资料

(1) 类似施工项目成本控制资料。

(2) 类似施工项目工期控制资料。

(3) 类似施工项目质量控制资料。

(4) 类似施工项目技术新成果资料。

(5) 类似施工项目管理新经验资料。

4.1.4　建设项目施工组织总设计的内容

根据工程性质、规模、建筑结构特征和施工情况等不同，建设项目施工组织总设计的内容和深度也会有所不同，但一般应包括下列内容：

(1) 工程概况；

(2) 施工部署与施工方案；

(3) 施工总进度计划；

(4) 施工准备工作计划；

(5) 各项资源需要量计划；

(6) 施工总平面图；

(7) 主要技术组织措施；

(8) 主要技术经济指标等。

最后，施工组织总设计还应概括地说明技术上的先进性、组织上的可能性和经济上的合理性，并指出施工准备中的主要问题、重大措施和建议。

4.2　施工部署

施工部署是施工组织总设计的核心部分，是决定整个建设项目的关键。

在施工组织总设计中，一般应包括：施工任务的组织和安排，重点单位工程的施工方案，主要分部(分项)工程的施工方法和“三通一平”规划等内容。

4.2.1　施工任务的组织和安排

一个建设项目或建筑群是由若干幢建筑物和构筑物组成的。为完成整个建设项目的施工任务，应明确机构体制，建立统一的工程指挥系统，确定综合的或专业的施工组织,划分各施工单位(承包商)的任务项目和施工区段,明确主攻项目和穿插施工项目及其建设期限。

4.2.2 重点单位工程的施工方案

重点单位工程的施工方案主要是根据设计方案和指定采用的新结构、新技术、新工艺来确定的。如基础工程采用各种桩基、深基础施工;结构工程采用现浇或预制施工、升板施工;墙体采用预制墙板、现浇大模板施工;工程构筑物采用滑升模板施工;大跨度、重型构件、整体结构采用组运、吊装施工等。

拟订重点单位工程施工方案的目的是进行技术和资源的准备工作,同时也是为了施工的顺利开展及合理的现场布置。具体的施工方案可在编制单位工程施工组织设计时确定。

4.2.3 主要分部(分项)工程的施工方法

主要分部(分项)工程一般是指工程量大、占用工期长、对工程质量起关键作用的工程,如土石方、砌体、混凝土、钢筋混凝土结构、钢结构、设备安装、管道等工程。因此,在确定主要分部(分项)工程的施工方法时,应结合建设项目的特点和当地的实际情况,尽可能地采取工厂化、机械化的施工方法。

1) 工厂化施工

按照实行建筑工业化的方针和逐步扩大预制装配化程度,积极采用先进的生产和施工工艺,努力进行墙体技术改革的要求,妥善安排钢筋混凝土构件生产、木材加工、木制品加工、混凝土搅拌、金属构件加工、机械修理和砂、石、灰的生产等。其安排要点如下。

(1) 充分利用本地区的永久性预制加工厂生产大批量的标准构件,如屋面板、楼板、砌块、墙板、中小型梁、门窗、金属结构和铁件等。

(2) 当本地区缺少永久性预制加工厂,或其生产能力不能满足需要时,可考虑设置现场临时性预制加工厂。

(3) 大型构件(如柱、屋架、托架、天窗架等)及就近没有预制加工厂而要生产的中型构件(各种钢筋混凝土梁等),一般宜现场就地预制。

总之,上述安排要因地制宜,采取工厂预制和现场就地预制相结合的措施,经分析比较后选定,并编制预制构件加工计划。

2) 机械化施工

机械化施工就是努力提高施工机械化程度。在充分利用并发挥现有机械能力的基础上,针对薄弱环节,制定配套和新的规划,增添新型的高效节能机械,以提高机械动力的装备程度,扩大机械化施工范围。在安排和选用机械时,应注意以下几点。

(1) 主导施工机械的型号和性能既要满足构件质量和外形尺寸、房屋外形尺寸及施工条件的要求,又要能充分发挥其工作效率。

(2) 辅助配套施工机械的性能和生产效率要与主导施工机械相适应。

(3) 工程量大时,宜选用专用机械;工程量小时,宜选用一机多用的机械。

(4) 工程量大而集中时,应选用大型固定的机械设备;施工面大而分散时,宜选用移动灵活的机械。

(5) 尽量使机械在几个项目上进行流水作业,以减少装、拆、运的时间。

(6) 注意贯彻土洋结合、大中小型机械相结合的方针等。

4.2.4 “三通一平”规划

在建设项目施工用地范围内,修通道路,接通施工用水、用电和平整好施工场地,一般简称“三通一平”。“三通一平”规划是施工准备工作的重要内容,也是单位工程开工的必要条件。

对一个建设项目或建筑群而言,全场“三通一平”应有计划、有步骤、分阶段地进行,在施工组织总设计中应作出规划。

1) 施工道路规划

施工道路是组织大量物资进场的运输动脉。建设项目开工前,为了使材料、构件、设备等尽早运至现场,在施工组织总设计中应对现场内外施工道路作出规划。首先,必须接通场地外主要干道,使之与国家、地方公路干线和各仓库、材料堆场等相连,尽量减少中间转运,节约运输费用;其次,要接通场内临时道路,并尽量利用拟建的永久性道路。为了使施工时不损坏路面和加快修筑速度,可以先做路基,待建设工程完毕后再做路面。

2) 现场用水和排水规划

施工现场的“水通”包括两个方面的内容,即保证施工中生产、生活、消防用水的供给和地面水的排放。在施工组织总设计中对给水管网和排水系统应作出规划。首先,给水管网应与永久性供水系统相结合进行铺设,既要保证使用方便,又要尽量缩短管线,节约费用;其次,现场地面排水也十分重要,尤其是在雨量大、雨期又长的地区,施工现场积水将影响施工的正常进行,主要干道排水设施的规划应与永久性工程相结合,临时性道路及施工现场排水可挖排水沟。

3) 现场用电规划

现场用电主要包括施工动力用电和照明用电两种。如果在电力系统供电地区内,只需与供电部门联系获得电源即可;在电力系统供电不足或不能供给时,则应考虑自行发电。

4) 平整场地规划

平整场地规划是按建筑总平面中确定的高程(或标高),通过地形图或测量的方法确定的自然高程(或标高),计算确定挖土和填土的数量,设计土方调配方案,组织人力或机械进行施工的规划。规划时,要尽量做到挖填平衡,就近调运,节约运费。

4.3 施工总进度计划

4.3.1 施工总进度计划的概念

施工总进度计划是根据施工部署与施工方案，以拟建的主要单位工程交付使用时间为目标确定的控制性施工进度计划，也是控制主要单位工程施工工期及其相互间搭接关系的依据。

1）施工总进度计划的编制原则

(1) 在保证劳动力、物资及资金消耗量最小的情况下，合理安排施工顺序，按规定工期完成施工任务。

(2) 采用合理的施工方法，使建设项目的施工保持连续、均衡、有节奏地进行。

(3) 在计划全年度施工任务时，要尽可能按季度均匀分配基本建设投资。

2）施工总进度计划的内容

(1) 计算主要工程项目的工程量。

(2) 确定各主要单位工程的施工工期。

(3) 确定各主要单位工程的开竣工时间和相互间搭接关系。

(4) 编制施工总进度计划。

4.3.2 施工总进度计划的编制

1）计算主要工程项目的工程量

主要工程项目的工程量计算应根据建设项目的特点，分以下两步进行。

(1) 划分项目。

项目的划分不宜过多，应突出重点，主要的工程项目应单独列出，次要的同类型项目可以合并。

(2) 计算各主要工程项目的工程量。

工程量的计算应按初步设计或技术设计图纸及各种定额手册进行。在缺少定额手册时，可参考已建的类似工程资料。常用的定额手册资料有以下几种：

① 万元、十万元投资工程量、劳动力及材料消耗扩大指标；

② 概算指标和扩大结构定额；

③ 标准设计和已建的类似工程资料。

按上述方法计算的主要工程项目工程量应填入工程量汇总表中，见表 4-1。

2）确定各主要单位工程的施工工期

影响单位工程施工工期的因素很多，如建筑类型、结构特征、施工技术、机械化施工程度、劳动力和物资供应情况、组织管理水平、施工条件等。因此，主要单位工程的施工工期应根据现场具体条件，结合上述影响因素综合考虑后确定。一般情况

表 4-1　工程量汇总表

序号	工程量名称	单位	合计	生产车间			仓库运输			管网				生活福利		大型暂设工程		备注
				××车间	××车间	××车间	仓库	铁路	公路	供电	供水	供热	排水	宿舍	文化福利	生产	生活	

下，可以参考有关的工期定额。

3）确定各主要单位工程的开竣工时间和相互间搭接关系

在解决这一问题时，应充分注意以下几点。

（1）根据使用要求和施工可能性，结合物资供应情况及施工准备条件，分期分批地组织施工，并明确每个施工阶段的主要施工项目和开竣工时间。

（2）同一时期的开工项目不应过多，以免人力、物力分散。对于在生产（或使用）上有重大意义的主体工程，工程规模较大、施工难度较大、施工周期较长的项目，以及需要先期配套使用或可供施工使用的项目（如部分运输、动力系统，办公室，宿舍等）应尽早安排。

（3）充分估计设计出图时间和材料、构件、设备的到货情况，使每个施工项目的施工准备、土建施工、设备安装和调试生产（运转）的时间能合理衔接。

（4）确定一些调剂项目，如办公楼、宿舍、附属或辅助车间等，在保证工程项目的前提下更好地实现均衡施工。

（5）做好土方、劳动力、施工机械、材料和构件的五大综合平衡，使土建工程中主要分部（分项）工程（土方、基础、现浇混凝土、构件预制、结构吊装、砌筑和装修等）和设备安装工程实行连续、均衡地流水施工。

（6）在施工顺序安排上，一般应先地下后地上，先深后浅，先干线后支线，先地下管线后筑路。在场地平整的挖方区，应先平整场地，后挖管线土方；在填方区，应由远至近，先铺设管线，后平整场地。另外，要考虑季节影响，大规模土方开挖和深基础施工应避开雨季；寒冷地区入冬前应做好围护结构，冬季施工以安排室内作业和结构安装为宜。

4）编制施工总进度计划

完成了上述工作之后，即可编制施工总进度计划。首先，根据确定的各主要单位工程施工工期、开竣工时间和相互间的搭接关系，编制初步进度计划；然后，按照流水施工与综合平衡要求，调整进度计划或网络计划；最后，编制施工总进度计划（见表 4-2）和主要分部（分项）工程流水进度计划或网络计划（见表 4-3）。

表 4-2 施工总进度计划表

<table>
<tr><td rowspan="3">序号</td><td rowspan="3">工程名称</td><td colspan="2">建筑指标</td><td rowspan="3">设备安装指标</td><td colspan="3">造价/千元</td><td colspan="6">进 度 计 划</td></tr>
<tr><td rowspan="2">单位</td><td rowspan="2">数量</td><td rowspan="2">合计</td><td rowspan="2">建筑工程</td><td rowspan="2">设备安装</td><td colspan="4">第一年</td><td rowspan="2">第二年</td><td rowspan="2">第三年</td></tr>
<tr><td>Ⅰ</td><td>Ⅱ</td><td>Ⅲ</td><td>Ⅳ</td></tr>
<tr><td></td><td></td><td></td><td></td><td></td><td></td><td></td><td></td><td></td><td></td><td></td><td></td><td></td><td></td></tr>
</table>

注:① 工程名称的顺序应按生产、辅助、动力车间,生活,福利和管网等次序填列;
② 进度线的表达应按土建工程、设备安装和试运转用不同线条表示。

表 4-3 主要分部(分项)工程流水进度计划或网络计划表

<table>
<tr><td rowspan="3">序号</td><td rowspan="3">单位工程分部(分项)名称</td><td colspan="2">工 程 量</td><td colspan="3">机 械</td><td colspan="3">劳 动 力</td><td rowspan="3">施工延续天数</td><td colspan="7">施工进度计划</td></tr>
<tr><td rowspan="2">单位</td><td rowspan="2">数量</td><td rowspan="2">机械名称</td><td rowspan="2">台班数量</td><td rowspan="2">机械数量</td><td rowspan="2">工种名称</td><td rowspan="2">总工日数</td><td rowspan="2">平均人数</td><td colspan="7">20××年</td></tr>
<tr><td>×月</td><td>×月</td><td>×月</td><td>×月</td><td>×月</td><td>×月</td><td>×月</td></tr>
<tr><td></td><td></td><td></td><td></td><td></td><td></td><td></td><td></td><td></td><td></td><td></td><td></td><td></td><td></td><td></td><td></td><td></td><td></td></tr>
</table>

注:单位工程按主要工程项目填列,较小项目分类合并。分部(分项)工程只填主要的,如土方包括竖向布置,并区分挖与填。砌筑包括砌砖与砌石。现浇混凝土与钢筋混凝土包括基础、框架、地面垫层混凝土。吊装包括装配式板材、梁、柱、屋架。抹灰包括室内外装修、地面、屋面及水、电、暖、卫和设备安装。

4.4 施工准备工作计划及各项资源需要量计划

4.4.1 施工准备工作计划

为了保证施工总进度计划按期实现,根据确定的施工部署与施工方案要求,应编制施工准备工作计划。施工准备工作计划应包括以下主要内容。

(1) 按照建筑总平面图做好现场测量控制网。

(2) 土地征用、居民迁移和障碍物(如房屋、管线、树木和坟墓等)拆除工作。

(3) 了解和掌握施工图出图计划、设计意图和拟采用的新结构、新技术,并组织试制和试验工作。

(4) 编制施工组织设计,研究有关施工技术措施。

(5) 有关大型临时设施、施工用水用电和铁路、公路、码头及现场场地平整工作的安排。

(6) 进行技术培训工作。

(7) 材料、构件、加工品、半成品和机具的申请与准备工作。

施工准备工作计划通常以表格形式表示,如表 4-4 所示。

表 4-4　主要施工准备工作计划

序号	项目	施工准备工作内容	负 责 单 位	设 计 单 位	要求完成日期	备　　注

4.4.2　各项资源需要量计划

1）劳动力需要量计划

首先，按照施工准备工作计划、施工总进度计划和主要分部（分项）工程进度计划，套用概算定额或经验资料，计算所需劳动力人数；然后，根据表 4-5 的格式汇总成劳动力需要量计划，同时提出解决劳动力不足的措施，如加强技术培训、调度安排、技术革新等。

表 4-5　劳动力需要量计划

序号	工种名称	施工高峰需用人数	××年				××年				现有人数	多余或不足
			第一季	第二季	第三季	第四季	第一季	第二季	第三季	第四季		

注：① 工种名称除生产工人外，应包括附属辅助用工（如机修、运输、构件加工、材料保管等）及服务和管理用工；

② 表下应附以分季度的劳动力动态曲线（以纵轴表示所需人数，横轴表示时间）。

2）材料、构件和半成品需要量计划

根据工程量汇总表和总进度计划的要求，查概算定额即可得到各单位工程所需的建筑材料、构件和半成品的需要量，从而编制需要量计划，如表 4-6 所示。

表 4-6　主要材料、构件和半成品需要量计划

序号	工程名称	材料、构件和半成品名称							
		水泥/t	砂/m^3	砖块/块	…	混凝土/m^3	砂浆/m^3	…	木结构/m^2

3）施工机械需要量计划

施工机械需要量计划是组织机械进场，计算施工用电，选择变压器容量的依据。根据施工进度计划，主要建筑物施工方案和工程量，套用机械产量定额，即可得到主要机械需要量，辅助机械可根据工程概算指标求得，如表 4-7 所示。

表 4-7 施工机械需要量计划

序号	机械名称	规格型号	数 量	生产效率	需要量计划					
					××年			××年		

4.5 施工总平面图

施工总平面图是对拟建的一个建设项目或建筑群体的施工现场所作的平面规划或布置图。它是施工总设计的重要内容,是具体指导现场施工部署的行动方案,是单位工程施工平面图的设计依据,也是实现现场文明施工的先决条件。

4.5.1 施工总平面图设计内容与原则

1) 施工总平面图设计内容

施工总平面图设计一般应包括以下内容。

(1) 一切地上、地下已建和拟建的建筑物、构筑物及其设施的位置和尺寸。

(2) 施工用地范围。

(3) 永久性及半永久性建筑物的坐标位置。

(4) 现场各种暂设工程及临时设施位置。

(5) 各种材料、半成品及零件仓库和堆场。

(6) 供电、供水线路,变压器位置,排水系统、消防系统及交通运输道路等的平面位置。

(7) 大中型机械设备的停放位置等。

2) 施工总平面图的设计原则

(1) 在保证施工顺利进行的前提下,尽量减少用地面积。

(2) 在保证施工顺利进行的前提下,尽量减少临时设施的费用,充分利用各种永久性建筑为施工服务。

(3) 为降低运输费用,做到运输方便、少搬运,尽量避免二次搬运。

(4) 要符合劳动保护、技术安全、防火及环境保护的要求。

4.5.2 施工总平面图设计方法

设计施工总平面图时,首先应从研究大宗材料、设备、预制加工品等进场的运输方式入手,先布置场外运输线路和场内仓库、加工厂,然后布置场内临时道路,最后布置临时设施及水、电、管网等。

1) 确定场外运输线路

大宗材料、设备、预制加工品等进入工地的方式一般有铁路运输、公路运输和水路运输三种形式。

（1）当采用铁路运输方式时，建筑总平面图中的永久性铁路专用线应提前修建，为工程施工服务；专用铁路线宜从工地的一侧或两侧引入，引入时应考虑铁路的转弯半径和坡度问题，并确定起点和进场位置。

（2）当采用公路运输方式时，由于汽车线路可以灵活布置，因此公路布置应与仓库及加工厂的布置结合进行，并与场外道路连接。

（3）当采用水路运输方式时，应充分利用原有码头，卸货码头不应少于两个；如需增设码头，码头宽度应大于 2.5 m。当江河距工地较近时，可在码头附近布置主要仓库和加工厂。

2）仓库的类型和布置

（1）仓库的类型。

工地仓库是建筑工地储存物资的临时设施，按其使用性质可分为中心仓库、周转仓库、加工厂仓库及现场仓库四种类型。

① 中心仓库是专供整个建筑工地所需材料、设备、预制加工品等物资储存的仓库。一般宜设在建筑工地附近或施工区域中心地段。

② 周转仓库是货物转载地点的仓库，如设在码头、火车站等的周转仓库。

③ 加工厂仓库是专供加工厂储存物资的仓库，如钢筋库、木材库等。

④ 现场仓库是指设在施工现场直接为施工服务的材料、构件储存仓库。按其性质和重要程度，又可分为封闭式仓库、半封闭式仓库和露天堆场三种形式。

（2）仓库的布置。

布置仓库时，应注意以下几点。

① 仓库一般应接近使用地点，其纵向宜与线路平行，装卸时间长的仓库不宜靠近路边。

② 当采用铁路运输时，宜沿铁路线布置中心仓库和周转仓库。

③ 当采用公路运输时，仓库布置较灵活，应尽量使用永久性仓库为施工服务，也可在施工现场设置现场仓库。

④ 当采用水路运输时，如江河靠近工地，可在码头附近设置中心仓库、周转仓库及加工厂仓库。

⑤ 水泥仓库和砂、石堆场应布置在搅拌站附近，砖、预制构件仓库应直接布置在垂直运输设备或用料地点附近。

⑥ 钢筋、木材仓库应布置在其加工厂附近。

⑦ 油料、氧气、电石等仓库应布置在边远、人少的安全地点；易燃材料仓库要设置在拟建工程的下风向。

⑧ 车库、机械站应布置在现场入口处。

⑨ 工具库应布置在加工区与施工区之间交通方便处。

⑩ 工业建设项目的设备仓库或堆场应尽量设置在拟建车间附近等。

(3) 仓库材料储备量的确定。

确定仓库内的材料储备量时,一方面要保证施工的正常需要,另一方面又不宜储备过多,以免加大仓库面积,积压资金。仓库材料储备量可按式(4-1)计算,即

$$P=\frac{K_1 T_i Q}{T} \tag{4-1}$$

式中 P——材料储备量(m^3、t 等);

K_1——材料使用不均匀系数,参见表 4-8;

T_i——某种材料的储备期,参见表 4-8;

Q——某施工项目的材料需要量(m^3、t 等);

T——某施工项目的施工延续时间(d)。

表 4-8 材料使用不均匀系数及材料储备期表

序号	材料名称	单位	材料使用不均匀系数		储备期 T_i/d	备注
			K_1(季)	K_1(月)		
1	砂子	m^3	1.2～1.4	1.5～1.8	25～35	
2	碎石、卵石	m^3	1.2～1.4	1.6～1.9	25～35	
3	石灰	t	1.2～1.4	1.7～2.0	30～35	
4	砖	千块	1.4～1.8	1.6～1.9	25～30	
5	瓦	千块	1.6～1.8	2.2～2.5	25～30	
6	块石	m^3	1.5～1.7	2.5～2.6	25～30	
7	炉渣	t	1.4～1.6	1.7～2.0	20	
8	水泥	t	1.2～1.4	1.3～1.6	40～50	
9	型钢及钢板	t	1.3～1.5	1.7～2.0	60～70	
10	钢筋	t	1.2～1.4	1.6～1.9	60～70	
11	木材	m^3	1.2～1.4	1.6～1.9	70～80	
12	沥青	t	1.3～1.5	1.8～2.1	55～60	
13	卷材	卷	1.5～1.7	2.4～2.7	60～65	
14	玻璃	m^2	1.2～1.4	2.7～3.0	50～55	

(4) 仓库面积的计算。

① 按材料储备量计算,即

$$F=\frac{P}{qK_2} \tag{4-2}$$

式中 F——材料仓库总面积(m^2);

P——材料储备量(m^3、t 等);

q——仓库每平方米面积内能存放的材料数量,参见表 4-9;

K_2——仓库面积利用系数,参见表 4-9。

表 4-9　仓库每平方米材料存储定额及仓库面积利用系数

序号	材料名称	单　位	每平方米的数量 q	堆放高度/m	面积利用系数 K_2	保管方式
1	砂、石	m^3	1.2	1.2～1.5	0.7	露天
2	石灰	t	1.5	1.2	0.7	密闭
3	砖	千块	0.3	1.5	0.6	露天
4	瓦	千块	0.4	1	0.6	露天
5	块石	m^3	0.8	1	0.6	露天
6	水泥	t	2.0	1.5～2.0	0.65	密闭
7	型钢、钢板	t	2.0～2.4	0.8～2.0	0.4	露天
8	钢筋	t	1.2～2.0	0.6～0.7	0.4	露天
9	原木	m^3	0.9～1.0	2～3	0.4	露天
10	成材	m^3	1.4	2.5	0.45	露天
11	卷材	卷	3.0	1.8	0.8	库棚
12	耐火砖	t	2.2	1.5	0.6	露天
13	水泥管	t	0.6	1.0～1.2	0.6	露天
14	钢门窗	m^2	1.2	2	0.6	露天
15	木门窗	m^2	4.5	2～2.5	0.6	库棚
16	钢结构	t	0.4	2	0.6	露天
17	混凝土板	m^3	0.4	2～2.5	0.4	露天
18	混凝土梁	m^3	0.3	1.0～1.2	0.4	露天

② 按系数计算，适合于规划估算，即

$$F = \varphi m \tag{4-3}$$

式中　F——材料仓库总面积(m^2)；

φ——系数，参见表 4-10；

m——计算基数，参见表 4-10。

表 4-10　按系数计算仓库面积参考资料

序号	名　称	计算基数 m	系数 φ	单　位	备　注
1	仓库(综合)	年平均全员人数(工地)	0.7～0.8	m^2/人	陕西省一局统计手册
2	水泥库	当年水泥用量的 40%～50%	0.7	m^2/t	黑龙江省、安徽省用
3	其他仓库	当年工作量	1～1.5	m^2/万元	—
4	五金杂品库	年建安工作量计算	0.1～0.2	m^2/万元	—
	五金杂品库	年平均在建建筑面积计算	0.5～1	m^2/百平方米	原华东院施工组织设计手册
5	土建工具库	高峰年(季)平均全员人数	0.1～0.2	m^2/人	建研院、一机部一院资料
6	水暖器材库	年平均在建建筑面积	0.2～0.4	m^2/百平方米	建研院、一机部一院资料
7	电器器材库	年平均在建建筑面积	0.3～0.5	m^2/百平方米	建研院、一机部一院资料
8	化工油漆	年建安工作量	0.05～0.1	m^2/万元	—
	危险品仓库	年平均在建建筑面积	1～2	m^2/百平方米	—
9	三大工具堆场(脚手架、跳板、模板)	年建安工作量	0.3～0.5	m^2/万元	—

3) 加工厂的布置

由于建设工程的性质、规模、施工方法不同，建筑工地需要的临时加工厂也不相同。一般有混凝土搅拌站及预制构件、钢筋、木材加工厂等。布置时，应使材料、构件的总运输费用最小，并使其有较好的生产条件，以便生产与建筑施工互不干扰。通常把相互之间联系较多的加工厂集中布置在施工区域的附近。

混凝土搅拌站的布置可采用集中式、分散式和集中与分散式相结合三种形式。一般说来，当运输条件较好时，宜集中布置；运输条件较差时，宜分散布置。随着建筑业的发展，现在大多数城市都设有商品混凝土搅拌站，工地则可不考虑布置搅拌站。

预制构件加工厂一般布置在工地边缘。

钢筋加工厂若采用集中布置方式，一般宜设置在混凝土预制构件加工厂及主要施工项目附近。

对于产生有害气体和污染环境的加工厂，如沥青熬制、石灰熟化等，一般应布置在施工场地下风向处。

4) 场内运输道路的布置

(1) 场内运输道路的布置。

场内运输道路应根据各类仓库、加工厂及施工对象的相对位置，研究货物周转运行图，分析出各段道路上的运输负担，区分开主要道路、次要道路及临时性道路，然后进行规划。规划时，在满足材料、构件运输方便，车辆运行安全及消防要求的前提下，尽量降低道路的修筑费用。布置时应注意以下几点。

① 按建筑总平面图要求，尽量利用永久性道路或提前修筑永久性道路的路基，待工程完工后再修筑路面。

② 尽量将道路布置为直线，以提高车辆运输速度；连接仓库、加工厂等的主要道路宜按双行环形路线布置，次要道路则按单行支线布置。

③ 尽量避开二期扩建工程及地下管线工程等。

(2) 临时道路的技术要求。

① 简易公路技术要求如表 4-11 所示。

表 4-11 简易公路技术要求表

指标名称	单位	技术标准
设计车速	km/h	≤20
路基宽度	m	双车道 6～6.5；单车道 4.4～5；困难地段 3.5
路面宽度	m	双车道 5～5.5；单车道 3～3.5
平面曲线最小半径	m	平原、丘陵地区 20；山区 15；回头弯道 12
最大纵坡	—	平原地区 6%；丘陵地区 8%；山区 9%
纵坡最短长度	m	平原地区 100；山区 50
桥面宽度	m	木桥 4～4.5
桥涵载重等级	t	木桥涵 7.8～10.4(汽—6～汽—8)

② 各类车辆要求路面最小允许曲线半径如表 4-12 所示。

表 4-12　各类车辆要求路面最小允许曲线半径表

车辆类型	路面内侧最小曲线半径/m		
	无拖车	有一辆拖车	有两辆拖车
小客车、三轮汽车	6	—	—
一般二轴载重汽车：单车道	9	12	15
双车道	7	—	—
三轴载重汽车、重型载重汽车、公共汽车	12	15	18
超重型载重汽车	15	18	21

③ 临时道路路面种类和厚度要求如表 4-13 所示。

表 4-13　临时道路路面种类和厚度要求表

路面种类	特点及其使用条件	路基土	路面厚度/cm	材料配合比
级配砾石路面	雨天照常通车，可通行较多车辆，但材料级配要求严格	沙质土	10～15	体积比： 黏土：砂：石子＝1：0.7：3.5 质量比： ① 面层：黏土 13%～15%，砂石料 85%～87% ② 底层：黏土 10%，砂石混合料 90%
		黏质土或黄土	14～18	
碎（砾）石路面	雨天照常通车，碎（砾）石本身含土较多，不加砂	沙质土	10～18	碎（砾）石＞65%，当地土含量≤35%
		黏质土或黄土	15～20	
碎砖路面	可维持雨天通车，通行车辆较少	沙质土	13～15	垫层：砂或炉渣 4～5 cm 底层：7～10 cm 碎砖 面层：2～5 cm 碎砖
		黏质土或黄土	15～18	
炉渣或矿渣路面	可维持雨天通车，通行车辆较少，当附近有此项材料可利用时	一般土	10～15	炉渣或矿渣 75%，当地土 25%
		松软土	15～30	
砂土路面	雨天停车，通行车辆较少，附近不产石料而只有砂时	沙质土	15～20	粗砂 50%，细砂、粉砂和黏质土 50%
		黏质土	15～30	
风化石屑路面	雨天不通车，通行车辆较少，附近有石屑可利用	一般土	10～15	石屑 90%，黏土 10%

④ 路边排水沟最小尺寸要求如表 4-14 所示。

表 4-14 路边排水沟最小尺寸要求表

边沟形状	最小尺寸/m		边坡坡度	适用范围
	深 度	底 宽		
梯形	0.4	0.4	1∶1～1∶1.5	土质路基
三角形	0.3	—	1∶2～1∶3	岩石路基
方形	0.4	0.3	1∶0	岩石路基

5) 临时生活设施的布置

工地所需临时生活设施的布置应注意以下几点。

(1) 尽量利用已有或批建的永久性建筑。

(2) 生产区与生活区应分开布置,工地行政管理用房宜设在工地入口处或中心区域;现场办公用房应靠近施工地点。

(3) 生活、福利用房应设在干燥地区,工人较集中之处。

(4) 工人宿舍和文化福利用房一般宜在场外集中布置。

临时生活设施所需面积参见表 4-15 指标确定。

表 4-15 行政、生活、福利临时建筑参考指标

临时房屋名称	指标使用方法	参考指标/(m^2/人)	备 注
一、办公室	按干部人数	3.0～4.0	1. 本表根据收集到的全国有代表性的企业、地区的资料综合; 2. 工区以上设置的会议室已包括在办公室指标内; 3. 家属宿舍应以施工期长短和离基地情况而定,一般按高峰年职工平均人数的 10%～30% 考虑; 4. 食堂包括厨房、库房,应考虑在工地就餐人数和进餐次数
二、宿舍	按高峰年(季)平均职工人数	2.5～3.5	
单层通铺	(扣除不在工地住宿人数)	2.5～3.0	
双层床		2.0～2.5	
单层床		3.5～4.0	
三、家属宿舍		16～25 m^2/户	
四、食堂	按高峰年平均职工人数	0.5～0.8	
五、食堂兼礼堂	按高峰年平均职工人数	0.6～0.9	
六、其他合计	按高峰年平均职工人数	0.5～0.6	
医务室	按高峰年平均职工人数	0.05～0.07	
理发室	按高峰年平均职工人数	0.07～0.1	
浴室	按高峰年平均职工人数	0.01～0.03	
俱乐部	按高峰年平均职工人数	0.1	
小卖部	按高峰年平均职工人数	0.03	
招待所	按高峰年平均职工人数	0.06	
托儿所	按高峰年平均职工人数	0.03～0.06	
子弟小学	按高峰年平均职工人数	0.06～0.08	
其他公用	按高峰年平均职工人数	0.05～0.1	
七、现场小型设施			
开水房		10～40	
厕所	按高峰年平均职工人数	0.02～0.07	
工人休息室	按高峰年平均职工人数	0.15	

6）临时供水设计

为了满足建设工地在施工生产、生活及消防方面的用水需要，建设工地应设置临时供水系统。施工临时供水设计一般包括以下内容：计算整个施工工地的用水量；选配适当比例的管网和管网布置方式；选择供水水源。

（1）施工临时用水量。

施工临时用水主要由施工用水、生活用水和消防用水三方面组成。

① 施工用水量 q_1，包括工程施工用水和施工机械用水，可用下式计算：

$$q_1 = K_1 \sum \frac{Q_1 N_1}{T_1 t} \times \frac{K_2}{8 \times 3\,600} + K_1 \sum Q_2 N_1 \times \frac{K_3}{8 \times 3\,600} \tag{4-4}$$

式中　q_1——施工用水量(L/s)；

K_1——未预见的施工用水系数，一般取 1.05～1.15；

K_2——施工用水不均衡系数，参见表 4-16；

K_3——施工机械用水不均衡系数，参见表 4-16；

Q_1——年(季)度完成工程量(以实物计量单位表示)；

Q_2——同一种机械台数(台)；

N_1——施工用水定额，参见表 4-17；

N_2——施工机械用水定额，参见表 4-18；

T_1——年(季)度有效作业天数(d)；

t——每天工作班数(班)。

表 4-16　施工用水不均衡系数

编　　号	用 水 名 称	系　　数
K_2	现场施工用水 附属生产企业用水	1.5 1.25
K_3	施工机械、运输机械 动力设备	2.00 1.05～1.10
K_4	施工现场生活用水	1.30～1.50
K_5	生活区生活用水	2.00～2.50

表 4-17　施工用水参考定额

序　号	用 水 对 象	单　位	耗水量 N_1/L
1	浇筑混凝土全部用水	m^3	1 700～2 400
2	搅拌普通混凝土	m^3	250
3	搅拌轻质混凝土	m^3	300～350
4	搅拌泡沫混凝土	m^3	300～400
5	搅拌热混凝土	m^3	300～350
6	混凝土养护(自然养护)	m^3	200～400
7	混凝土养护(蒸汽养护)	m^3	500～700
8	冲洗模板	m^3	5
9	搅拌机清洗	台班	600

续表

序号	用水对象	单位	耗水量 N_1/L
10	人工冲洗石子	m^3	1 000
11	机械冲洗石子	m^3	600
12	洗砂	m^3	1 000
13	砌砖工程全部用水	m^3	150～250
14	砌石工程全部用水	m^3	50～80
15	抹灰工程全部用水	m^3	30
16	耐火砖砌体工程	m^3	100～150
17	浇砖	千块	200～250
18	浇硅酸盐砌块	m^3	300～350
19	抹面	m^3	4～6
20	楼地面	m^3	190
21	搅拌砂浆	m^3	300
22	石灰消化	t	3 000
23	上水管道工程	m^3	98
24	下水管道工程	m^3	1 130
25	工业管道工程	m^3	35

表 4-18　施工机械用水参考定额

序号	用水对象	单位	耗水量 N_2/L	备注
1	内燃挖土机	m^3/台班	200～300	以斗容量 m^3 计
2	内燃起重机	t/台班	15～18	以起重量吨数计
3	蒸汽起重机	t/台班	300～400	以起重机吨数计
4	蒸汽打桩机	t/台班	1 000～1 200	以锤重吨数计
5	内燃压路机	t/台班	12～15	以压路机吨数计
6	蒸汽压路机	t/台班	100～150	以压路机吨数计
7	拖拉机	台/昼夜	200～300	—
8	汽车	台/昼夜	400～700	—
9	标准轨蒸汽机车	台/昼夜	10 000～20 000	—
10	空压机	m^3/min 台班	40～80	以空压机单位容量计
11	内燃机动力装置(直流水)	马力/台班	120～300	—
12	内燃机动力装置(循环水)	马力/台班	25～40	—
13	锅炉	t/h	1 050	以小时蒸发量计
14	点焊机　25 型	台/h	100	—
	50 型	台/h	150～200	—
	75 型	台/h	250～300	—
15	对焊机	台/h	300	—
16	冷拔机	台/h	300	—
	凿岩机　01-30 型	台/min	3～8	—
	01-38 型	台/min	3～8	—
17	YQ100 型	台/min	8～12	—
18	木工房	台班	20～25	以烘炉数计
19	锻工房	炉/台班	40～50	—

② 生活用水量，主要包括现场生活用水和居民区生活用水。按下式计算，即

$$q_2 = \frac{P_1 N_3 K_4}{b \times 8 \times 3\ 600} + \frac{P_2 N_4 K_5}{24 \times 3\ 600} \tag{4-5}$$

式中　q_2——施工现场生活用水量(L/s)；

P_1——施工现场高峰期职工人数(人)；

N_3——施工现场生活用水定额，一般为 20～60 L/(人/班)，视当地气候和工种而定；

K_4——施工现场生活用水不均衡系数，参见表 4-16；

b——每天工作班数(班)；

P_2——生活区居民人数(人)；

N_4——生活区生活用水定额，一般为 100～200 L/人；

K_5——生活区生活用水不均衡系数，参见表 4-16。

③ 消防用水量，主要供应工地消火栓用水的用水量 q_3，见表 4-19。

表 4-19　消防用水量参考表

序号	用 水 名 称	火灾同时发生次数	用水量/(L/s)
1	居民区消防用水 5 000 人以内 10 000 人以内 25 000 人以内	 1 次 2 次 2 次	 10 10～15 15～20
2	施工现场消防用水 施工现场在 25 hm^2 内 每增加 25 hm^2 递增	 1 次 1 次	 10～15 5

④ 总用水量 $Q_{总}$。

a. 当 $q_1 = q_2 \leqslant q_3$，且工地面积大于 5 hm^2 时，只考虑一般工程施工，其理论总用水量为

$$Q = \frac{1}{2}(q_1 + q_2) + q_3 \tag{4-6}$$

b. 当 $q_1 = q_2 > q_3$ 时，则

$$Q = q_1 + q_2 \tag{4-7}$$

c. 当 $q_1 = q_2 < q_3$ 时，且工地面积小于 5 hm^2 时，则

$$Q = q_3 \tag{4-8}$$

当理论总用水量 Q 确定后，还应增加 10%，以补偿不可能避免的管网渗漏等损失，即

$$Q_{总} = 1.1Q$$

(2) 供水管径计算。

当总用水量确定后，即可按下式计算供水管径，即

$$D = \sqrt{\frac{4Q_i}{\pi v \times 1\ 000}} \tag{4-9}$$

式中 D——某管道的供水管直径(mm)；

Q_i——某管段用水量(L/s)，供水总管段按总用水量 $Q_{总}$ 计算；环状管网按各环段管内同一用水量计算；枝状管网按各支管内最大用水量计算；

v——管网中水流速度(m/s)，可查表 4-20 获得。

表 4-20 临时水管经济流速 v

管径/m	流速/(m/s)	
	正常时间	消防时间
$D<0.1$	0.5～1.2	—
$D=0.1\sim0.3$	1.0～1.6	2.5～3.0
$D>0.3$	1.5～2.5	2.5～3.0

(3) 临时供水管网的布置。

① 布置方式。一般情况下，临时供水管网布置方式有环状管网、枝状管网和混合式管网三种。

a. 环状管网为环形封闭图形。其优点是能保证供水的可靠性，当管网某一处发生故障时，水仍可以沿管网其他支管供给；其缺点是管线长，管材消耗量大，造价高。一般适合于建筑群或要求供水可靠的建设项目。

b. 枝状管网由干管和支管两部分组成。其优缺点与环状管网相反，管线短，造价低，但供水可靠性差。一般适用于中小型工程。

c. 混合式管网主要用水区及干线管采用环状管网，其他用水区采用枝状管网的供水方式。这种供水方式兼有以上两种管网的优点，因此大多数工地上采用这种布置方式，尤其适合于大型工程项目。

② 布置要求。

布置临时供水管网时，要符合下列要求。

a. 要尽量提前修建并利用永久性管网，同时应避开拟建或二期扩建工程的位置。

b. 要满足各生产点的用水要求，也要满足消防要求。

c. 在保证供水的情况下，尽可能使供水管长度最短。

d. 要考虑施工期间各段管网具有移动的可能性。

e. 高层建筑施工时，宜设置蓄水池、水塔及加压设备，以满足高空用水的需要。

f. 供水管网应按防火要求设置室外消火栓。消火栓应靠近十字路口、路边或工地出入口附近布置，间距不大于 120 m，距房屋外墙一般不小于 5 m，距道路应不大于 2 m，其管径不小于 100 mm。

g. 供水管铺设可明铺，也可暗铺，最好埋在地面以下，防止汽车及其他机械在上面行走时将其压坏。严寒地区应埋设在冰冻线以下，明铺部分应采取防寒保温措施等。

7）临时供电设计

（1）总用电量的计算。

施工现场用电主要包括动力用电和照明用电两种，其总需要容量按下式计算，即

$$P=(1.05\sim1.10)\left(K_1\frac{\sum P_1}{\cos\varphi}+K_2\sum P_2+K_3\sum P_3+K_4\sum P_4\right)\quad(4\text{-}10)$$

式中　P——供电设备总需要容量（kV·A）；

P_1——电动机额定功率（kW）；

P_2——电焊机额定功率（kW）；

P_3——室内照明容量（kW）；

P_4——室外照明容量（kW）；

$\cos\varphi$——电动机的平均功率因数，施工现场最高为 0.75～0.78，一般取 0.65～0.75；

K_1、K_2、K_3、K_4——需要系数，参见表 4-21。

表 4-21　需要系数 K 值

用电名称	数量/台	需要系数		备　注
		K 的种类	数　值	
电动机	3～10 11～30 30 以上	K_1	0.7 0.6 0.5	如施工中需要电热时，应将其用电量计算进去。为使计算结果接近实际，式（4-10）中各项动力和照明用电应根据不同工作性质分类计算
电焊机	3～10 10 以上	K_2	0.6 0.5	
室内照明	—	K_3	0.8	
室外照明	—	K_4	1.0	

由于照明用电量所占的比重较动力用电量要少得多，为简化计算，只要在动力用电量之外再加 10%作为照明用电量即可。因此，可简化计算，即

$$P_{总}=1.1P_{动}$$

（2）电源选择。

① 选择施工现场临时供电电源时，应考虑下列因素：

a. 施工现场建筑安装工程的工程量和施工进度安排；

b. 各施工阶段的电力需要量；

c. 施工现场各用电设备的布置情况及距离电源的远近情况；

d. 施工现场附近现有配电装置情况等；

e. 施工现场的大小。

② 选择施工现场临时供电电源方案：

a. 完全由施工现场附近现有的永久性配电装置供给；

b. 施工现场附近现有的配电装置只能供给一部分，尚需自行扩大现有电源或增设临时供电系统以补充其不足；

c. 利用施工现场附近高压电力网，设置临时变压器；

d. 设置临时发电装置等。

(3) 配电导线的选择。

配电导线的选择应满足以下条件。

① 按机械强度选择：在各种敷设方式下，应按机械强度需要保证导线的最小截面面积，以防止被拉断。导线按机械强度要求允许的最小截面可参见表 4-22。

表 4-22 导线按机械强度要求允许的最小截面 (单位：mm^2)

序号	电源	裸导线		绝缘导线	
		铜	铝	铜	铝
1	高压	10	25	—	—
2	低压	6	16	4	10

② 按允许电流选择：导线必须能承受符合电流长时间通过所引起的温升。

a. 三相四线制线路上的电流可按下式计算，即

$$I = \frac{P}{\sqrt{3}U\cos\varphi} \tag{4-11}$$

b. 二线制线路可按下式计算

$$I = \frac{P}{U\cos\varphi} \tag{4-12}$$

以上两式中 I——电流值(A)；

P——功率(W)；

U——电压(V)；

$\cos\varphi$——功率因素，临时管网取 0.7～0.75。

③ 按允许电压降选择：导线满足所需要的允许电压，其本身引起的电压降必须限制在一定范围内。因此，应考虑容许电压降来选择导线截面。

按以上三个条件选择的导线，取截面面积最大的作为现场使用的导线。

4.5.3 施工总平面的绘制

经过上述规划布置及有关计算后，即可绘制施工总平面图。其绘制步骤一般如下。

1)确定图幅大小和绘制比例

施工总平面图的大小和绘制比例应根据建设项目的规模、工地的施工条件及布置内容要求确定。一般情况下，图幅可选用 1 号或 2 号图纸大小，绘制比例用

1∶1 000或1∶2 000。

2）合理地规划和设计图面

施工总平面图，除了要反映现场布置内容外，还要反映周围环境和面貌等内容。因此，应合理地规划和设计图面，并应留出一定的位置绘制图例、风玫瑰、指北针及添加文字说明等。

3）绘制建筑总平面图的有关内容

按施工总平面图的设计要求，将建筑总平面图中的有关内容（如已建房屋、构筑物、道路、水电设施、坐标控制点及拟建工程项目），按确定的比例绘制在图面上。

4）绘制工地需要的临时设施

根据前面所述有关布置要求及计算数据，将工地需要的道路、仓库、加工厂和水电管网等临时设施内容绘制在图面上。

5）形成施工总平面图

在进行各项布置后，经分析比较、调查修改，形成施工总平面图，并作必要的文字说明，标上图例、比例、指北针等。

绘制施工总平面图时，要求精心设计，认真绘制，比例要正确，图例要规范，线条粗细要分明，字迹要端正，图面要整洁美观。施工平面图图例如表 4-23 所示。

表 4-23　施工平面图图例

序号	名　称	图　例	序号	名　称	图　例
一、地形及控制点					
1	水准点	⊗ 点名/高程	2	房角坐标	x=1 530 y=2 156
3	室内地面 追平标高	105.10			
二、建筑物、构筑物					
4	原有房屋		5	拟建正式房屋	
6	施工期间利用的 拟建正式房屋		7	将来拟建 正式房屋	
8	临时房屋 密闭式 敞篷式		9	拟建各种 材料围墙	
10	临时围墙	—×—×—	11	建筑工地界限	
12	烟囱		13	水塔	

续表

序号	名　称	图　例	序号	名　称	图　例
三、交通运输					
14	现有永久道路		15	施工临时道路	
四、材料、构件堆场					
16	临时露天堆场		17	施工期间利用的永久堆场	
18	土堆		19	砂堆	
20	砾石、碎石堆		21	块石堆	
22	砖堆		23	钢筋堆场	
24	型钢堆场		25	铁管堆场	
26	钢筋成品场		27	钢结构场	
28	屋面板存放场		29	砌块构件存放场	
30	矿渣、灰渣堆		31	废料堆场	
32	脚手架、模板堆场				
五、动力设施					
33	原有的上水管线		34	临时给水管线	——I′——
35	给水阀门(水嘴)		36	支管接管位置	——S——
37	消火栓(原有)		38	消火栓(临时)	
39	原有化粪池		40	拟建化粪池	
41	水源	水	42	电源	
43	总降压变电站		44	发电站	
45	变电站		46	变压器	
47	投光灯		48	电杆	
49	现有高压6 kV线路	—WW_6—WW_6—	50	施工期间利用的永久高压6 kV线路	—LWW_6—LWW_6—

续表

序号	名　　称	图　　例	序号	名　　称	图　　例
六、施工机械					
51	塔轨	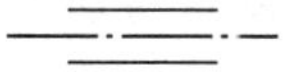	52	塔吊	
53	井架		54	门架	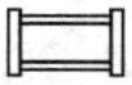
55	卷扬机		56	履带式起重机	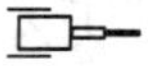
57	汽车式起重机	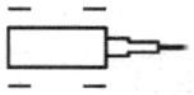	58	多斗挖土机	—
59	推土机	—	60	铲运机	—
61	混凝土搅拌机	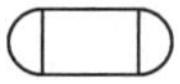	62	灰浆搅拌机	
63	洗石机	—	64	打桩机	—
七、其他					
65	脚手架		66	淋灰池	 灰
67	沥青锅		68	避雷针	

4.6　施工组织总设计实例

4.6.1　工程概况

1）基本情况

本工程位于××市，由一栋单身宿舍和一栋公寓组成。单身宿舍 7 层，公寓 15 层。

工程场地原为山坡坡角，现场地经挖填及人工爆破，呈西北低东南高的斜坡地（场地呈梯形），地面标高为 23.81～33.69 m，平均地形坡度为 8.5%。地震烈度为七度。

该工程占地 5 753.7 m^2，是具有较为完善配套（食堂（多功能厅）、康乐文化中心及篮球场、羽毛球场、休闲平台、绿化庭院等）的生活小区。

本工程建筑面积为 21 412.09 m^2。其中：公寓面积 11 631 m^2；单身宿舍面积 5 369 m^2；食堂面积 600 m^2；康乐文化中心面积 200 m^2。

2）工程范围

本次招标工程施工范围：基础、土石方、主体结构、建筑装修、常规水电、变配电、电话、电视、保安对讲、宽频、消防、燃气、电梯工程。

3）水电概况

（1）给水工程。

本给水工程采用分区、分压供水方式。在地下室设有三台给水泵，两用一备。

公寓的2、3层,单身宿舍的2～4层由市政管直接供水,并采用下供上给式。公寓的4～7层,单身宿舍的5～7层由生活水泵经比例减压阀减压后供水,公寓采用下供上给式,单身宿舍采用上供下给式。公寓的10～15层,由生活水泵直接供水,并采用上供下给式。给水管管材为DN20～DN100,采用衬塑镀锌钢管。太阳能热水管管材采用PPR冷、热水管。

(2) 雨、排水工程。

雨、排水管均采用UPVC排水管材,粘胶连接,每层设一个伸缩节,所有管件必须采用与管材同一生产厂家的配套产品。所有潜水泵均采用移动式安装,水泵出水弯头和出水管之间用橡胶软管连接。软管长度以高出集水坑顶为原则,管道则采用镀锌钢管。

(3) 消防工程。

消防采用环网供水方式,并根据不同高度采用比例减压阀进行调压。地下室设有一个216 m^3 的消防水箱池,屋顶设有两个9 m^3 的消防水箱。地下室共有两台消防水泵,一备一用,除地下室装有一个双栓消火栓外,其余均为单栓消火栓。消防管采用镀锌钢管,管径在100 mm以上(不含100 mm),采用法兰连接,其他均采用丝扣连接。工作压力大于900 kPa的管段采用加厚镀锌钢管或无缝镀钢管。

(4) 电气安装工程。

本工程的电气安装主要分为强电和弱电两部分。

强电部分即高、低压配电系统。本工程在公寓楼半地下层设有变压器室、低压配电室及备用发电机房。高压10 kV供电电源采用一进一出的环网供电方式引自市供电网,变压器选用SCB10-800/10、电压为10/0.4/0.23 kV。低压配电系统配电制式为TN-S制,工作零线与接地保护线除在变压器中性点接地共用外,彼此绝缘分别敷设。该配电系统设计两段母线:一段为工作母线,另一段为保安负荷及重要负荷母线。为满足消防设备及重要设备的用电要求,设计有备用电源,备用电源选用额定输出功率为148 kW的柴油发电机,安装在备用发电机房内。市电与备用发电机由带机械、电气连锁的自动切换装置转换供电。该系统采用低压电容器补偿方式进行自动功率因数补偿。补偿后的功率因数在0.9以上。

低压配电柜为顶部进出线,引至公寓楼的各配电干线电缆,由配电柜引出,沿电缆桥架分别明敷至安装在南、北两个强电竖井内的各层电源配电箱及电表箱。引至单身宿舍综合楼的各配电干线电缆,由配电柜顶电缆桥架引出穿镀锌钢管埋地敷设至单身宿舍综合楼电气竖井电缆桥架,明敷至各层电源配电箱及电表箱。各层配电干线及电表箱出线均沿线槽敷设至用户配电箱。用户配电箱、户内各类配电支线及各层公共照明配线均穿阻燃PVC管,在墙板、顶板或底板内暗敷。公寓楼、单身宿舍综合楼的半地下层、一层配电线路均采用穿镀锌钢管或阻燃PVC管暗敷。

弱电部分包括火灾自动报警系统、电话系统、有线电视系统、宽带网络系统及自动抄表系统。其配线在公寓楼由弱电竖井、在单身宿舍综合楼由电气竖井沿弱电电缆桥架明敷各层，进入各楼层后则沿线槽敷至各户，室内则穿阻燃 PVC 管沿墙、顶板或底板暗敷。

防雷与接地系统：本工程公寓楼按二类防雷建筑物设计，单身宿舍综合楼按三类防雷建筑物设计。在屋面设置避雷带做闪接器，利用建筑物基础底板钢筋作为防雷接地装置及强电设备的接地装置和弱电设备的工作接地装置。利用建筑物的柱子或剪力墙的两根主钢筋作为引下线，其上端与避雷带焊接，下端与建筑物基础底板钢筋焊牢。接地电阻不大于 1 Ω。

此外，公寓楼和单身宿舍综合楼内做总等电位连接，带淋浴房或浴缸的卫生间做局部等电位连接。

4）现场自然条件

（1）经现场实地察看，该工程的四周已设置围墙，围墙范围即为红线范围。建筑物的外墙距红线距离为 5 m，施工场地狭窄，施工用料只能根据施工需要分批量进场。合理布置现场，充分利用场地是本工程顺利进行的关键。

（2）工程地质概况。根据现场钻探揭露，场地内自上而下有人工填土、坡积层、残积层、基岩等。各层地质情况如下。

人工填土（Q^{ml}）：素填土，主要分布于南北两侧，呈黄褐、红褐、灰褐色，未完成自重固结，成分由黏性土、碎石组成，内含少量生活垃圾。其中碎石含量约占 30%，粒径 0.5～10.0 cm。层厚 0.4～5.6 m，西北侧厚 3.6～5.6 m，一般为 0.4～1.5 m。

坡积层（Q^{dl}）：含碎石粉质黏土，主要分布于场地东南、西北两侧，呈黄褐、灰褐、浅红褐色，湿，可塑状至硬塑状，岩芯呈块、短柱状，成分主要由粉质黏土、砾卵石、碎石组成，砾卵石、碎石含量约占 35%，料径 0.5～5 cm，棱角状为主。层厚为 1.60～4.80 m，顶板埋深为 0～3.9 m，本层部分孔出露地表，标贯 5～20 击，平均 15 击。

残积层（Q^{el}）：黏性土，主要分布于场地的东南、西北两侧，呈黄褐、灰褐、黑褐色，湿，可塑状至硬塑状，以硬塑状为主，岩芯呈短柱状，本层由混合岩（变质粉砂岩）风化残积而成，原岩结构构造可辨，原岩基本风化呈黏性土状，局部夹强风岩块，手折易断。揭露层厚为 2.50～5.10 m，顶板埋深为 0～4.80 m，本层部分孔出露地表，标贯 22～58 击，平均 30 击。

基岩（J）：强风化混合岩（变质粉砂岩），本层大部分孔均见有，呈黄褐、灰褐、青灰色，岩芯呈块、短柱状，原岩结构构造较清晰，原岩大部分被风化呈块状，手折易断，局部呈黏性土及中风化岩状，其中 ZK26 见有强风化破碎带，成分主要由中风化岩角砾、碎块与粉质黏土组成。层厚为 0.4～9.5 m，顶板埋深为 0～7.50 m，场地中部埋深浅，东南及西北侧埋深较深，本层部分孔出露地表，标贯 60～68 击，平均 64 击。

中风化混合岩（变质粉砂岩）.本层各孔均见有，呈青灰色，岩芯呈块状、短柱状，岩质坚硬，击之声脆，原岩结构构造清晰，裂隙发育，裂隙面见风化物，断裂面新鲜，本层中下部趋于微风化岩状。本场地中部原地形较高，后被人工爆破炸平，现场场地中部表层除去较薄的人工素填土,下面就是中风化混合岩(变质粉砂岩)。揭露厚度为 1.90～4.80 m,顶板埋深为 0.9～17.00 m。中部较浅,向东南、西北两侧变深。

(3) 地下水。本场地地下主要为裂隙水,孔隙水次之,裂隙水主要赋存于强～中风化混合岩(变质粉砂岩)的裂隙中,孔隙水主要赋存于人工素填土、坡积的含碎石粉质黏土及残积的黏性土中,均为弱含水层。地下水受大气降水补给,由东南向西北向排泄。据地下水水质取样分析得知,地下水对混凝土没有腐蚀性,对钢结构有弱腐蚀性。

(4) 从地质勘察报告提供的资料来看,在土方开挖阶段,西北向挖深约 5 m 左右,东南向土方挖深不多,只需将垃圾及杂填土挖走,暂不考虑土方支护措施;在人工挖孔桩施工前,根据地质报告显示,该区域地下水埋深在 1.00～5.40 m,而周边的建筑物离场地较近,东北向为原有建筑物,东南向有一座大山,西南向为绿景山庄,西北向为金稻田路;长期抽取地下水,会引起建筑物的下沉,为保证成孔的顺利进行,采用降水措施,适当回灌保证建筑物的安全。

5) 工期要求

招标文件要求本工程×年×月×日开工,×年×月×日竣工。施工总工期为 550 个日历天。

4.6.2 施工部署

重要工程项目的施工方案、施工方法如下。

1) 桩基工程

桩基工程施工主要特点如下。

(1) 据桩位平面布置图及要求,桩距小于三倍直径及 4.5 m 时的相邻桩不得同时开挖,桩中心距基本满足一次性开挖条件,无须分为两批,只是在电梯井处采取跳挖的施工方法,且挖孔桩在浇灌混凝土时,邻近桩暂停挖孔,以免发生安全事故。

(2) 根据地质资料,场地内地下水较丰富,故在孔桩成孔和混凝土浇捣过程中,要有相应的安全措施,严防事故发生。

(3) 由于本工程周边紧靠市政道路及建筑物,施工期间应及时监测基坑周边的建筑物的沉降。

(4) 人工挖孔桩工程根据地勘单位提供的地质情况,为保障施工顺利进行,降低场地内的地下水位,在没有深井降水的基础上,采用超前孔降水法。

(5) 为了使基坑不积水,孔内抽排水畅通无阻,根据桩位布置情况,在基坑底部四周沿坡脚线设一道砖砌 300 mm×300 mm 排水明沟,沿纵向开挖一条 300 mm×300 mm排水明沟,并在垂直纵向开挖三条 300 mm×300 mm 排水明沟,并分段设置集水井。

(6) 根据桩位布置情况,桩位最小净距基本满足一次性开挖条件,值得注意的是公寓的电梯井处的桩间距较小,为 2 700 mm、2 900 mm,应采取跳打的方式。

2）土石方挖填及基坑支护工程

（1）土方开挖。

根据该工程的地质勘探报告（现有场地表面为垃圾场），场地土为中硬型，属Ⅰ类土，地下水位埋深为1.00～5.40 m。根据挖掘机的机械性能，施工作业面距建筑物较近，为保证土方开挖安全作业，首先将场地表面淤泥及杂填土清除掉，开挖方向从东南方向向西北方向推进，由于基坑土方量开挖不大，决定采取一次开挖至桩顶标高，同时为了避免过早遇上地下水，给施工带来不必要的困难，地梁及承台部位土方用人工开挖。

在土方开挖过程中，应先挖周边再挖中间，以方便排水沟形成，及时排水，开挖至设计标高后，基坑四周砌120墙红砖排水沟，300 mm宽，500 mm高，四角120墙砌1 000 mm×1 000 mm×1 000 mm集水井，沟、井内壁1：3水泥砂浆收光，排水时，集中排放至过滤池，过滤后再排放至市政管网。

由于基坑东南向开挖较深，且距现有建筑（构筑）物较近，安全放坡较困难，加上施工作业时间较长及市建设局关于深基坑安全支护规定，决定采用土钉墙方法，进行边坡支护，表面挂钢筋网后喷射C20细石混凝土，80 mm厚，具体支护计算另见土方开挖施工作业方案。

（注：基坑支护措施视基坑开挖后具体情况而定）

（2）土方回填。

本工程土方回填，主要是半地下室外面周边基坑，地下室底部承台各地梁设计采用矩形截面，需要做胎模，浇灌混凝土垫层时一次成型即可。地下室外围土方回填，选用优质老黄土，填土前，排除坑底积水、淤泥、杂物，土方先做最佳含水量试验，回填过程中，分层纵横夯实，每层虚铺厚度为300 mm，并按规定进行回填土密实度检验，合格后方可进行下一层回填。

3）模板工程

模板均用18厚七夹板，模板支撑及加固系统采用50 mm×100 mm木枋、100 mm×5 mm槽钢、ϕ48（δ=3.5）钢管、钢管顶撑、ϕ12和ϕ14对拉螺栓等；为防止地下室外墙板和水池壁漏水，外墙板和水池壁支模加固用的对拉螺栓应加止水阀。半地下室及承台、地梁的模板在本公司木加工厂内加工，加工后编号，拖运到现场拼装；一层以上模板在现场加工；公寓楼上部结构变化不大，模板加工成定型模板，便于模板从下层周转到上部施工层时直接用于相应部位拼装。

4）钢筋工程

（1）钢筋进场必须见出厂合格证和复检报告，进口钢材必须做化学成分检验，合格后方可使用。所有钢筋均在公司加工厂内加工，质检员检查合格后（加工成型的半成品挂牌标志），运至施工点绑扎安装。

（2）钢筋绑扎必须符合设计和施工规范要求，钢筋在现场复核其标志，并向现场监理工程师提交厂家的质量合格证书和钢材力学性能的复检报告、钢筋加工合格证。

(3) 钢筋的保护层厚度按设计图纸和施工规范的要求,设混凝土垫块。混凝土垫块采用与结构相同质量的混凝土制成。保护层厚度偏差控制在±5 mm 范围内。

(4) 钢筋的锚固长度按设计图纸和施工规范要求留设。当受力钢筋因条件限制不能满足规定的锚固长度时,则采用专门的锚固措施,如在钢板上横向加焊锚固钢筋、加焊箍筋、加焊钢板、加焊角钢等。

5) 混凝土工程

(1) 混凝土均采用商品混凝土,现场不配备搅拌机,混凝土全部采用混凝土输送泵直接泵送至浇筑点;地下室底板和侧板、地梁、屋顶水箱、地下室水池混凝土要求自防水,抗渗等级 S6。泵管从宿舍楼的⑤~⑥线、公寓的⑮~⑰线间向上伸至各层。

(2) 在浇筑混凝土前,商品混凝土供货方应提供水泥、砂、石的复检报告及混凝土配合比报告单。在施工现场按规范要求做好混凝土试块,并认真做好混凝土试块的养护工作,同时必须做好混凝土施工记录;混凝土试块送检做到有见证送检。

(3) 为满足泵送工艺对混凝土的和易性要求,保证泵送顺利,同时为了早拆模,混凝土中可分别掺入一定比例(由试配确定)的早强减水剂和粉煤灰。

(4) 为避免地下室底板和侧墙产生裂缝,地下室底板和侧墙混凝土的水泥选用发热量低、初凝时间较长的矿渣水泥,混凝土配合比应严格试配,尽量降低水泥用量,砂率采用 40%~42%,水灰比宜大于等于 0.55,掺用适量的减水剂。

(5) 在浇筑混凝土前,应对模板及支撑系统进行校正、加固,模板要浇水使之湿润,同时检查钢筋、预埋件及水电管洞是否漏埋(留),位置是否准确,是否签认了隐蔽工程验收记录、专业工序会签单等。浇筑混凝土时应跟踪检查,发现异常情况应及时妥善处理。

6) 脚手架工程

根据该工程的结构形式及我公司的设备配合情况,外脚手架决定采用双排单立杆式脚手架,搭设高度从室外地面算起。

(1) 外墙脚手架构造。

外墙双排脚手架,由里、外立杆,大、小横杆,扫地杆,拉结杆,分层承力架,工作脚手板和安全挡板,安全网,防雷引下线,剪刀撑,垫板,底座和十字扣、一字扣、万向扣件等组成,共包括外脚手架、工作通道和安全通道三部分。

(2) 脚手架材料的选用。

外墙脚手架里、外立杆,大、小横杆,扫地杆,剪刀撑和安全栏杆全部采用 ϕ48 mm×3.5 mm 脚手架专用钢管,连接件采用十字扣、一字扣、万向扣。底座采用倒 T 形专用管座,安全网采用具有深圳市住建局颁发生产许可证的密目式安全网,脚手板采用 450 mm×950 mm 钢筋焊接脚手板,出入口、安全棚用 ϕ48 mm×3.5 mm 钢管搭架,上面满铺双层竹脚手板。立杆垫板采用 40 mm×200 mm×5 000 mm 木板。

(3) 外墙双排钢管脚手架的搭设规格。

① 外墙钢管脚手架内、外立杆间距1 000 mm，内立杆与外墙面净距离200 mm，大横杆步距1 800 mm，小横杆间距750 mm，立杆间距1 500 mm，扫地杆距地200 mm。

② 与墙连接：在竖向，根据楼层的变化，对脚手架进行层层拉接，水平方向每层每隔6～7 m设一个拉接点，采用拉、顶结合。

③ 安全防护：每个施工出入口都设双层严密的安全保护棚，上、下两层安全挡板间隔不少于500 mm。每隔6层设一圈安全挡板，且用竹脚手板满铺。

④ 分层承力：由于本工程脚手架采用单立杆式，安装时，每隔5层设一个分层承力架。

7) 砌体工程

本工程外墙、分户墙、半地下层采用200厚MU5(双面抹灰)加气混凝土砌块；户内隔墙采用100厚MU5(双面抹灰)加气混凝土砌块；室外花池及装饰墙、柱采用MU7.5红砖；以上采用50号(M5)混合砂浆砌筑；墙体施工按照《砌体结构设计规范》(GB 50003—2011)，《混凝土小型空心砌块建筑技术规程》(JGJ/T 14—2011)等国家现行的有关标准规范的规定执行。

4.6.3 施工总进度计划安排

1) 施工计划进度表

施工计划进度表如表4-24所示。

表4-24　施工计划进度表

序号	项目名称	计划时间	日历天数
1	施工准备	200×.10.1～200×.10.14	14
2	人工挖孔桩桩基础施工	第1～25天	25
3	土方开挖及桩头凿除	第20～34天	15
4	承台及地梁钢筋、模板	第36～50天	15
5	宿舍楼：标高−5.600～−0.030柱、梁、板	第51～70天	20
6	公寓：标高−2.000～0.150柱、梁、板	第36～55天	20
7	内、外墙体砌筑	第205～255天	51
8	内墙粉饰	第256～275天	20
9	外墙抹灰装饰	第236～255天	20
10	门、窗安装、油漆	第256～275天	20
11	屋面防水工程	第423～446天	24
12	电气配管	第57～446天	390
13	电气配线，插座、灯具安装	第210～438天	229
14	电气设备调试	第393～423天	31

续表

序号	项目名称	计划时间	日历天数
15	消防、水、风孔洞预留、埋件预埋	第 393～423 天	31
16	消防、水、风管道、设备安装	第 210～438 天	229
17	水风调试、室外管网并网	第 383～446 天	64
18	与业主分包工程配合	第 57～446 天	390
19	塔吊拆除	第 254～494 天	241
20	散水、挡土墙及室外构筑物	第 413～482 天	70
21	场平、场地清理	第 475～504 天	30
22	收尾、交工	第 494～523 天	30

2) 本工程施工关键线路

施工准备,场地平整、清理→人工挖孔桩施工、检测→公寓楼地下室施工→公寓楼主体结构施工→公寓楼室内、外装饰施工→室外工程施工→收尾、清理→交验工程。

4.6.4 各种资源需要流量计划

1) 劳动力安排计划

按施工进度网络计划、建安工作量、企业全员劳动生产率等因素合理调配劳动力,组织均衡施工。劳动力计划表如表 4-25 所示。

表 4-25 劳动力计划表(估算) (单位:人)

工种级别	按工程施工阶段投入劳动力情况		
	基础	主体结构	装修
管理人员	8	8	8
试验工	1	1	1
测量工	2	2	1
钢筋工	5	15	0
混凝土工	5	15	2
架子工	0	10	10
木工	5	15	30
防水工	0	1	15
强电工	5	10	15
水暖工	5	10	15
瓦工	15	15	25

注:本计划为拟订计划,根据施工需要对劳动力进行调整。

2）主要施工物资进场计划

主要施工物资进场计划见表 4-26。

表 4-26　主要施工物资进场计划一览表

序号	材料名称	规　格	单　位	数　量	进退场时间
1	ϕ48 mm×3.5 mm钢管	L=6 m	根	36 000	2004.10.30—2006.1.10
		L=3 m		9 000	2004.10.30—2006.1.10
		L=1.4 m		10 000	2004.10.30—2006.1.10
2	扣件	十字	个	54 690	2004.10.30—2006.1.10
		一字		9 000	2004.10.30—2006.1.10
		万向		1 000	2004.10.30—2006.1.10
3	安全网	密目式	m^2	18 000	2004.10.30—2006.1.10
4	δ=18 mm 胶合板	0.91 m×1.82 m	块	8 800	2004.10.30—2005.9.30
5	50 mm×100 mm木枋	L=2.5 m	根	52 000	2004.10.30—2005.9.30
6	钢筋网脚手板	0.45 m×0.95 m	块	10 000	2004.10.30—2005.1.10
7	活动顶撑	CH-90	根	7 000	2004.10.30—2005.9.30
8	脚手架垫板	250 mm×50 mm×5 000 mm	块	120	2004.10.30—2005.1.10
9	脚手架底座	倒 T 形	个	700	2004.10.30—2005.1.10
10	钢筋网踢脚板	1.2 m×0.15 m	块	6 000	2004.10.30—2005.1.10
11	麻袋	—	m^2	1 000	2004.12.30—2005.9.30

3）主要施工机械设备进场计划

主要施工机械设备进场计划见表 4-27。

表 4-27　主要施工机械设备进场计划表

序号	机械名称	型号规格	数　量	进场时间	退场时间	备　注
1	反铲挖土机	日立 100	1 台	2004.11.5	2004.11.20	履带式
2	汽车式混凝土输送泵	DC-A1000B	1 台	2004.11.20	2005.9.20	三菱
3	平板拖车	25 t	1 台	2004.11.5	2006.9.30	—
4	自卸汽车	日野 12 t	12 台	2004.10.15	2006.3.10	—
5	空压机	6 m^3	2 台	2004.11.15	2006.3.10	—
6	附墙吊	TK5015	1 台	2004.12.1	2006.2.10	80 m
7	提升井架	—	2 部	2004.12.1	2006.3.10	—
8	人货电梯	—	1 部	2004.12.1	2006.3.10	—

4.6.5 施工总平面布置

1) 总平面布置的原则

根据场地实际情况,充分利用现场资源,便于材料运输,交通顺畅,减少二次搬运。充分结合现场场地情况,避免重复建设,符合安全文明施工及消防、防洪、防汛要求,规划合理、整洁美观。

2) 现场布置

(1) 现场道路。

本工程施工时利用大院主干道路,在西北角及南侧设置两处出入口大门。

(2) 围墙设置。

工程开工前根据建筑物红线位置砌筑并搭设围挡,按标准进行装饰。

(3) 临时上下水及消防用水。

① 施工用水量计算。

a. 施工用水量。

$$q_1 = K_1 \times \sum Q_1 N_1 K_2/(8 \times 3\ 600) = 23.9(\mathrm{L/s})$$

按每日混凝土用量为 100 m^3,每日砂浆用量为 30 m^3 计算。

式中 q_1——施工用水量;

K_1——预计的施工用水系数,取 1.1;

Q_1——日工程量;

N_1——施工用水定额;

K_2——用水不均衡系数,取 1.5。

b. 施工生活用水量。

$$q_2 = p_1 N_2 K_2/(t \times 3\ 600) = 2.08(\mathrm{L/s})$$

式中 q_2——施工生活用水量;

p_1——施工现场人员总数,此处取 200 人;

N_2——施工现场生活用水定额。

c. 现场总用水量。

q_3 按施工手册取 15 L/s。

$$q_1 + q_2 = 23.9 + 2.08 = 25.98(\mathrm{L/s})$$

$$q_1 + q_2 > q_3$$

故总用水量 $Q = 25.98$ L/s

根据《建筑给水排水设计手册》,管网水量计算中干管流速一般采用 1.2~2.0 m/s,则管径 $D=[4\times Q/(1\ 000\ \pi v)]^{1/2}=[4\times 25.98/(1\ 000\times \pi\times 1.6)]^{1/2}$ m=0.144 m。其中,v 为经济流速 1.6 m^3/s。

因此,施工现场给水管路选用管径为 DN=150 mm,可满足要求。

给水管路布置:基础施工时,给水管路主要以消火栓系统为主,根据现场情况管路布置为封闭环路，场地四周各设地下消火栓(SX100)4 个。

② 排水管路布置。

根据工程实际情况，本工程排水主要是雨水、生产污水及生活污水。生活污水在办公区和生活区由暗埋水泥管道(DN250)，经沉淀池和化油池后与甲方提供的市政污水管道连接。在施工现场周围及道路两旁设置 400 mm×300 mm 的排水沟，经沉淀池后排入市政污水管道。

③ 材料选用。

给水管道采用焊接钢管，阀门 DN50 以下采用旋塞阀、DN80 以上采用闸板阀。室外消火栓采用地下双口消火栓，DN65 栓口，25 m 长麻质水龙头。排水管道采用 250 mm 水泥管，检查井、沉淀池用砖砌筑，内抹防水砂浆。

(4) 临时用电。

① 本工程临电系统采用三相五线制，TN-S 系统供电，现场达到三级配电两级以上配电保护。

配电系统分为三级，即总配电箱—分配电箱—开关箱。本方案包括总箱至分箱及其之间的连接导线，不考虑工地流动配电箱。工地流动配电箱及开关箱根据现场情况考虑，但要保证电动机或用电设备电源线分断开关为漏电保护开关。本方案是根据施工各阶段用电负荷情况综合考虑编制的。装修阶段使用此电源系统配置能够满足要求，不再另行设计。基础施工阶段，根据施工需要，可分部实施方案内容。现场若有变化，应及时办理变更及审批手续。

② 现场临电规划。

本工程所用的主电源由甲方提供，施工现场在场地北侧设置配电室、电工值班室，配电室内设两台一级配电箱，主电源构成双电源，以保证照明供电的不间断性。

从甲方所提供的变压器引两路电源到现场 P1 总配电箱，在施工现场四周设四台三级配电箱为现场内大型用电设备和施工作业提供电源，具体安排如下。

a. 现场 P1 总配电箱总开关为 300 A，下设 3 个支路。第 1 支路为 P1-1 分配电箱提供电源：主供排水泵电源，由 P1 总箱内 250 A 空开控制；第 2 支路为 P1-2 分配电箱提供电源：主供钢筋加工电源，由 P1 总箱内 250 A 空开控制；第 3 支路备用。

b. 遥测检查现场配电站处工作接地装置，接地电阻值小于 4 Ω。现场内所有配电箱均要设重复接地装置，考虑雨期施工，要求重复接地电阻值小于 5 Ω。

电缆埋设及拐弯处，要做相应标示牌、警示牌。

3) 临时设施布置

根据本工程现场实际情况，将现场管理人员办公区设在场地东南侧；外埠施工队工人生活区设置在场地东侧，并用围挡将生活区与施工现场分隔开；钢筋加工厂、木工房设在汽车吊工作范围内，以便钢筋和模板的垂直运输；整个场区包括管理人员办公区在内，均严格按照 ISO 14001 的标准和形象标准设计执行，做好市容保障和减沉降噪工作。在场区周围做好围挡，区内道路硬化，并设置沉淀池；为保证不影响周围单位工作人员工作及路上行人的正常通行,更好地控制噪声,计划在场区西侧和北侧各设一处噪声监控点,随时控制噪声,及时调整;我方将安排专人每天定时清扫场区及洒水等,垃圾站、木工棚和砂浆搅拌机房均采用封闭式,以达到减尘降噪目的,力争营造一个干净整洁的施工现场。

4)机械布置

(1)基础及主体结构施工期间垂直运输工具采用卷扬机井架及汽车吊。

(2)现场设一台强制式搅拌机,由项目经理部统一调配。

5)生活、生产用房布置

根据施工场地特点,生活区、办公区设在现场东南侧及东侧,材料库房、木工棚、砂石料场等分别设在现场各部位。

【思考与练习】

4-1 施工组织总设计的内容和编制依据。

4-2 在施工部署中应解决哪些问题?

4-3 施工总进度计划的概念和编制方法。

4-4 资源需要量计划包括哪些内容?

4-5 设计施工总平面图应遵循什么原则?

第 5 章　单位工程施工组织设计

【知识点及学习要求】

知　识　点	学习要求
知识点 1　单位工程施工组织设计编制的依据、程序和内容	了解
知识点 2　工程概况的内容	熟悉
知识点 3　施工部署的制定	熟悉
知识点 4　单位工程施工方案的编制	掌握
知识点 5　单位工程施工进度计划的编制	掌握
知识点 6　施工准备和资源配置计划编制	熟悉
知识点 7　单位工程施工平面布置图的设计	掌握
知识点 8　主要施工管理计划的制订	熟悉

5.1　概述

单位工程施工组织设计是以单位(子单位)工程为主要对象编制的施工组织设计,对单位(子单位)工程的施工过程起指导和制约作用。单位工程施工组织设计按照编制阶段的不同,可分为投标阶段单位工程施工组织设计和实施阶段单位工程施工组织设计。本章重点介绍实施阶段单位工程施工组织设计的编制内容和编制方法。

单位工程施工组织设计是由建筑施工企业编制的,用以规划和指导拟建工程从施工准备到竣工验收全过程施工活动的技术经济文件。其任务是根据施工组织总设计和有关原始资料,从拟建工程施工全过程的人力、物力和空间三要素入手,结合施工实际条件,进行施工方案的合理选择,确定分部分项工程间的科学合理的搭接与配合关系,设计出符合施工现场实际情况的施工平面布置图,从而达到工期短、质量好和成本低的目标。

单位工程施工组织设计应由项目负责人主持编制,由施工单位技术负责人或技术负责人授权的技术人员审批,也可根据需要分阶段编制和审批。在编制单位工程施工组织设计前应会同各有关部门及人员,结合工程实际,共同讨论和研究施工的主要技术措施和组织措施,使其内容科学合理。

单位工程施工组织设计也是单位工程开工的基本条件之一,必须在工程开工前编制完成,并应经工程监理单位的总监理工程师批准并签发开工通知书后方可实施。

5.1.1　单位工程施工组织设计的编制原则和编制依据

1) 单位工程施工组织设计的编制原则

施工组织设计的编制必须遵循工程建设程序,并应符合下列原则:

(1) 符合施工合同或招标文件中有关工程进度、质量、安全、环境保护和造价等方面的要求;

(2) 积极开发、使用新技术和新工艺,推广应用新材料和新设备;

(3) 坚持科学的施工程序和合理的施工顺序,采用流水施工和网络计划等方法,科学配置资源,合理布置现场,采取季节性施工措施,实现均衡施工,达到合理的经济技术指标;

(4) 采取技术和管理措施,推广节能建筑和绿色施工;

(5) 与质量、环境和职业健康安全三个管理体系有效结合。

2) 单位工程施工组织设计的编制依据

(1) 与工程建设有关的法律、法规和文件;

(2) 国家现行有关标准和技术经济指标;

(3) 工程所在地区行政主管部门的批准文件,建设单位对施工的要求;

(4) 工程施工合同或招标投标文件;

(5) 工程设计文件;

(6) 施工组织总设计和投标阶段的单位工程施工组织设计;

(7) 工程施工范围内的现场条件,工程地质及水文地质、气象等自然条件;

(8) 与工程有关的资源供应情况;

(9) 施工企业的生产能力、机具设备状况、技术水平等。

5.1.2 单位工程施工组织设计的内容

根据工程的性质、规模、结构特点、技术复杂程度和施工条件的不同,单位工程施工组织设计编制内容的深度和广度也不尽相同,但单位工程施工组织设计的内容一般应包括以下部分。

1) 工程概况

工程概况是对拟建工程的大致情况所作的一个简要的、突出重点的介绍或说明,工程概况应包括工程主要情况、各专业设计简介和工程施工条件等。

2) 施工部署

施工部署是对项目实施过程作出的统筹规划和全面安排,包括项目施工主要目标、施工顺序及空间组织、施工组织安排等。施工部署是施工组织设计的纲领性内容,施工进度计划、施工准备与资源配置计划、施工方法、施工现场平面布置和主要施工管理计划等内容都应根据施工部署编制。

3) 主要施工方案

施工方案是以分部(分项)工程或专项工程为主要对象编制的施工技术与组织方案,用以具体指导其施工过程。单位工程应按照《建筑工程施工质量验收统一标准》(GB 50300—2013)中分部、分项工程的划分原则,对主要分部、分项工程制定施工方案。

4) 单位工程施工进度计划

单位工程施工进度计划是为实现项目设定的工期目标,对各项施工过程的施工顺序、起止时间和相互衔接关系所作的统筹策划和安排,施工进度计划可采用网络图或横道图表示，并附必要说明，对于工程规模较大或较复杂的工程，宜采用网络图表示。

5）施工准备与资源配置计划

施工准备主要包括技术准备、现场准备和资金准备等内容。施工资源是工程施工过程中所必须投入的各类资源，包括劳动力、建筑材料和设备、周转材料、施工机具等，因此资源配置计划应包括劳动力配置计划和各种物资配置计划，物资配置计划包括建筑材料、设备和施工机具等的配置计划。

6）施工现场平面布置

施工现场平面布置是在施工用地范围内，对各项生产、生活设施及其他辅助设施等进行规划和布置。施工现场平面布置应根据施工部署并结合施工组织总设计的要求，按不同施工阶段分别绘制单位工程施工平面布置图，且图中应配适当文字说明。

5.1.3　单位工程施工组织设计的编制程序

单位工程施工组织设计的编制程序，是指单位工程施工组织设计各个组成部分形成的先后次序以及相互之间的制约关系，如图 5-1 所示，从中可进一步了解单位工程施工组织设计的内容。

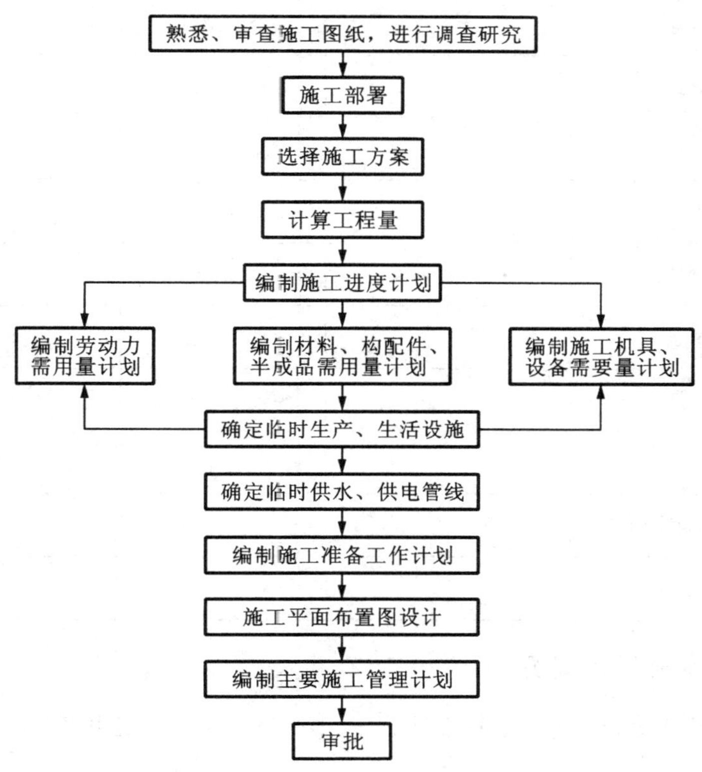

图 5-1　单位工程施工组织设计编制程序

5.2 工程概况

单位工程施工组织设计中的工程概况,是对拟建工程的大致情况所作的一个简要的、突出重点的介绍或说明,工程概况的内容应尽量采用图表进行说明。若文字叙述或表格介绍的工程概况有不足时,可附上拟建工程平面、立面和剖面图,及主要分项工程工程量一览表。工程概况的主要内容应包括工程主要情况、各专业设计简介和工程施工条件等。

5.2.1 工程主要情况(或工程建设概况)

工程主要情况应包括下列内容:工程名称、性质和地理位置;工程的建设、勘察、设计、监理和总承包等相关单位的情况;工程承包范围和分包工程范围;施工合同、招标文件或总承包单位对工程施工的重点要求;其他应说明的情况。列表说明工程主要情况或工程建设概况的内容,可参考表 5-1。

表 5-1 工程主要情况一览表

工程名称		工程地址	
结构形式		占地总面积	
建设单位		勘察单位	
设计单位		监理单位	
质量监督部门		总包单位	
质量要求		承包范围	
合同工期		主要分包单位	
总投资额		分包工程	
工程主要功能或用途			
其他			

5.2.2 各专业设计简介

各专业设计简介应包括建筑设计简介、结构设计简介和机电及设备安装专业设计简介。

1)建筑设计简介

建筑设计简介应依据建设单位提供的建筑设计文件进行描述,包括建筑规模,建筑功能，建筑特点，建筑耐火、防水及节能要求等，并应简单描述工程的主要装修做法，必要时可附以平面、立面和剖面图。建筑设计简介的内容可参考表 5-2。

表 5-2　建筑设计简介一览表

<table>
<tr><td colspan="2">占地面积</td><td></td><td colspan="2">首层建筑面积</td><td></td><td>总建筑面积</td><td></td></tr>
<tr><td rowspan="2">层数</td><td>地上</td><td></td><td rowspan="2">层高</td><td>首层</td><td></td><td>地上面积</td><td></td></tr>
<tr><td>地下</td><td></td><td>标准层</td><td></td><td>地下面积</td><td></td></tr>
<tr><td rowspan="5">装饰装修</td><td>外檐</td><td colspan="6"></td></tr>
<tr><td>楼地面</td><td colspan="6"></td></tr>
<tr><td>墙面</td><td colspan="6"></td></tr>
<tr><td>顶棚</td><td colspan="6"></td></tr>
<tr><td>楼梯</td><td colspan="6"></td></tr>
<tr><td rowspan="5">防水</td><td>地下</td><td colspan="4">防水等级：</td><td colspan="2">防水材料：</td></tr>
<tr><td>屋面</td><td colspan="4">防水等级：</td><td colspan="2">防水材料：</td></tr>
<tr><td>厕浴间</td><td colspan="6"></td></tr>
<tr><td>阳台</td><td colspan="6"></td></tr>
<tr><td>雨篷</td><td colspan="6"></td></tr>
<tr><td colspan="2">防火等级</td><td colspan="6"></td></tr>
<tr><td colspan="2">保温节能</td><td colspan="6"></td></tr>
<tr><td colspan="2">绿化</td><td colspan="6"></td></tr>
<tr><td colspan="2">环境保护</td><td colspan="6"></td></tr>
<tr><td colspan="2">其他</td><td colspan="6"></td></tr>
</table>

2）结构设计简介

结构设计简介应依据建设单位提供的结构设计文件进行描述，包括结构形式、地基基础形式、结构安全等级、抗震设防类别、主要结构构件类型及混凝土、钢筋等材料要求等，结构设计简介的内容可参考表 5-3。

表 5-3 结构设计简介一览表

<table>
<tr><td rowspan="5">地基基础</td><td colspan="2">埋深：</td><td colspan="2">持力层：</td><td colspan="3">承载力标准值：</td></tr>
<tr><td>桩基</td><td>类型：</td><td>桩长：</td><td colspan="2">桩径：</td><td colspan="2">间距：</td></tr>
<tr><td>箱、筏</td><td colspan="2">底板厚度：</td><td colspan="4">顶板厚度：</td></tr>
<tr><td>条基</td><td colspan="6"></td></tr>
<tr><td>独立</td><td colspan="6"></td></tr>
<tr><td rowspan="2">主体</td><td colspan="2">结构形式</td><td></td><td colspan="2">主要柱网间距</td><td colspan="2"></td></tr>
<tr><td colspan="2">主要结构尺寸</td><td>梁：</td><td colspan="2">板：</td><td>柱：</td><td>墙：</td></tr>
<tr><td>结构安全等级</td><td colspan="2"></td><td>抗震等级设防</td><td colspan="2"></td><td>人防等级</td><td></td></tr>
<tr><td rowspan="3">混凝土强度
等级及抗渗要求</td><td>基础</td><td></td><td>墙体</td><td></td><td>其他</td><td colspan="2"></td></tr>
<tr><td>梁</td><td></td><td>板</td><td colspan="4"></td></tr>
<tr><td>柱</td><td></td><td>楼梯</td><td colspan="4"></td></tr>
<tr><td>钢筋</td><td colspan="7">类别：</td></tr>
<tr><td>特殊结构</td><td colspan="7">（钢结构、网架、预应力）</td></tr>
<tr><td>其他</td><td colspan="7"></td></tr>
</table>

3）机电及设备安装专业设计简介

机电及设备安装专业设计简介应依据建设单位提供的各相关专业设计文件进行描述，包括给水、排水及采暖系统、通风与空调系统、电气系统、智能化系统、电梯等各个专业系统的做法要求，机电及设备安装专业设计简介的内容可参考表 5-4。

表 5-4 机电及设备安装专业简介一览表

<table>
<tr><td rowspan="3">给水</td><td>冷水</td><td></td><td rowspan="3">排水</td><td>污水</td><td></td></tr>
<tr><td>热水</td><td></td><td>雨水</td><td></td></tr>
<tr><td>消防</td><td></td><td>中水</td><td></td></tr>
<tr><td rowspan="5">强电</td><td>高压</td><td></td><td rowspan="5">弱电</td><td>电视</td><td></td></tr>
<tr><td>低压</td><td></td><td>电话</td><td></td></tr>
<tr><td rowspan="2">接地</td><td rowspan="2"></td><td>安全监控</td><td></td></tr>
<tr><td>楼宇自控</td><td></td></tr>
<tr><td>防雷</td><td></td><td>综合布线</td><td></td></tr>
<tr><td colspan="2">中央空调系统</td><td colspan="4"></td></tr>
<tr><td colspan="2">通风系统</td><td colspan="4"></td></tr>
</table>

续表

采暖供热系统				
消防系统	火灾报警系统			
	自动喷水灭火系统			
	消火栓系统			
	防、排烟系统			
	气体灭火系统			
电梯	人梯：　台	货梯：　台	消防梯：　台	自动扶梯：　台
其他				

5.2.3　工程施工条件

1）项目建设地点气象状况

简要介绍项目建设地点的气温、雨、雪、风和雷电等气象变化情况以及冬、雨期的期限和冬季土的冻结深度等情况。

2）项目施工区域地形和工程水文地质状况

简要介绍项目施工区域地形变化和绝对标高；地质构造、土的性质和类别、地基土的承载力、地震级别和烈度等情况；河流流量和水质、最高洪水和枯水期水位；地下水位的高低变化，含水层的厚度、流向、流量和水质等情况。

3）项目施工区域地上、地下管线及相邻的地上、地下建（构）筑物情况

简要介绍项目施工区域地上、地下的各类管线埋置位置和深度，以及相邻的地上、地下建（构）筑物位置、结构情况。

4）与项目施工有关的道路、河流等状况

简要介绍项目施工必经施工道路的路况，附近可利用河流的情况等。

5）当地建筑材料、设备供应和交通运输等服务能力状况

简要介绍建设项目的主要材料、特殊材料和生产工艺设备供应条件和交通运输条件。

6）当地供电、供水、供热和通信能力状况

根据当地供电、供水、供热和通信情况，按照施工需求描述相关资源提供能力及解决方案。

5.3　施工部署

施工部署包括项目管理的组织机构形式、工程施工目标、工程进度安排和空间组织、主要分包工程施工单位的选择要求及管理方式和工程施工的重点和难点分析等。

5.3.1 确定项目管理组织机构

项目管理组织机构是施工单位内部的管理组织机构,是为某一具体施工项目而设立的,其岗位设置应和项目规模相匹配,组成人员应具备相应的上岗资格。项目管理组织机构的形式应根据施工项目的规模、复杂程度、专业特点、人员素质和地域范围确定。大中型项目宜设置矩阵式项目管理组织,远离企业管理层的大中型项目宜设置事业部式项目管理组织,小型项目宜设置直线职能式项目管理组织。项目管理组织机构的形式,宜采用框图的形式表示。

5.3.2 工程施工目标

工程施工目标应根据施工合同、招标文件以及本单位对工程管理目标的要求确定,包括进度、质量、安全、环境和成本等目标,各项目标的确立应同时满足施工组织总设计中确立的施工目标。工程施工目标通常以表格形式表达,其形式可参考表5-5。

表 5-5 工程施工目标

工程施工目标名称	目　标　值
安全目标	
质量目标	
工期目标	
成本目标	
环保、文明施工目标	

5.3.3 划分施工流水段和确定工程主要施工内容的工艺流程

1) 划分施工流水段和确定施工起点流向

(1) 划分施工流水段。

施工流水段应结合工程具体情况分阶段进行划分,单位工程施工阶段的划分一般包括地基基础、主体结构、装饰工程(装修装饰和机电设备安装)三个阶段。施工流水段的数目应根据工程特点及工程量进行合理划分,并应说明划分依据及流水方向,确保均衡流水施工。

(2) 确定施工起点流向。

施工起点流向是单位工程在平面或竖向上施工开始的部位和流动的方向。一般来说:对单层建筑物,应分区分段确定其平面上的施工起点流向;对多层建筑物,除确定其每层平面上的施工起点流向外,还需确定其层间或单元空间竖向上的施工起点流向。应当指出,在流水施工中,施工起点流向决定了各施工段的施工顺序。因此确定施工起点流向的同时,应当将施工段的划分和编号也确定下来。

不同的施工流向可产生不同的质量、进度和成本效果，因此在确定施工流向时要考虑以下几个施工因素。

① 施工方法是确定施工流向的关键因素。如一栋建筑物的地下室施工，采用逆作法与采用传统施工方法相比，施工起点流向是不相同的。

② 车间的生产工艺流程也是确定施工流向的主要因素。从生产工艺上考虑，影响其他工段试车投产的工段应先施工。

③ 建设单位对生产和交付使用的需要。一般来说，建设单位对生产或使用要求急的部位应先施工。

④ 工程现场条件和施工方法、施工机械也是确定施工起点流向的主要因素。例如，土方开挖时，若边开挖边外运余土，则施工起点应确定在远离道路的部位，由远及近地展开施工。

⑤ 技术复杂、工期较长的部位应先施工。

⑥ 房屋的高低层或高低跨及基础的深浅也是确定施工起点流向应考虑的因素。

⑦ 施工组织的分层分段的部位也是确定施工流向应考虑的因素。

⑧ 分部分项工程或施工阶段的特点及相互关系。

密切相关的分部分项工程或施工阶段，一旦前面的施工过程的施工流向确定了，则后续施工过程的流向也随之而定了。基础工程由施工机械和方法决定其平面的施工流向；主体结构工程竖向上一般应自下而上施工，平面上从哪一边开始都可以；装饰工程竖向的施工流向比较复杂，室外装饰一般采用自上而下的流程，室内装饰则有自上而下、自下而上、自中而下再自上而中三种流向。

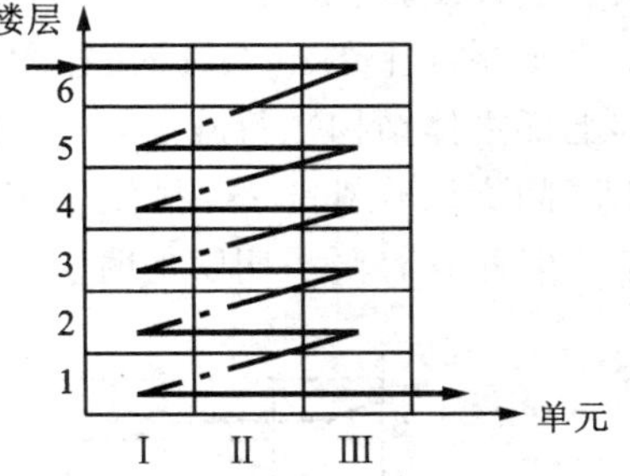

图 5-2　室外装饰自上而下的施工流向

装饰工程的施工流向如下。

(1) 室外装饰工程采用自上而下的施工流向。

室外装饰工程一般采用自上而下的施工顺序，其施工流向一般为水平向下，如图 5-2 所示。屋面工程全部完工后，室外装饰从顶层至底层依次逐层向下进行，每层装饰完成后即可拆除该层的脚手架，然后进行散水及台阶的施工。采用这种顺序方案的优点是：可以使房屋在主体结构完成后，有足够的沉降和收缩期，从而可以保证装饰工程质量，同时便于脚手架的及时拆除。

(2) 室内装饰工程的施工流向有自上而下、自下而上、自中而下再自上而中三种。

① 室内装饰自上而下的施工流向。

室内装饰自上而下的施工流向是指屋面防水层完工后，从顶层开始，逐层向下进行。其施工流向又可分为水平向下和垂直向下两种，通常采用水平向下的施工流向，如图 5-3 所示。采用自上而下施工顺序的优点是：主体结构完成后，室内装饰之前，房屋有足够的沉降和收缩期，沉降变化趋向稳定，能保证室内装饰质量；做好的屋面防水层可防雨水渗漏影响装饰质量；自上而下的流水施工，可以减少或避免各工种互相交叉，便于组织施工，有利于施工安全，而且楼层清理也很方便。其缺点是：不能与主体及屋面工程施工搭接，故总工期相应拖长。

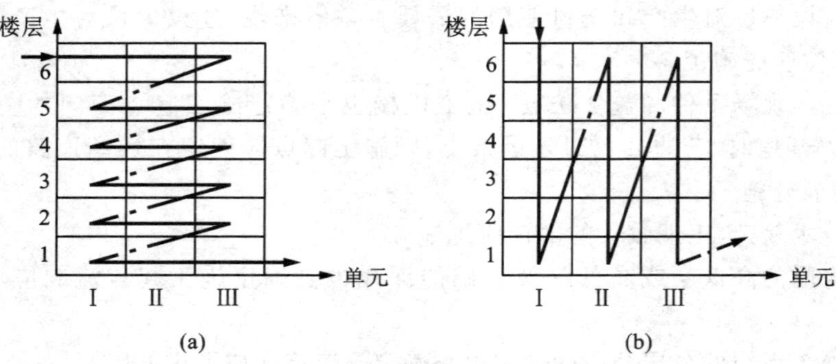

图 5-3 室内装饰自上而下的施工流向

(a) 水平向下；(b) 垂直向下

② 室内装饰自下而上的施工流向。

室内装饰自下而上的施工流向是指主体结构施工完成三层楼板后，室内装饰由第一层开始，逐层向上进行。其施工流向又可分为水平向上和垂直向上两种，通常采用水平向上的施工流向，如图 5-4 所示。采用自下而上施工顺序的优点是：可以与上部主体结构平行施工，从而缩短工期。其缺点是：同时施工的工序多、人员多、工序间交叉作业多；材料供应集中，施工机具负担重，现场施工组织和管理比较复杂。因此只有当工期紧迫时室内装饰才考虑采取自下而上的施工顺序。

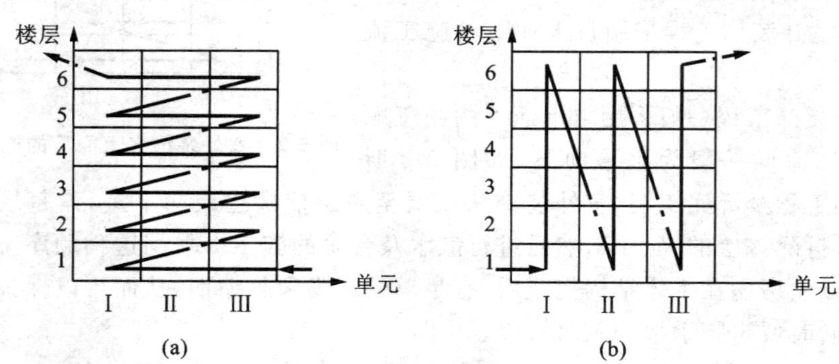

图 5-4 室内装饰自下而上的施工流向

(a) 水平向上；(b) 垂直向上

③ 室内装饰自中而下再自上而中的施工流向。

综合上述两种施工顺序的优缺点。一般在主体结构进行到一半时，主体结构继续向上施工，而室内抹灰则向下施工，这样，使得抹灰工程距离主体结构施工的工作面越来越远，相互之间的影响也减小，该施工顺序常用于层数较多的工程施工。

2）确定施工程序

施工程序是指单位工程中各分部工程或各施工阶段的先后次序及其制约关系，主要解决时间搭接的问题。施工部署应对单位工程的主要分部（分项）工程和专项工程的施工作出统筹安排，并确定各阶段的时间安排。单位工程施工程序应遵循“先地下后地上”“先主体后围护”“先结构后装修”“先土建后设备”的原则。

（1）先地下后地上。

先地下后地上指的是地上工程开始之前，把管道、线路等地下设施，土方工程和基础工程全部完成或基本完成。以免对地上部分施工产生干扰，带来施工不便，造成浪费，影响工程质量。

（2）先主体后围护。

先主体后围护指的是结构中主体与围护的关系。装配式单层工业厂房主体结构与围护工程一般不搭接。框架主体结构与围护工程在总的施工顺序上要合理搭接，一般来说，多层建筑以少搭接为宜，而高层建筑则应尽量搭接施工，以缩短施工工期。

（3）先结构后装修。

一般情况而言，先结构，后装修。有时为了缩短施工工期，也可以有部分合理的搭接。

（4）先土建后设备。

先土建后设备指的是不论是民用建筑还是工业建筑，一般来说，土建施工应先于水、暖、气、卫、电等建筑设备的施工。但它们之间更多的是穿插配合关系，尤其在装修阶段，要从保证施工质量、降低成本的角度，处理好相互之间的关系。

由于影响施工的因素很多，施工程序并不是一成不变的。如在冬季施工之前，应尽可能完成土建和围护工程，以利于施工中的防寒和室内作业的开展，从而达到改善工人的劳动环境，缩短工期的目的；又如逆作法施工，主体结构施工和地下室施工可以同时进行，而地下室施工是从上往下进行的，这都有别于传统的施工顺序。

3）确定施工顺序

施工顺序是指分项工程之间施工的先后次序。组织单位工程施工时，应按照工期的要求，建筑结构的特点，劳动力、材料、机械供应等具体情况，对各个分项工程之间的先后顺序作出合理安排。施工顺序的确定既是为了按照客观施工规律组织施工，也是为了解决工种之间在时间上的搭接问题和在空间上的利用问题。

（1）确定施工顺序时一般应遵循以下原则。

① 必须符合施工工艺的要求。

这种要求反映了施工工艺上存在的客观规律和相互间的制约关系，一般是不可违背的。如在基槽未挖完土方之前,垫层不能施工;浇筑混凝土必须在安装模板、绑钢筋完成,并经隐蔽工程验收后才能开始。

② 必须与施工方法和施工机械协调一致。

如单层工业厂房结构吊装,采用不同的起重机械和结构安装方法,施工顺序就有不同的安排。当采用分件吊装法时,则施工顺序为吊柱→吊梁→吊屋盖系统;当采用综合吊装法时,则施工顺序为第一节间吊柱、梁、屋盖→第二节间,依次类推,直至最后节间。

③ 必须考虑施工组织的要求。

如内墙及天棚抹灰,既可等主体结构完工后进行,也可在主体结构施工到一定部位后提前插入,这主要根据施工组织的安排。

④ 必须考虑安全施工的要求。

如脚手架应在每层结构施工前搭好;多层砖混结构,只有完成两个楼层板的铺设后,才允许在底层进行其他施工过程的操作。

⑤ 必须考虑施工质量的要求。

如基坑回填土,特别是从一侧进行回填时,必须在砌体达到必要的强度后才能开始;屋面防水层施工,需等找平层干燥后才能进行,否则将影响防水工程的质量。

⑥ 必须考虑当地的气候条件。

如冬期室内装饰施工时,应先安装门窗扇和玻璃,后做其他装饰工程。

(2) 多层混合结构房屋的施工顺序。

多层混合结构民用房屋的施工,按照房屋结构各部位不同的施工特点,可分为基础工程、主体工程、屋面及装修工程等几个施工阶段。如图 5-5 所示。

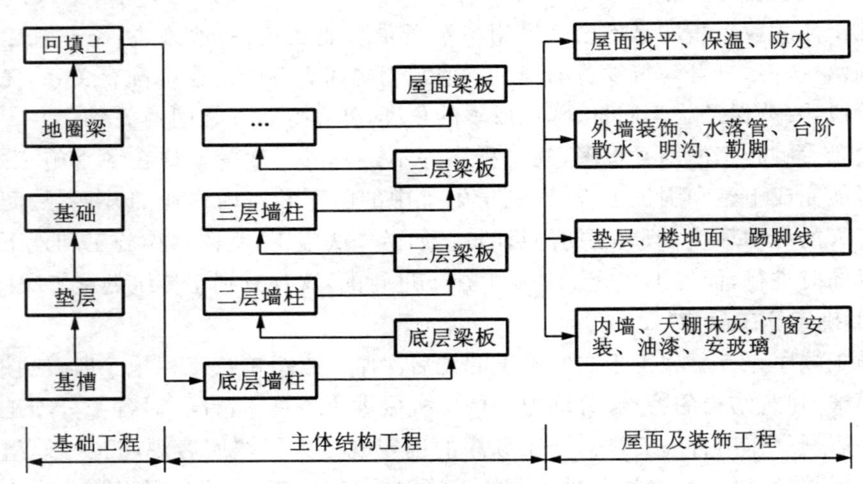

图 5-5 多层混合结构民用房屋施工顺序示意图

① 基础工程阶段施工顺序。

基础工程施工阶段是指室内地坪(±0.00)以下的所有工程施工阶段。其施工顺序一般为:挖土方→做垫层→做钢筋混凝土基础→砌基础→铺设防潮层→回填土。如有桩的基础工程,应另列桩基础工程。如有地下室则施工过程和施工顺序一般是:挖土方→垫层→防水层→地下室底板→地下室墙、柱结构→地下室顶板→防水层及保护墙→回填土。

② 主体工程阶段施工顺序。

主体结构施工阶段的工作内容较多,通常包括搭设脚手架、砌筑墙体以及浇筑圈梁、楼梯、阳台、楼板、梁、构造柱、雨篷等施工过程。若主体结构的楼板为现浇时,其施工顺序为:绑扎构造柱钢筋→砌墙→支构造柱模→浇构造柱混凝土→支梁、板、梯模→绑扎梁、板、梯钢筋→浇梁、板、梯混凝土。若楼板为预制构件时,则施工顺序一般为:绑扎构造柱钢筋→砌墙→支构造柱模→浇构造柱混凝土→吊装楼板→灌缝。脚手架的搭设也应配合砌体进度逐层逐段进行。房屋设备安装工程与主体结构工程的交叉施工表现为,在主体结构施工时,应在砌墙或现浇钢筋混凝土楼板的同时,预留上下水管和暖气立管的管洞、电气孔槽、穿线管或预埋木块和其他预埋件。

③ 屋面工程施工顺序。

屋面工程的施工,应根据屋面的设计要求逐层进行。屋面的施工顺序:找平层→隔气层→保温层→找平层→防水层→保温隔热层。屋面工程施工在一般情况下不划分流水段,它可以和装修工程搭接施工。

④ 装饰工程施工顺序。

装饰工程的施工可分为室外装饰(一般有外墙、女儿墙、勒脚、散水、台阶、明沟、水落管等)和室内装饰(一般有天棚、墙面、楼地面、踢脚线、楼梯、门窗、五金及木作、油漆及玻璃等),其施工顺序一般应作如下考虑。

a. 室内装饰与室外装饰的先后顺序。

在装饰工程阶段,室内外装饰通常有先内后外、先外后内、内外同时进行这三种施工顺序,施工时可根据具体的施工条件而定。当室内有水磨石楼面时,应先做水磨石楼面,再做室外装饰,以免施工时渗漏水影响室外装饰质量;当采用单排脚手架砌墙时,由于留有脚手眼需要填补,应先做室外装饰,同时填补脚手眼,再做室内装饰;当装饰工人较少时,则不宜采用内外同时施工的施工顺序。

b. 同一楼层室内装饰的施工顺序一般有以下两种。

第一种施工顺序:楼地面→天棚→墙面。这种顺序室内清理简便,有利于保证地面施工质量,且有利于收集天棚、墙面的落地灰,节省材料,但地面施工完成以后,需要一定的养护时间,才能再施工天棚、墙面,因而工期较长;另外,还需注意地面的保护。

第二种施工顺序:天棚→墙面→楼地面。该施工顺序要求在楼地面施工之前,必须将落地灰清扫干净,否则会影响面层与结构层间的黏结,引起楼地面起壳,而且楼地面施工用水的渗漏可能影响下层墙面、天棚的施工质量。

底层地面一般多是在各层装饰做好以后进行。楼梯间和楼梯踏步，由于在施工期间易受损坏，为了保证装饰工程质量，楼梯间和踏步装饰往往安排在整个室内其他装饰完工之后，自上而下统一进行。门窗的安装可在抹灰之前或之后进行，主要视气候和施工条件而定，但通常是安排在抹灰之后进行的。若室内抹灰在冬季施工，为加速干燥和防止冻结，则门窗应在抹灰之前安装好。

(3) 装配式单层工业厂房的施工顺序。

装配式单层工业厂房的施工，按照厂房结构各部位不同的施工特点，一般分为基础工程、预制工程、结构安装工程、其他工程(围护工程、屋面装饰工作)四个施工阶段，如图 5-6 所示。

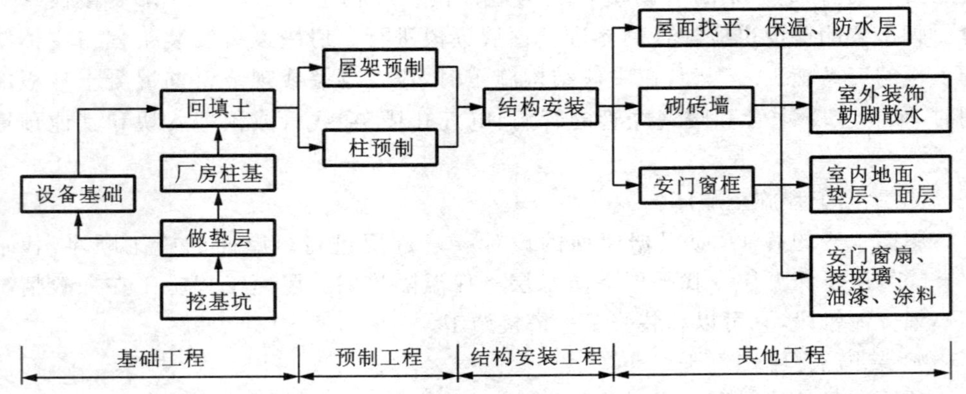

图 5-6 装配式单层工业厂房施工顺序示意图

装配式单层工业厂房一般采用装配式钢筋混凝土排架体系，其施工特点为：基础挖土量及现浇混凝土量大，现场预制构件多，结构吊装工程量大，各工种配合施工要求高等。在确定装配式单层工业厂房的施工顺序时，不仅要考虑土建施工及施工组织的要求，而且还要研究生产工艺流程，即先生产的区段先施工，以尽早交付生产使用，尽快发挥投资的效益。

① 基础工程的施工顺序。

装配式单层工业厂房的柱基大多采用现浇钢筋混凝土杯形基础。基础工程施工阶段的施工顺序一般是：挖土→做垫层→安装基础模板→绑扎钢筋→浇混凝土→养护→拆模→回填土。如采用桩基础，则应另列桩基础工程。回填土必须在基础工程完工后及时地分层、对称夯实，以保证工程基础质量并及时提供现场预制场地。

装配式单层工业厂房的设备基础与柱基础施工顺序不同，往往会影响到主体结构的吊装方法和设备安装投入的时间。因此应根据具体情况确定设备基础的施工顺序。通常有两种施工顺序方案，即封闭式和敞开式施工。

封闭式施工，即厂房柱基础先施工，设备基础在结构吊装后施工。它适用于设备基础埋置深度小于厂房柱基础的埋置深度，基础体积小，土质较好，且距柱基础较远的情况。其优点是：柱基础施工和构件预制工作面大，有利于构件现场预制，便于布置起重机械开行路线，可加快主体结构的施工速度；围护工程能及早完工，设备基础能在室内施工，不受气候影响，可以减少设备基础施工时的防雨、防寒及防暑等的费用；有时还可以利用厂房内的桥式吊车为设备基础施工服务。缺点是：出现某些重复性工作，如部分柱基回填土的重复挖填；设备基础施工条件差，场地拥挤，其基坑不宜采用机械开挖；当厂房所在地点土质不佳，设备基础基坑开挖过程中，容易造成土体不稳定，需增加加固措施费用。

开敞式施工，是指厂房柱基础与设备基础同时施工或设备基础先施工，适用于设备基础的埋深大于厂房柱基的埋深的情况。优点：施工工作面大，施工方便，有利于机械开挖，并为设备提前安装创造条件。缺点：给主体结构安装和构件的现场预制带来不便。

② 预制工程阶段施工顺序。

装配式单层工业厂房的钢筋混凝土构件一般包括柱子、基础梁、连系梁、吊车梁、支撑、屋架、天窗架、天窗端壁、屋面板、天沟及檐沟板等。小型构件一般采用加工厂预制，重量大、批量小或运输不便的构件一般在现场预制。现场预制的施工顺序如下：

非预应力预制构件的施工顺序是：支模→扎筋及预埋铁件→浇混凝土→养护→拆模。

预应力预制构件的施工方法有先张法和后张法两种，目前一般采用后张法施工，其施工顺序为：支模→扎筋及预埋铁件→孔道留设→浇混凝土→养护→拆模→预应力钢筋的张拉、锚固→孔道灌浆→养护。

③ 吊装工程阶段施工顺序。

结构吊装工程是整个装配式单层工业厂房施工中的主导施工过程。其内容为柱子、基础梁、吊车梁、连系梁、屋架、天窗架、屋面板等构件的吊装、校正和固定。结构吊装顺序主要取决于结构安装方法。

若采用分件吊装法，其施工顺序为：吊装、固定、校正柱→吊装、固定、校正吊车梁→吊装、固定、校正屋架及屋面板。

若采用综合吊装法，其施工顺序是：先吊装、校正、固定一个施工段（一个或几个节间）的柱、吊车梁、屋架及屋面板；然后再吊装下一个施工段（一个或几个节间）的柱、梁、吊车梁、屋架及屋面板；如此按施工段进行吊装，直到全部厂房结构吊装完毕。

装配式单层工业厂房两端山墙往往设有抗风柱，抗风柱有两种吊装顺序：一是在吊装柱子的同时，先吊装该跨一端的抗风柱，另一端抗风柱则待屋盖吊装完之后进行；二是全部抗风柱的吊装均待屋盖吊装完之后进行。

④ 围护、装修及设备安装阶段施工顺序。

这个阶段主要包括围护工程、装修工程、设备安装工程等内容。这一阶段总的施工顺序是围护工程→屋面工程→装修工程→设备安装工程,但有时也可相互交叉或平行搭接施工。

围护工程的施工顺序是:搭设垂直运输设备,砌墙,现浇门框、圈梁、雨篷等。屋面工程在屋盖构件吊装完毕,垂直运输设备搭好后,就可安排施工,其施工过程和施工顺序与多层混合结构民用房屋基本相同。装修工程包括室外装修和室内装修,两者可平行进行,并可与其他施工过程交叉进行。设备安装包括水、暖、煤、卫、电和生产设备安装。水、暖、煤、卫、电安装与多层混合结构民用房屋基本相同。而生产设备的安装,则由于专业性强、技术要求高等,一般由专业公司分包安装。

(4) 钢筋混凝土框架结构房屋的施工顺序。

钢筋混凝土框架结构房屋的施工一般可划分为基础工程、主体结构工程、围护工程、屋面及装修工程四个阶段,其施工顺序如图 5-7 所示。

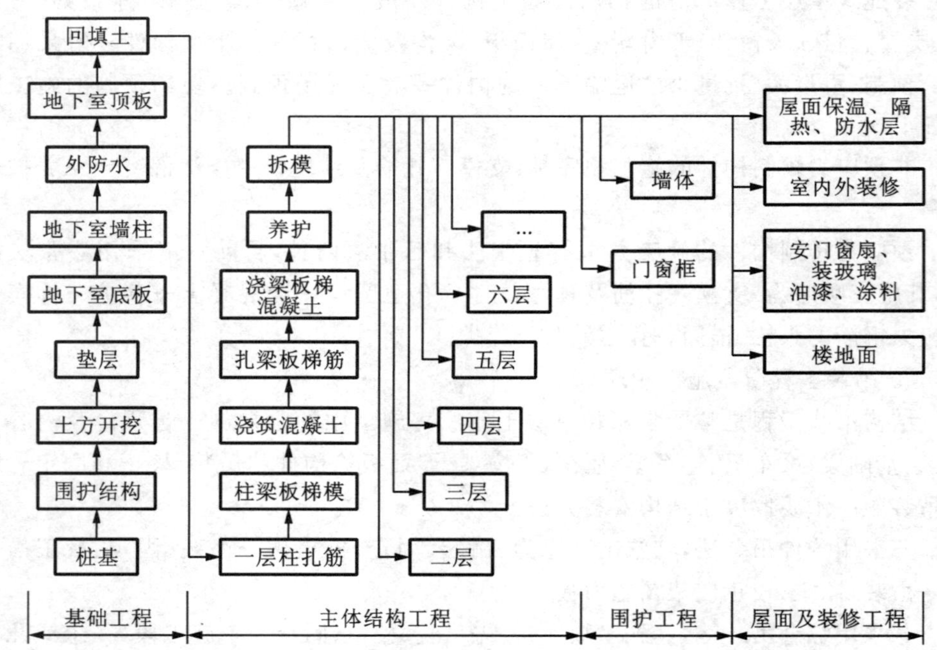

图 5-7 钢筋混凝土框架结构房屋施工顺序示意图

前面所述多层混合结构房屋、钢筋混凝土框架结构房屋和装配式单层工业厂房的施工顺序,仅适用于一般情况。因此,对每一个单位工程,必须根据其施工特点和具体情况,合理确定施工顺序,最大限度地利用空间,争取时间,从而达到工期短、质量好和成本低的目标。

5.3.4　新技术、新工艺、新材料和新设备的应用要求

对于工程施工中开发和使用的新技术、新工艺应作出部署，对新材料和新设备的使用应提出技术及管理要求。对于项目应用的新技术，应包括两方面：一是国家推广应用的十项新技术，要积极推广应用，在施工部署时要充分予以考虑；二是根据分析，一些工程难点需要开发新的技术来解决，在施工部署时要有所考虑。此部分内容不必叙述很多，建议采用表格形式，如表 5-6 所示。

表 5-6　新技术、新工艺、新材料和新设备应用要求一览表

序　号	"四新"名称	应用部位	应用要点	责任人	应用时间

5.3.5　工程施工重点和难点分析

工程的重点和难点对于不同工程和不同企业具有一定的相对性，某些重点、难点工程的施工方法可能已通过有关专家论证成为企业工法或企业施工工艺标准，此时企业可直接引用。重点、难点工程的施工方法选择应着重考虑影响整个单位工程的分部、分项工程，如工程量大、施工技术复杂或对工程质量起关键作用的分部、分项工程。

对于工程施工的重点和难点分析，应分析工程设计情况、合同文本情况、当地环境情况等，从组织管理和施工技术两个方面提出重点和难点，并且提出简要的应对措施。建议用表格形式描述，如表 5-7、表 5-8 所示。

表 5-7　组织管理重点分析及应对措施一览表

序　号	组织管理重点	具体分析	应对措施	责任人

表 5-8　施工技术难点分析及应对措施一览表

序　号	施工技术难点	具体分析	应对措施	责任人

5.3.6 主要分包工程施工单位的选择和管理及各项资源的供应方式

主要说明拟投入的施工力量来源，确定主要分包项目施工单位或对其资质和能力提出明确要求；施工机械设备，物资供应和临时设施提供方式等。可采用表格形式描述，如表 5-9～表 5-12 所示。

表 5-9 劳务资源安排一览表

施工项目名称	专业施工队名称	资质要求	开始施工时间	建设工期	分包方式	分包商选择方式	责任人

表 5-10 工程用大宗物资供应安排一览表

物资名称	采购单位	拟选供应商	采购地点	要求进场时间	责任人

表 5-11 大型机械设备采购供应安排一览表

机械设备名称	拟选供应商	提供方式	要求进场时间	计划出场时间	责任人

表 5-12 施工工具采购供应安排一览表

施工工具名称	估计数量	提供方式	要求进场时间	计划出场时间	责任人

5.4 主要施工方案的编制

编制单位工程施工组织设计时，应按照《建筑工程施工质量验收统一标准》(GB 50300—2013)中分部、分项工程的划分原则，对主要分部、分项工程制定施工方案。施工方案的编制应结合施工工艺、工法和工程的具体情况，按照施工顺序进行描述。

在施工方案中，对影响整个工程施工的分部分项工程、特殊过程和关键过程以及工程的难点部分等，应确定其施工方法、施工安排以及主要措施，并明确原则性施工要求。具体操作工艺、做法不必在此表述，但对脚手架工程、起重吊装工程和临时用水用电工程以及季节性施工等专项工程所采用的施工方案应进行必要的验算和说明。

5.4.1　选择施工方法和施工机械应遵循的原则

施工方法和施工机械的选择是紧密联系在一起的，正确选择施工方法和施工机械是制订施工方案的关键。二者的选择将直接影响工程的施工进度、质量、安全和成本。因此，要根据建筑物或构筑物的平面形状、尺寸、高度、结构特征、抗震要求、工程量大小、工期长短、资源供应条件、施工现场和周围环境、施工单位技术管理水平以及施工习惯等因素，综合分析考虑，制定可行方案。进行技术经济指标分析比较，确定出最优方案。

1）选择施工方法应遵循的原则

（1）应根据工程特点，找出哪些施工过程是工程的主导施工过程，以便在选择施工方法时，有针对性地解决主导施工过程的施工问题。

（2）所选的施工方法应先进、经济、可行，满足施工工艺要求及安全施工的要求。

（3）符合国家相关的施工验收规范和质量检验评定标准的有关规定。

（4）符合施工组织总设计的要求。

（5）要与所选择的施工机械及所划分的流水段相协调。

（6）对于常规做法和工人熟悉的分项工程，只需提出施工中应注意的特殊问题，不必详细拟定施工方法。

2）选择施工机械考虑的主要因素

选择施工方法必须涉及施工机械的选择。机械化施工是改变建筑工业生产落后面貌，实现建筑工业化的基础，因此施工机械的选择是施工方法选择的中心环节，在选择时应注意以下几点：

（1）首先选择主导工程的施工机械，如地下工程的土方机械，主体结构工程的垂直、水平运输机械，结构吊装工程的起重机械等。在选择装配式单层工业厂房结构安装用的起重机械类型时，若工程量大而集中，可以采用生产率较高的塔式起重机或桅杆式起重机；若工程量较小，或工程量虽较大却较分散时，则采用无轨自行式起重机械；在选择起重机型号时，应使起重机性能满足起重量、安装高度、起重半径和臂长的要求。

（2）各种辅助机械中运输工具应与主导机械的生产能力协调配套，以充分发挥主导机械效率。如土方工程在采用汽车运土时，汽车的载重量应为挖土机机斗容量的整倍数，汽车的数量应保证挖土机连续工作。

（3）在同一工地上应力求建筑机械的种类和型号尽可能少一些，以利于机械管理。对于工程量大的工程应采用专用机械，对于工程量小而分散的情况，应尽量采用多用途的机械。

(4) 机械选择应考虑充分发挥施工单位现有机械的能力,以减少施工的投资额,提高现有机械的利用率,降低工程成本。当本单位的机械能力不能满足工程需要时,则应购置或租赁所需新型机械或多用机械。

5.4.2 主要分部分项工程施工方法和施工机械的选择

主要分部分项工程的施工方法和施工机械,在建筑施工技术部分中已详细叙述,这里仅介绍需重点拟定的施工方法和施工机械选择的内容。

1) 土方工程

(1) 确定土方开挖方法、工作面宽度、土方边坡坡度和边坡支护形式以及施工排水、降水方法,石方施工的爆破方法,场地平整的土方调配,土方回填与压实的方法和要求,地基处理的方法等。

(2) 选择土方工程施工所需机械的型号和数量。应确定采用什么机械,开挖流向并分段,土方堆放地点,垂直运输方案等。

2) 基础工程

(1) 根据桩基础的类型确定施工方法,根据桩型及工期选择所需机具型号和数量。

(2) 根据浅基础的类型确定施工方法和选择所需机械的型号和数量。

(3) 地下室施工应根据防水要求留置、处理施工缝,确定大体积混凝土的浇筑要点,确定模板及支撑的施工要求。

3) 脚手架工程

应确定采用的脚手架的类型(包括结构施工和装饰装修工程施工用架子)、周转方式,对高大支模架应附计算书。

4) 砌筑工程

(1) 垂直运输及水平运输设备的选择、砖墙砌筑的施工方法。

(2) 选择砌筑工程中所需机具型号和数量。

5) 钢筋混凝土工程

(1) 确定各种构件采用的模板,配备数量,周转次数,模板的水平、垂直运输方案,模板支拆顺序,特殊部位的支模要点等。

(2) 确定钢筋的加工、绑扎、焊接方法,选择所需机具型号和数量;确定钢筋的水平、垂直运输方案;确定特殊部位(梁柱接头钢筋密集部位、与大型预埋件交叉部位等)钢筋安装方案。

(3) 确定混凝土的搅拌、运输、浇筑、振捣和养护的方法,施工缝的留置和处理,选择所需机具型号和数量。

(4) 确定预应力钢筋混凝土的施工方法,选择所需机具型号和数量。

6) 结构吊装工程

(1) 确定构件的预制、运输及堆放要求,选择所需机具型号和数量。

(2) 确定结构的吊装方法和构件的吊装工艺，明确吊装构件的起重量、起重高度和起重半径，选择起重机械、机械设置位置或行走线路等，并绘出吊装平面布置图，重大构件吊装方案应附验算书。

7）防水工程

(1) 屋面工程防水层的施工方法和操作要求，说明屋面工程采用的材料及运输方式；明确排水坡度要求、防水材料铺贴或施工方法、卷材防水材料的搭接方法，特殊部位防水节点和施工要点，刚性防水层分隔缝设置要点和处理方法、新材料的施工要点等。

(2) 说明采用的防水材料和地面材料，防渗漏的措施（地面标高要求、找坡要求、地漏处理要点和坐便器排污口等）。

8）装修工程

(1) 确定室外装饰，室内装饰，门窗安装、油漆、装玻璃的施工方法。

(2) 确定材料运输方式、堆放位置。

(3) 选择所需机具型号和数量。

5.4.3 临时用水、用电和季节性施工方案的编制

1）确定临时用水施工方案

综合考虑施工现场用水量、机械用水量、现场生活用水量、生活区生活用水量、消防用水量等，确定总用水量，选择水源，设计临时给水系统。

2）确定临时用电施工方案

计算用电量，并综合考虑全工地所使用的机械动力设备、其他电气工具及照明用电的数量等，确定总用电量，选择电源，设计临时用电系统。

3）季节性施工方案

雨季施工，要根据工程所在地的雨量、雨期、工程特点和工程部位，在防淋、防潮、防泡和防淹以及防拖延工期等方面，采取改变施工顺序、排水、加固、遮盖等措施。冬季施工，要根据所在地的气温、降雪量、工程内容和施工特点以及施工单位条件等因素，在保温、防冻、改善操作环境等方面，采取一定的冬期施工措施。

5.4.4 施工方案的技术经济评价

同一工程可存在多个施工方案，任何一个施工方案在技术经济上都各有其优缺点，采用不同的施工方案会产生不同的经济效果，因此需同时设计多种施工方案进行技术经济评价。一般来说，施工方案的技术经济评价方法有定性分析和定量分析两种。

1）定性分析

定性分析是结合实际的施工经验分析各方案的优缺点，主要考虑：工期是否符合要求，能否保证工程质量和施工安全，机械和设备供应的可能性，能否为后续工程提供有利的条件等。定性分析受评价人的主观因素影响较大，因此只用于施工方案

的初步评价。

2) 定量分析

施工方案的定量分析是通过计算施工方案的主要技术经济指标,进行综合分析比较选择出各项指标较好的施工方案,这种方法比较客观。主要的评价指标有以下几种。

(1) 工期指标:在确保工程质量和施工安全的条件下,以国家有关规定及建设地区类似建筑物的平均工期为参考,以合同工期为目标来满足工期指标或尽量缩短工期。

(2) 机械化程度指标:在考虑施工方案时应尽量提高施工机械化程度,降低工人的劳动强度。把机械化施工程度的高低,作为衡量施工方案优劣的重要指标。

$$\text{施工机械化程度} = \frac{\text{机械完成的实物工程量}}{\text{全部实物工程量}} \times 100\%$$

(3) 主要材料消耗指标:反映若干施工方案的主要材料节约情况。

$$\text{主要材料节约率} = \frac{\text{主要材料预算用量} - \text{施工组织设计计划用量}}{\text{主要材料预算用量}} \times 100\%$$

(4) 降低成本指标:它综合反映工程项目或分部分项工程由于采用不同的施工方案而产生不同的经济效果。其指标可以用降低成本额和降低成本率来表示。

$$\text{降低成本额} = \text{预算成本} - \text{计划成本}$$

$$\text{降低成本率} = \frac{\text{降低成本额}}{\text{预算成本}} \times 100\%$$

(5) 单位建筑面积造价:它是人工、材料、机械和管理费的综合货币指标。

$$\text{单位建筑面积造价} = \frac{\text{施工实际费用}}{\text{建筑总面积}}$$

评定施工方案的优劣时,应对所拟定的技术上可行的几个方案,从现有的或可能获得的技术经济评价指标的实际情况出发,进行方案比较,从中选出经济上最优的方案。

5.5　单位工程施工进度计划

单位工程施工进度计划是为实现项目设定的工期目标,对各项施工过程的施工顺序、起止时间和相互衔接关系所作的统筹策划和安排,它是单位工程施工组织设计的重要内容之一。单位工程施工进度计划应按照施工部署的安排进行编制,它是施工部署在时间上的体现,反映了施工顺序和各个阶段工程进展情况,应均衡、协调、科学安排。

单位工程施工进度计划要保证拟建工程在规定的期限内完成,保证施工的连续性和均衡性,节约施工费用。施工进度计划应依据建筑工程施工的客观规律和施工条件,参考工期定额,综合考虑资金、材料、设备和劳动力等资源的投入进行编制。

单位工程施工进度计划一般可采用网络图或横道图的形式表示，并附必要的说明。一般工程用横道图表示即可，对工程规模较大、工序比较复杂的工程宜采用网络图表示，并通过对时间参数的计算，找出关键线路，对网络计划进行优化，选择最优方案。

5.5.1　单位工程施工进度计划概述

1）单位工程施工进度计划的作用

（1）单位工程施工进度计划是施工中各项活动在时间上的反映，是指导施工活动、保证施工顺利进行的重要文件之一。

（2）能确定各分部分项工程和各施工过程的施工顺序及其持续时间和相互之间的配合、制约关系。

（3）为编制资源配置计划和施工准备工作计划提供了依据。

（4）安排单位工程的施工进度，保证在规定的工期内完成符合质量要求的施工任务。

（5）为编制季度、月、旬生产作业计划提供依据。

2）单位工程施工进度计划的分类

按单位工程施工进度计划编制的时间阶段，可分为中标前施工进度计划和中标后施工进度计划。单位工程施工进度计划根据施工项目划分的粗细程度，一般可分为控制性和指导性进度计划两类。

控制性进度计划按分部工程来划分施工项目，控制各分部工程的施工时间及其相互搭接、配合关系。它主要适用于工程结构较复杂，规模较大，工期较长而需跨年度施工的工程。例如大型工业厂房、大型公共建筑等。还适用于工程规模不大或结构不复杂但各种资源（劳动力、机械、材料等）不落实的情况，以及由于建筑、结构等可能变化的情况。

指导性进度计划按分项工程或施工工序来划分施工项目，具体确定各施工过程的施工时间及其相互搭接、配合关系。它适用于任务具体而明确、施工条件基本落实、各项资源供应正常，施工工期不太长的工程。

3）施工进度计划的表达方式

施工进度计划一般用图表来表示，通常有两种形式：横道图和网络图。横道图通常按照一定的格式编制，一般应包括下列内容：各分部分项工程名称、工程量、劳动量、每天安排的人数和施工时间等。表格分为两部分，左边是各分部分项工程的名称和相应的施工参数，右边是时间图表，即画横道图的部位。网络图的形式也有两种：双代号网络图和单代号网络图，具体内容详见前述相关章节。

4）单位工程施工进度计划编制的依据

（1）经过审批的建筑总平面图、地形图、全部工程施工图；

（2）施工现场条件、气候条件、环境条件；

（3）施工合同等资料规定的开竣工日期，即要求工期；

(4) 施工组织总设计中总进度计划对本单位工程的规定和要求；

(5) 已确定的单位工程施工方案与施工方法，包括施工程序、顺序、起点流向、施工方法与机械、各种技术组织措施等；

(6) 工程预算文件中的工程量、工料分析等资料；

(7) 劳动定额及机械台班定额；

(8) 施工企业(承包商)的劳动资源供应能力；

(9) 主要材料、设备的供应能力。

5.5.2 单位工程施工进度计划的编制

单位工程施工进度计划的编制步骤如图 5-8 所示。

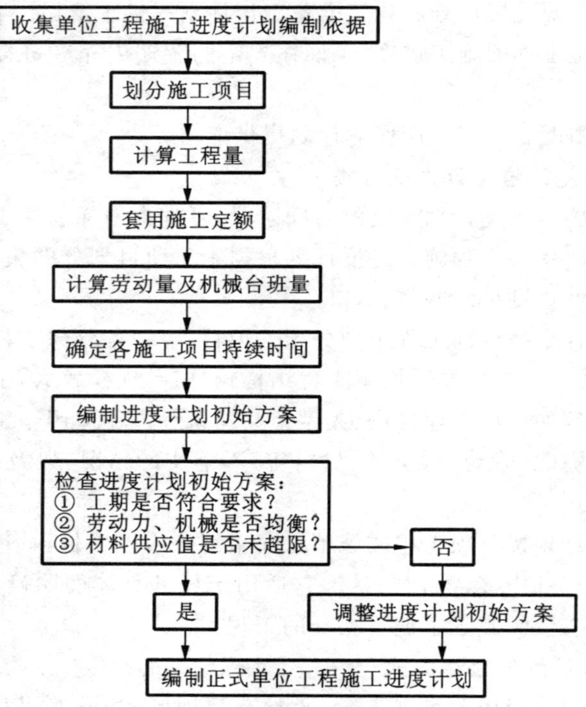

图 5-8 单位工程施工进度计划的编制步骤

1) 施工项目的划分

施工项目是包含一定工作内容的施工过程，是进度计划的基本组成单元。编制施工进度计划时应首先按照施工图纸和施工顺序，把拟建工程的各施工过程按先后顺序列出，并结合施工方法、施工条件及劳动组织等因素，加以适当调整，作为编制施工进度计划所需的施工项目。在划分施工项目时，应注意以下问题。

(1) 施工项目划分的粗细程度。

划分施工项目的粗细程度，要根据进度计划的需要进行。对控制性进度计划，其划分可较粗，列出分部工程即可；对实施性进度计划，其划分较细，特别是对主导工程和主要分部工程，要详细具体地列出分项工程，以满足指导施工作业的要求。

(2) 施工项目的划分应与施工方案的要求保持一致。

如结构安装过程，采用分件吊装法和综合吊装法，施工项目的划分是不同的。

(3) 施工项目的划分需区分直接施工与间接施工。

单位工程施工进度计划的施工项目仅包括现场直接在建筑物上施工的施工过程，这些施工过程需占用工作面和工期，必须列入施工进度计划。对不占用工作面和工期的施工过程，如构件制作和运输等施工过程，则不包括在内。

(4) 将施工项目适当合并，使进度计划简明清晰，突出重点。

施工过程的划分还要结合施工条件，施工方法和劳动组织等因素。凡在同一时期可由同一施工队完成的若干施工过程可合并，否则应单列。对次要零星项目，可合并为“其他工程”。

(5) 水、暖、电、卫工程和设备安装工程的列项。

水、暖、电、卫和设备安装工程通常由专业施工队负责施工，在施工进度计划中只反映这些工程与土建工程的配合关系，即只列出项目名称并标明起止时间。

2) 计算工程量

工程量是计算劳动量、施工项目持续时间和安排资源投入量的基础，应根据施工图纸、工程量计算规则及相应的施工方法进行计算。计算工程量时还应注意以下几个问题。

(1) 注意工程量的计量单位。

各项目的工程量计量单位应与现行施工定额的计量单位一致，以便在计算劳动量、材料、机械台班时可直接套定额。

(2) 工程量计算应结合选定的施工方法和技术安全的要求。

例如，土方开挖应考虑挖土方法、是否放坡、是否加工作面、边坡的稳定或支护方法、地下水的处理等情况，这样才使计算所得的工程量与施工实际情况相符合。

(3) 正确取用预算文件中的工程量。

如果编制单位工程施工进度计划时，已编制出施工图预算或施工预算，则工程量可从预算文件中抄出并汇总。若有某些项目不一致，则应根据实际情况加以调整或补充，甚至重新计算。

(4) 计算工程量时，应结合施工组织要求，分段、分层进行计算，以便于组织流水施工。若每层、每段上的工程量相等或相差不大，可根据工程量总数分别除以相应的层数、段数，从而得到每层、每段上的工程量。

3) 套用施工定额

根据前述确定的施工项目、工程量和施工方法，即可套用施工定额，套用时需注意以下问题。

(1) 确定合理的定额水平。

(2) 对于采用新技术、新工艺、新材料、新结构或特殊施工方法的项目，施工定额中尚未编入，需参考类似项目的定额、经验资料，或按实际情况确定其定额水平。

(3) 当施工进度计划所列项目工作内容与定额所列项目不一致时，如施工项目是由同一工种，但材料、做法和构造都不同的施工过程合并而成时，应根据各个不同类型项目的产量和工程量，计算合并后的加权平均产量定额，计算公示如下：

$$\overline{S}=\frac{\sum_{i=1}^{n}Q_i}{\sum_{i=1}^{n}P_i}=\frac{Q_1+Q_2+\cdots+Q_n}{P_1+P_2+\cdots+P_n}=\frac{Q_1+Q_2+\cdots+Q_n}{\frac{Q_1}{S_1}+\frac{Q_2}{S_2}+\cdots+\frac{Q_n}{S_n}},\ \overline{H}=\frac{1}{\overline{S}} \quad (5\text{-}1)$$

式中 $\overline{S}$——某施工项目的综合产量定额(单位：m^3/工日、m^2/工日、m/工日、t/工日等)；

$\overline{H}$——某施工项目的综合时间定额(单位：工日/m^3、工日/ m^2、工日/m、工日/t 等)；

$\sum_{i=1}^{n}Q_i$——总工程量(m^3、m^2、m、t 等)；

$\sum_{i=1}^{n}P_i$——总劳动量(工日)；

$Q_1,Q_2,\cdots,Q_n$——同一施工过程的各分项工程的工程量；

$S_1,S_2,\cdots,S_n$——与 $Q_1,Q_2,\cdots,Q_n$ 相对应的产量定额。

例 5-1 某办公楼外墙面装饰有剁假石、真石漆、面砖三种做法，其工程量分别是 246.5 m^2、500.3 m^2、320.3 m^2；采用的产量定额分别是 1.53 m^2/工日、4.35 m^2/工日、4.05 m^2/工日。计算它们的综合产量定额。

解

$$\overline{S}=\frac{Q_1+Q_2+Q_3}{\frac{Q_1}{S_1}+\frac{Q_2}{S_2}+\frac{Q_3}{S_3}}=\frac{246.5+500.3+320.3}{\frac{246.5}{1.53}+\frac{500.3}{4.35}+\frac{320.3}{4.05}}\ m^2/\text{工日}$$

$$=\frac{1\,067.1}{161.11+115.01+79.09}\ m^2/\text{工日}=3.0\ m^2/\text{工日}$$

4) 计算劳动量及机械台班量

根据计算出的各分部分项工程的工程量 Q 和查出的时间定额或产量定额计算出各施工过程的劳动量或机械台班数。

(1) 劳动量的计算。

凡是采用手工操作为主的施工过程，其劳动量均可按下式计算：

$$P_i=\frac{Q_i}{S_i}=Q_i\times H_i \quad (5\text{-}2)$$

式中 P_i——某施工过程所需劳动量(工日)；

Q_i——该施工过程的工程量(m^3、m^2、m、t)；

S_i——该施工过程采用的产量定额(m^3/工日、m^2/工日、m/工日、t/工日等)；

H_i——该施工过程采用的时间定额(工日/m^3、工日/m^2、工日/m、工日/t 等)。

当某一施工项目是由两个或两个以上不同分项工程合并而成时，其总劳动量为：

$$P_{总} = \sum_{i=1}^{n} P_i = P_1 + P_2 + \cdots + P_n = \frac{Q_1}{S_1} + \frac{Q_2}{S_2} + \cdots + \frac{Q_n}{S_n}$$
$$= Q_1 H_1 + Q_2 H_2 + \cdots + Q_n H_n \tag{5-3}$$

例 5-2　某基础工程基槽土方量为 560 m^3，采用人工挖土，每工产量定额为 5.0 m^3/工日，计算完成基槽挖土所需的劳动量。

解　　$P = Q/S = 560/5.0$ 工日 $= 112$ 工日

例 5-3　某钢筋混凝土条形基础，其支模板、扎钢筋、浇筑混凝土三个施工过程的工程量分别为 592 m^2、4.5 t、280 m^3，查定额知其产量定额分别为 3.953 m^2/工日、0.189 t/工日、1.20 m^3/工日，试计算完成钢筋混凝土基础所需劳动量。

解

$$P_{条基} = \sum_{i=1}^{n} P_i = P_{模} + P_{筋} + P_{混}$$
$$= (592/3.953 + 4.5/0.189 + 280/1.20)\text{工日}$$
$$= (149.76 + 23.81 + 233.33)\text{工日} = 406.9\ \text{工日}$$

(2) 机械台班量的计算。

凡是采用机械为主的施工过程，可按下式计算其所需的机械台班数。

$$P_{机械} = \frac{Q_{机械}}{S_{机械}} = Q_{机械} \times H_{机械} \tag{5-4}$$

式中　$P_{机械}$——某施工项目需要的机械台班数(台班)；

$Q_{机械}$——机械完成的工程量(m^3、t、件等)；

$S_{机械}$——机械的产量定额(m^3/台班、t/台班等)；

$H_{机械}$——机械的时间定额(台班/m^3、台班/t 等)。

例 5-4　某工程基坑总土方量为 4 060 m^3，施工方案要求基底设计标高以上预留 300 mm 厚土层由人工清土。确定采用反铲挖土机挖土，自卸汽车随挖随运，其中机械挖土量占总土方量的 90%，人工清土量占总土方量的 10%，挖土机的产量定额为 350 m^3/台班，自卸汽车的产量定额为 95 m^3/台班，人工挖土产量定额为 4.0 m^3/工日，试计算劳动量、挖土机及自卸汽车的台班需要量。

解

$$P_{汽车} = \frac{Q_{汽车}}{S_{汽车}} = \frac{4\ 060}{95}\ \text{台班} = 42.7\ \text{台班，取}\ 43.0\ \text{台班}$$

$$P_{人工} = \frac{Q_{人工}}{S_{人工}} = \frac{4\ 060 \times 0.1}{4.0}\ \text{工日} = 101.5\ \text{工日}$$

$$P_{挖土机} = \frac{Q_{挖土机}}{S_{挖土机}} = \frac{4\ 060 \times 0.9}{350}\ \text{台班} = 10.44\ \text{台班，取}\ 10.5\ \text{台班}$$

5) 计算确定施工过程的延续时间

施工过程持续时间的确定方法有三种：定额计算法、经验估算法和倒排计划法。

(1) 定额计算法。

这种方法是根据施工项目需要的劳动量或机械台班量，以及配备的工人人数或机械台数，确定其工作的持续时间。对于有确定的工作范围和工作量，又可以确定劳动效率(即产量定额或时间定额)的施工项目，可以比较精确地计算持续时间。其计算公式为：

$$t = \frac{Q}{SRN} = \frac{P}{RN} \tag{5-5}$$

式中 t——某施工项目持续时间；

Q——该施工项目的工程量；

S——该施工项目的产量定额；

R——该施工项目所配备的施工班组人数或机械台数；

N——每天采用的工作班制；

P——该施工项目所需的劳动量或机械台班量。

从公式可知，要计算某施工过程持续时间，还必须先确定 R 及 N 的数值。

要确定施工班组人数或施工机械台班数 R，在实际工作中应考虑以下因素：

① 能获得或能配备的施工班组人数(特别是技术工人人数)或施工机械台数；

② 施工现场的具体条件、最小工作面与最小劳动组合人数的要求；

③ 机械施工的工作面大小、机械效率、机械必要的停歇维修与保养时间等因素。

每天的工作班制 N，通常采用一班制即 8 小时施工，有时为加快进度，往往也采用 1.25 班即 10 小时。当工期较紧或为了提高施工机械的使用率及加快机械的周转使用，或工艺上要求连续施工时，某些施工项目可考虑两班甚至三班制施工。

例 5-5 某工程砌筑砖墙，需劳动量为 258 工日，每天采用一班制，每班安排 20 人施工，试求完成砖墙砌筑的施工持续时间。

解 $t = P/(RN) = 258/(20 \times 1)$ 天 $= 12.9$ 天 ≈ 13 天

(2) 经验估算法。

由于工作量不确定，或者工作性质不确定(可导致劳动效率不确定)，或者受其他方面的制约等，施工项目的持续时间不能由定额计算法来确定。对此，可对施工项目持续时间的各种影响因素进行分析，采用经验估算法确定施工项目的持续时间。这种方法多适用于采用新结构、新工艺、新技术、新材料等无定额可循的施工过程。

经验估算法也称三时估算法，即先估计出完成该施工过程的最乐观(即施工一切顺利)的时间、最悲观(即各种不利影响都发生)的时间和最可能的时间，然后按下式计算施工项目的持续时间：

$$t = \frac{A + 4B + C}{6} \tag{5-6}$$

式中 A——最乐观的估算时间(最短的时间)；

B——最可能的估算时间(最正常的时间)；

C——最悲观的估算时间(最长的时间)。

（3）倒排计划法。

对于工期要求比较严格的工程，如果仍然根据企业现有人数来确定各施工过程的持续时间，总持续时间就可能不能满足工期要求，对此，则可以采用倒排计划法。根据总工期和施工经验，先确定各分部工程的持续时间，再进一步确定各施工项目的持续时间和工作班制，最后根据施工项目的持续时间确定施工班组人数或机械台数。计算公式如下：

$$R = \frac{P}{Nt} \tag{5-7}$$

式中　R——该施工项目所配备的施工班组人数或机械台数；

N——每天采用的工作班制；

P——该施工项目所需的劳动量或机械台班量；

t——某施工项目持续时间。

通常，计算时均按一班制考虑。若每天所需的工人或机械台班，超过了施工单位现有的人数或机械台数，则应根据具体情况从技术上和施工组织上采取措施。如增加工作班次、组织平行立体交叉流水施工、提高混凝土早期强度等。

6）编制施工进度计划初始方案

各施工项目的施工顺序和施工天数确定后，应按照流水施工的原则，力求主导施工过程连续施工；在满足工艺和工期要求的前提下，尽可能使大多数工作能平行搭接地进行施工。

（1）当施工进度计划采用横道图时，应尽可能地组织流水施工；但将整个单位工程一起安排流水施工是不可能的，可以分两步进行：

① 将单位工程分成基础、主体、屋面及装饰等几个分部工程，分别确定各分部工程的流水施工进度计划。

② 将各个分部工程的横道图，相互协调、搭接成单位工程的施工进度计划。

（2）当施工进度计划采用网络计划时，有两种安排方式：

当单位工程规模较小时，可以绘制一个详细的网络计划，确定方法及步骤与横道图基本相同。当单位工程规模较大时，可绘制分级的网络计划，先绘制控制性网络计划，在具体指导施工时，再绘制实施性网络计划。

7）检查与调整施工进度计划

编制施工进度计划时，需考虑的因素很多，初步编制往往会出现这样或那样的问题。因此，施工进度计划初始方案编制完成后，还必须进行检查、调整。

对初步编制的施工进度计划进行全面检查，要看各个施工过程的施工顺序，平行搭接和工艺间歇是否合理；编制的工期能否满足合同规定的工期要求；劳动力及物资方面是否能满足连续、均衡施工；另外，还要检查进度计划在绘制过程中是否有错误。

经过检查，如发现有不合理的地方，就要调整，使不满足变为满足，使一般满足变成优化满足。调整的方法一般有:增加或缩短某些施工项目的持续时间;在施工顺序允许的条件下将某些施工项目的施工时间向前或向后移动;必要时可以改变施工方法或施工组织。总之,通过调整,在工期能满足要求的条件下,使劳动力、材料、设备需要趋于均衡,主要施工机械利用率比较合理。

5.6 施工准备与资源配置计划的编制

单位工程施工进度计划编制好以后,既可着手进行施工准备和编制资源配置计划。施工准备和资源配置计划编制的重点在"计划",应尽量采用表格格式表述。

5.6.1 施工准备

施工准备工作主要反映开工前、施工中必须做的有关准备工作,它既是单位工程的开工条件,也是施工中的一项重要内容,它贯串于施工过程的始终。施工准备应包括技术准备、现场准备和资金准备等。

1) 技术准备

技术准备应包括施工所需技术资料的准备、施工方案编制计划、试验检验及设备调试工作计划、样板制作计划等。技术准备是施工准备工作的核心。由于任何技术的差错或隐患都可能引起人身安全和质量事故,造成生命、财产和经济的巨大损失。因此必须认真地做好技术准备工作,具体有如下内容。

(1) 施工所需技术资料的准备。

主要指工程施工所需的国家、行业、地方和本企业的有关规范、标准、文件及标准图集配备计划,技术资料准备计划的表格形式可参考表5-13。

表5-13 技术资料准备计划一览表

序 号	技术资料名称	技术资料编号	配 备 数 量	持 有 人

(2) 施工方案编制计划。

主要分部分项工程,特殊工程,关键与特殊施工过程,特殊施工时期(如冬季、雨季和高温季节),结构复杂、施工难度大、专业性强的项目,在施工前应单独编制施工方案。施工方案可根据工程进展情况分阶段编制完成,对需要编制的主要施工方案应制定编制计划。施工方案编制计划的表格形式可参考表5-14。

表 5-14　施工方案编制计划表

序　号	施工方案名称	编 制 单 位	负 责 人	完 成 时 间

(3) 试验检验及设备调试工作计划。

① 施工试验检验计划。

主要指大宗材料的试验、土建施工过程的一些试验检验。土建施工过程的试验检验包括:屋面淋水试验,地下室防水效果检验,有防水要求的地面蓄水试验,建筑物垂直度、标高、全高测量,抽气(风)道检验,幕墙及外窗气密性、水密性、耐风压检测,建筑物沉降观测、测量,节能保温测试以及室内环境检测等。施工试验检验计划的表格形式可参考表 5-15。

表 5-15　施工试验检验计划表

序　号	工 程 部 位	检 验 项 目	单　位	检 验 频 率	检 验 时 间	责 任 人

② 机电设备调试计划。

主要指给水管道通水试验,暖气管道散热器压力试验,卫生器具满水试验,消防管道、燃气管道压力试验,排水干管通球试验,照明全负荷试验,大型灯具牢固性试验,避雷接地电阻测试,线路插座、开关接地检验,通风空调系统试运行,风量、温度测试,制冷机组试运行调试,电梯运行、电梯安全装置检测,系统试运行,系统电源及接地检测等。机电设备调试计划的表格形式可参考表 5-16。

表 5-16　机电设备调试计划表

序　号	调 试 项 目	工 程 部 位	调 试 方 式	调 试 时 间	责 任 人

(4) 样板制作计划。

这里的样板主要指比较大的工程部位,尤其是新材料、新工艺等,更应该先做样板。样板制作计划应根据施工合同或招标文件的要求并结合工程特点制定。样板制作计划的表格形式可参考表 5-17。

表 5-17　样板制作计划表

序　号	工 程 部 位	样 板 名 称	样板工作量	制 作 时 间	责 任 人

2）现场准备

现场准备应根据现场施工条件和实际需要准备施工设施，施工设施包括生产性和生活性施工设施，应根据其规模和数量，考虑占地面积和建造费用。施工设施准备计划的表格形式可参考表5-18。

表5-18 施工设施准备计划表

序号	设施名称	种类	数量(或面积)	规模(或可存储量)	设施构造	完成时间	责任人

3）资金准备

进行资金准备工作时，应根据施工进度计划，并与项目合约人员、成本管理员共同编制资金使用计划。资金使用准备计划的表格形式可参考表5-19。

表5-19 资金使用准备计划表

分项工程名称	工作量	工期安排	需要资金	资金到位时间

5.6.2 资源配置计划

在单位工程施工进度计划正式编制完成后，就可以根据施工进度计划、施工图纸及工程量等资料编制资源配置计划。编制这些计划，是做好劳动力与物资的供应、调度和落实的依据，也是施工单位编制施工作业计划的主要依据之一。单位工程资源配置计划的内容一般有劳动力配置计划和各种物资配置计划，资源配置计划通常以表格形式表示，其编制内容及基本要求如下。

1）劳动力配置计划

劳动力配置计划，主要是为安排施工现场的劳动力，平衡和衡量劳动力消耗指标，安排临时生活福利设施提供依据。其编制方法是按施工进度计划表上每天需要的施工人数，分工种进行统计，得出每天所需工种及人数，按时间进度要求汇总编出。劳动力配置计划的表格形式可参见表5-20。

表5-20 劳动力配置计划表

<table>
<tr><th rowspan="3">序号</th><th rowspan="3">专业工种</th><th rowspan="3">劳动量/工日</th><th colspan="12">需要量计划/工日</th><th rowspan="2">责任人</th></tr>
<tr><th colspan="6">年</th><th colspan="6">年</th></tr>
<tr><th>1</th><th>2</th><th>3</th><th>4</th><th>…</th><th></th><th>1</th><th>2</th><th>3</th><th>4</th><th>…</th><th></th><th></th></tr>
<tr><td></td><td></td><td></td><td></td><td></td><td></td><td></td><td></td><td></td><td></td><td></td><td></td><td></td><td></td><td></td><td></td></tr>
<tr><td></td><td></td><td></td><td></td><td></td><td></td><td></td><td></td><td></td><td></td><td></td><td></td><td></td><td></td><td></td><td></td></tr>
</table>

2）物资配置计划

物资配置计划包括主要工程材料、设备、周转材料和施工机具等的配置计划。

(1) 主要工程材料、设备配置计划。

主要工程材料和设备的配置计划应根据施工进度计划确定，包括各施工阶段所需主要工程材料、设备的种类和数量。

① 原材料配置计划。

原材料是指工程用水泥、钢筋、砂、石子、砖、石灰、防水材料等主要材料，原材料配置计划是用作施工备料、供料、确定仓库和堆场面积及做好运输组织工作的依据。其编制方法是根据施工进度计划表、施工预算中的工料分析表及材料消耗定额、储备定额进行编制。原材料配置计划的表格形式可参见表 5-21。

表 5-21　原材料配置计划表

序号	材料名称	规格	需要量		需要时间									责任人
			单位	数量	×月			×月			×月			
					1	2	3	1	2	3	1	2	3	

② 商品混凝土配置计划。

目前建筑行业广泛使用商品混凝土，因此应根据施工进度计划和混凝土工程量编制商品混凝土配置计划，并及时向混凝土厂家订购商品混凝土，以便顺利完成混凝土的浇筑工作。商品混凝土配置计划的表格形式可参见表 5-22。

表 5-22　商品混凝土配置计划表

序　号	施工部位	混凝土规格	数　量	供应时间	备　注

③ 成品、半成品配置计划。

主要指混凝土预制构件、钢结构、门窗构件等成品、半成品，以及安装、装饰工程成品、半成品的配置计划，该计划应根据施工预算和施工进度计划编制。成品、半成品配置计划主要反映施工中各种成品、半成品的需用量及供应日期，并作为落实加工订货单位，并按所需规格、数量和使用时间组织加工、运输及确定仓库或堆场的依据。其表格形式可参见表 5-23。

表 5-23　成品、半成品配置计划表

<table>
<tr><th rowspan="3">序号</th><th rowspan="3">成品、半成品名称</th><th rowspan="3">规格</th><th colspan="2">需要量</th><th colspan="9">需要时间</th><th rowspan="3">责任人</th></tr>
<tr><th rowspan="2">单位</th><th rowspan="2">数量</th><th colspan="3">×月</th><th colspan="3">×月</th><th colspan="3">×月</th></tr>
<tr><th>1</th><th>2</th><th>3</th><th>1</th><th>2</th><th>3</th><th>1</th><th>2</th><th>3</th></tr>
<tr><td></td><td></td><td></td><td></td><td></td><td></td><td></td><td></td><td></td><td></td><td></td><td></td><td></td><td></td><td></td></tr>
<tr><td></td><td></td><td></td><td></td><td></td><td></td><td></td><td></td><td></td><td></td><td></td><td></td><td></td><td></td><td></td></tr>
</table>

④ 设备配置计划。

主要指构成工程实体的工艺、生产设备等的配置计划，其表格形式可参见表 5-24。

表 5-24　设备配置计划表

序号	生产设备名称	型号	规格	电功率/kVA	需要量/台	进场时间	责任人

(2) 周转材料和施工机具配置计划。

工程施工主要周转材料和施工机具的配置计划应根据施工部署和施工进度计划确定，包括各施工阶段所需主要周转材料、施工机具的种类和数量。

① 周转材料配置计划。

主要指模板、脚手架用钢管、扣件、脚手板等辅助施工用周转材料的配置计划，周转材料配置计划的表格形式可参见表 5-25。

表 5-25　周转材料配置计划表

序号	周转材料名称	需用量	进场日期	出场日期	责任人

② 施工机械、工具配置计划。

主要指施工用大型机械设备、中小型施工工具等的配置计划。施工机械、工具配置计划的表格形式可参见表 5-26。

表 5-26　施工机械、工具配置计划表

序号	施工机具名称	型号	规格	电功率/kVA	需要量/台	使用时间	责任人

③ 测量设备配置计划。

主要指用于测量放线的计量设备、现场试验用计量设备、质量检测设备、安全检测设备、进场材料计量用设备等的配置计划，其表格形式可参见表 5-27。

表 5-27　测量设备配置计划表

序　号	测量设备名称	分　类	数　量	使用特征	确认间距	保管人

5.7　单位工程施工现场平面布置

单位工程施工现场平面布置是在施工用地范围内，对各项生产、生活设施及其他辅助设施等进行规划和布置。施工平面布置应根据施工部署，按照施工现场不同施工阶段进行布置，并绘制施工现场平面布置图。一些特殊的内容，如现场临时用电、临时用水布置和施工环境等，当施工现场平面布置图不能清晰表示时，也可单独绘制平面布置图。

由于工程性质、规模、现场条件和环境的不同，所选择的施工方案、施工机械的型号和数量也不同，而且在整个工程的不同施工阶段，施工现场的布置内容各有侧重且不断变化，因此应结合拟建工程的施工特点和施工现场的具体条件，作出一个合理、适用、经济的平面布置和空间规划方案。

5.7.1　单位工程施工平面图设计依据和设计原则

1）单位工程施工平面图设计的依据

单位工程施工平面图设计是在经过现场勘察、调查研究并取得现场周围环境第一手资料的基础上，对拟建工程的工程概况、施工方案、施工进度及有关要求进行分析研究后进行设计的。只有这样，才能使施工平面图与施工现场的实际情况一致，真正起到指导现场施工的作用。单位工程施工平面图的主要设计依据如下。

（1）有关拟建工程的当地原始资料，如自然条件调查资料、技术经济调查资料、社会调查资料等。

（2）现场可利用的建筑设施、场地、道路、水源、电源、通信源等条件。

（3）与工程有关的设计资料。如标有现场的一切已建和拟建建筑物、构筑物的建筑总平面图，拟建工程施工图纸及有关资料，现场原有的地下管网图，建筑区域的竖向设计资料和土方调配图等。

（4）施工组织设计资料。包括：施工方案、进度计划、资源配置计划等，以确定各种施工机械、材料和构件堆场，施工人员办公和生活用房的位置、面积和相互关系。

(5) 环境对施工的限制条件。包括:施工现场周围的建筑物和构筑物的影响,交通运输条件,以及对施工现场的废气、废液、废物、噪声和环境卫生的特殊要求。

(6) 有关建设法律法规对施工现场管理提出的要求。

2) 单位工程施工平面图设计原则

由于建筑工程和施工场地的千差万别,使得施工现场平面布置因人、因地而异,合理布置施工现场,对保证工程施工顺利进行具有重要意义。施工平面图设计应遵循以下原则:

(1) 在保证顺利施工的前提下,平面布置要紧凑、少占地,尽量不占用耕地。

(2) 合理布置施工现场的运输道路及各种材料堆场、加工厂、仓库、各种机具的位置,尽量使得运距最短,从而减少或避免二次搬运。

(3) 在保证施工顺利进行的前提下,尽可能减少临时设施,减少施工用临时管线,尽可能利用施工现场或附近的原有建筑物作为临时设施用房,以达到降低施工费用的目的。

(4) 临时设施的位置,应有利于施工管理和工人的生产、生活,办公区、生活区和生产区宜分开设置,并保持安全距离。

(5) 遵循建设法律法规、当地主管部门和建设单位关于施工现场安全文明施工的相关规定。施工平面布置应满足安全、消防、环保、市容、卫生防疫、劳动保护等方面的要求。

施工现场平面布置应遵循方便、经济、高效、安全、环保、节能的原则并适应施工现场的实际情况,尽可能进行多方案施工平面图设计。并从多方面进行分析比较,选择出合理、安全、经济、可行的布置方案。

5.7.2 单位工程施工现场平面布置图设计的内容

施工现场平面布置图是布置施工现场的依据,是单位工程施工组织设计和施工准备工作的主要内容,也是实现文明施工的基本条件。编制合理的施工平面布置图,不但可使施工现场井然有序,同时也能达到合理使用场地、减少临时设施费用和提高经济效益的目的。

对于规模不大的砖混结构和框架结构工程,由于工期不长,施工也不复杂,因此一般考虑主体结构施工阶段的施工平面布置,同时兼顾其他施工阶段的需要即可。对于工程规模较大、结构复杂且工期较长的单位工程,一般按地基基础、主体结构、装修装饰和机电设备安装三个阶段分别绘制施工现场平面布置图,必要时还需绘制现场施工环境平面图和临时用水、用电平面布置图。单位工程施工现场平面布置图一般包括以下内容:

(1) 在单位工程施工区域范围内,建筑总平面图上已建和拟建的地上地下的一切房屋、构筑物以及其他设施(道路和各种管线等)的位置和尺寸。

(2) 拟建工程所需的起重机械、垂直运输设备等施工设备的位置,起重机械开行的线路及方向等。

(3) 存放各种材料(包括水、暖、电材料)、构件、半成品构件等的仓库、堆场及临时作业场地的位置和面积。

(4) 场外交通引入位置和场内道路的布置。

(5) 为施工服务的临时设施(如生产和生活临时用房)的布置。

(6) 临时给排水管线、临时用电(电力、通信)线路、蒸汽及压缩空气管道等的布置;现场排水沟渠及排水方向的考虑。

(7) 测量放线标桩位置,土方工程的弃土及取土地点等有关说明。

(8) 临时围墙及一切保安和消防设施等。

(9) 必要的图例、比例尺、方向及风向标记。

5.7.3 单位工程施工平面图的设计步骤

单位工程施工平面图的设计步骤如图 5-9 所示。

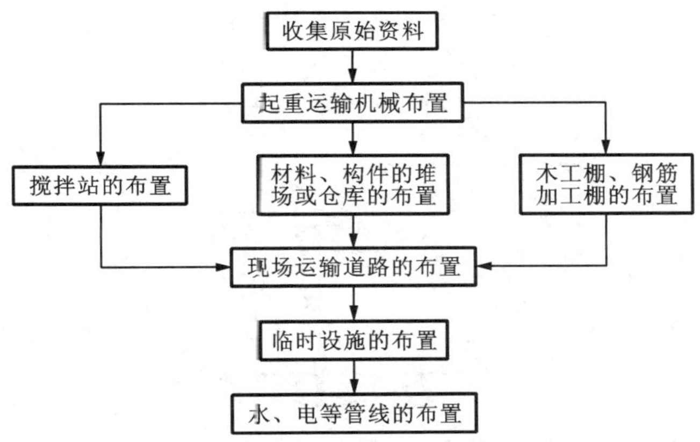

图 5-9　单位工程施工平面图的设计步骤

1) 确定起重机械的位置

垂直运输机械的位置直接影响仓库、堆场、搅拌站、各种材料和构件等的位置,直接影响道路和水、电线路的布置,因此,它是施工现场布置的核心,必须首先确定。由于各种起重机械的性能不同,其布置方式也不相同。

(1) 固定式垂直运输机械的布置。

固定式垂直运输机械(如井架、龙门架)的布置,主要根据机械性能、建筑物的平面形状和尺寸、施工段的划分、材料来向和已有运输道路情况而定。布置的原则是充分发挥起重机械的能力,并使地面和楼面的水平运距最小。布置时应考虑的因素如下:

① 当建筑物平面形状呈长条形,层数、高度相同时,一般布置在流水段分界处或长度方向居中位置处;

② 当建筑物各部位高度不同时,应布置在高低分界线较高部位一侧,其布置位置以窗口处为宜,以避免砌墙留槎和减少井架拆除后的修补工作;

③ 固定式垂直运输机械一般考虑布置在现场较宽的一面,因为这一面便于堆放材料和构件,以达到缩短运距的要求;

④ 井架、龙门架的卷扬机应设置安全作业棚,其位置不应距起重机械太近,以便操作人员的视线能看到整个升降过程。

(2) 塔式起重机的布置。

塔式起重机有行走式和固定式,目前建筑行业广泛使用的是固定式塔式起重机,如附着式和爬升式起重机;行走式起重机由于其稳定性差已经逐渐淘汰。

塔式起重机的位置要结合建筑物的平面布置、形状、高度和吊装方法等进行布置。起重高度、幅度及起重量要满足要求,使材料和构件可达建筑物的任何使用地点,尽量避免出现死角,如图 5-10 所示。塔吊离建筑物的距离 B 应考虑脚手架的宽度、建筑物悬挑部位的宽度、安全距离和回转半径 R 等。

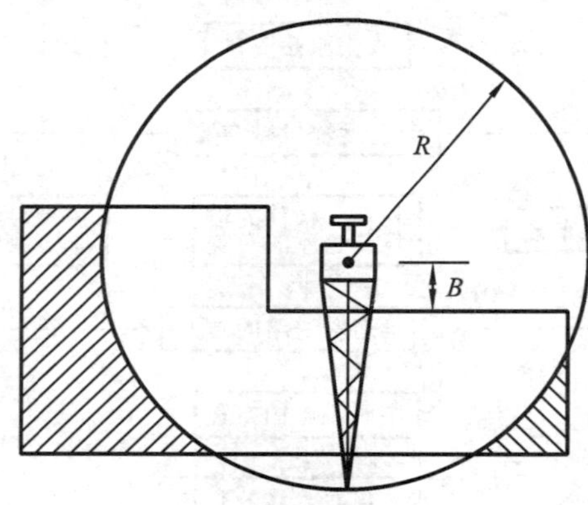

图 5-10 塔吊布置方案

(3) 自行无轨式起重机械的布置。

自行无轨式起重机械分履带式、轮胎式和汽车式三种。它一般不作垂直提升和水平运输之用。适用于装配式单层工业厂房主体结构吊装,也可用于混合结构(如大梁等)较重构件的吊装方案等。自行无轨式起重机的行驶路线要考虑吊装顺序,构件重量,建筑物的平面形状、高度,堆放场位置以及吊装方法。还要注意避免机械能力的浪费。

(4) 外用施工电梯的布置。

外用施工电梯是一种安装于建筑物外部,施工期间用于运送施工人员及建筑器材的垂直运输机械,它是高层建筑施工不可缺少的关键设备之一。在确定外用施工电梯的位置时,应考虑便于施工人员上下和物料集散;由电梯口至各施工处的平均距离应最近;便于安装附墙装置;接近电源,有良好的夜间照明。

(5) 混凝土泵和泵车的布置。

高层建筑施工中,混凝土的垂直运输量巨大,通常采用泵送方法进行。混凝土泵布置时宜考虑设置在场地平整、道路畅通、供料方便,且距离浇筑地点近,便于配管,排水、供水、供电方便的地方,并且在混凝土泵作用范围内不得有高压线。

2) 确定搅拌站、材料和构件堆场或仓库、加工厂的位置

搅拌站、加工厂及各种材料、构件的堆场或仓库的位置应尽量靠近使用地点或在塔式起重机服务范围之内,又要便于运输和装卸。

(1) 搅拌站的布置。

搅拌站中的主要设备有混凝土及砂浆搅拌机,其型号、规格、数量在施工方案中确定。搅拌站的位置主要由垂直运输机械决定。若采用商品混凝土,则不考虑搅拌站的布置,只需考虑混凝土泵和泵车的布置即可。布置搅拌机时,应考虑以下因素:

① 搅拌站应尽可能布置在垂直运输机械附近,以减少水平运距。当选择塔吊方案时,混凝土搅拌机的出料斗(车)应在塔吊的服务范围之内,可以直接挂钩起吊。

② 搅拌站应布置在道路附近,便于砂石进场及拌和物的运输。

③ 有大体积混凝土施工时,搅拌站尽可能靠近使用地点。

(2) 材料、构件的堆场的布置。

① 材料、构件的堆场的位置应尽量靠近使用地点。

基础和底层施工所用的材料,应该布置在建筑物的周围。第二层以上施工所用的材料,布置在起重机附近。砂、石等用量大的材料,尽量布置在搅拌机的附近。多种材料同时布置时,对用量大的、重量大的和先期使用的材料,尽可能靠近使用地点或起重机附近布置;而对量少的、重量轻的和后期使用的材料,则可布置得远一些。

② 材料、构件的堆场的位置应尽量靠近垂直运输设备或布置在塔式起重机服务范围之内,并考虑到运输和装卸的方便。

当采用井架、龙门架等固定式垂直运输机械时,材料、构件尽可能靠近起重机布置,以减少运距或二次搬运。当采用塔式起重机进行垂直运输时,材料、构件的堆场应布置在塔式起重机有效工作幅度范围内。当采用无轨自行式起重机进行水平或垂直运输时,应沿起重机开行路线布置,位置应在起重臂的最大外伸长度范围内。

(3) 仓库的布置。

① 水泥仓库应选择地势较高、排水方便、靠近搅拌机的地方。

② 各种易燃、易爆物品或有毒物品的仓库,如各种油漆、油料、亚硝酸钠、装饰材料等,应与其他物品隔开存放,室内应有较好的通风条件,存量不宜过多,应根据施工进度有计划地进出。仓库内禁止火种进入并配有灭火设备。

③ 木材、钢筋及水电器材等的仓库,应与加工棚结合布置,以便就近取材加工。

(4) 加工厂的布置。

① 木材,钢筋,水、电、卫安装等加工棚宜设置于建筑物四周稍远处,并有相应

的材料及成品堆场。

② 石灰及淋灰池可根据情况布置在砂浆搅拌机附近。

③ 木工间、电焊间、沥青熬制间等易燃或有明火的现场加工棚,要离开易燃易爆物仓库,布置在施工现场的下风向,并接通给排水管道,附近应设有灭火器、砂箱或消防水池。

3)运输道路的布置

运输道路的布置主要解决运输和消防两个问题。现场主要道路应尽可能利用永久性道路的路面或路基,或先修好永久性道路的路基,在土建工程结束之前再铺路面,以节约费用。现场道路布置时要保证行驶畅通,在有条件的情况下,出入口应分开布置,使运输工具有回转的可能性,并能直接到达材料堆场。因此,运输线路最好绕建筑物布置成环形道路,路基要经过设计,转弯半径要满足运输要求,消防车道宽度不小于 3.5 m。

4)临时设施的布置

施工现场的临时设施分为生产性临时设施与非生产性临时设施。

(1) 生产性临时设施包括:在现场制作加工的作业棚,如木工棚、钢筋加工棚、白铁加工棚;各种材料库、棚,如水泥库、油料库、卷材库、沥青棚、石灰棚;各种机械操作棚,如搅拌机棚、卷扬机棚、电焊机棚;各种生产性用房,如锅炉房、烘炉房、机修房、水泵房、空气压缩机房等;其他设施,如变压器等。

布置的原则就是有利于施工,安全防火。

(2) 非生产性临时设施包括:各种生产管理办公用房、会议室、文化文娱室、福利性用房、医务室、宿舍、食堂、浴室、开水房,警卫传达室,厕所等。

布置的原则就是使用方便,不妨碍施工,符合防火、安全的要求。

总之,临时设施的位置一般应遵循使用方便,有利于施工,并符合消防要求的原则。各种临时设施均不能布置在拟建工程、拟建地下管沟、取土、弃土等地点。施工现场范围应设置临时围墙、围网或围笆。要努力节约,尽量利用已有的设施或正式工程,必须修建时要经过计算确定面积。为了减少临时设施费用,临时设施可以沿工地围墙布置,尽量合并搭建;各种临时设施尽可能采用活动式、装拆式结构或就地取材。

5)布置水、电管网

(1) 施工水网的布置。

① 施工用的临时给水管。

施工用的临时给水管一般接建设单位的干管或自行布置的干管接到用水地点,最好采用生活用水。应环绕建筑物布置,使施工现场不留死角,并力求管网总长度最短。管径的大小和龙头数目的设置需视工程规模大小通过计算确定。管道可埋于地下,也可铺设在地面上,以当时当地的气候条件和使用期限的长短而定。布置时应力求使管网总长度尽量短。布置形式有环形、枝形、混合式三种。

② 供水管网应按防火要求布置室外消防栓。

消防栓距离建筑物应不小于 5 m,也不应大于 25 m,距离路边不大于 2 m。条件允许时,可利用城市或建设单位的永久消防设施。施工时,为防止停水,可在建筑物附近设置简易蓄水池,储存一定数量的生产和消防用水,若水压不足,还需设置高压水泵。

③ 为了排除地面水和地下水,应及时修通永久性下水道,并结合现场地形在建筑物周围设置地面水和地下水的沟渠。

(2) 施工供电的布置。

临时供电,单位工程施工用电应在整个工地施工总平面图中一并考虑。独立的单位工程施工时,一般计算出施工期间的用电总数,提供给建设单位决定是否另设变压器。变压器的位置应布置在现场边缘高压线接入处,四周用铁丝网围住,不宜布置在交通要道路口。

5.7.4 单位工程施工现场平面布置图的绘制

将拟建单位工程置于平面图的中心位置,各项设施围绕拟建工程设置。绘图比例常用 1∶200～1∶500。图中应标明主要位置尺寸,要按图例或编号注明布置的内容、名称,线条粗细分明,字迹工整清晰,图面清楚美观。

5.8 编制主要施工管理计划

施工管理计划在目前多作为管理和技术措施编制在施工组织设计中,是施工组织设计必不可少的内容。施工管理计划涵盖很多方面的内容,可根据工程的具体情况和特点有所侧重和加以取舍。在编制施工组织设计时,各项管理计划可单独成章,也可穿插在施工组织设计的相应章节中。

施工管理计划应包括进度管理计划、质量管理计划、安全管理计划、环境管理计划、成本管理计划以及其他管理计划等内容。

5.8.1 进度管理计划

进度管理计划是保证实现项目施工进度目标的管理计划,包括对进度及其偏差进行测量、分析和采取的必要措施和计划变更等。

施工进度计划的实现离不开管理上和技术上的具体措施。另外,在工程施工进度计划执行过程中,由于各方面条件的变化经常使实际进度脱离原计划,这就需要施工管理者随时掌握工程施工进度,检查和分析进度计划的实施情况,及时进行必要的调整,保证施工进度总目标的完成。

1）项目施工进度管理应按照项目施工的技术规律和合理的施工顺序，保证各工序在时间上和空间上的顺利衔接

不同的工程项目其施工技术规律和施工顺序不同，即使是同一类工程项目，其施工顺序也难以做到完全相同。因此必须根据工程特点，按照施工的技术规律和合理的组织关系，解决各工序在时间和空间上的先后顺序和搭接问题，以达到保证质量、安全施工、充分利用空间、争取时间和实现经济合理安排进度的目的。

2）进度管理计划包括的内容

(1）对项目施工进度计划进行逐级分解，通过阶段性目标的实现保证最终工期目标的完成。

在施工活动中通常是通过对最基础的分部、分项工程的施工进度控制来保证各个单位工程或阶段工程进度控制目标的完成，进而实现项目施工进度控制总体目标。因而需要将总体进度计划进行一系列从总体到细部、从高层次到基础层次的层层分解，一直分解到在施工现场可以直接调度控制的分部、分项工程或施工作业过程为止。

(2）建立施工进度管理的组织机构并明确职责，制定相应管理制度。

施工进度管理的组织机构是实现进度计划的组织保证，它既是施工进度计划的实施组织，又是施工进度计划的控制组织，既要承担进度计划实施赋予的生产管理和施工任务，又要承担进度控制目标，对进度控制负责，因此需要严格落实有关管理制度和职责。

(3）针对不同施工阶段的特点，制定进度管理的相应措施，包括施工组织措施、技术措施和合同措施等。

(4）建立施工进度动态管理机制，及时纠正施工过程中的进度偏差，并制定特殊情况下的赶工措施。面对不断变化的客观条件，施工进度往往会产生偏差。当发生实际进度比计划进度超前或落后时，控制系统就要作出应有的反应：分析偏差产生的原因，采取相应的措施，调整原来的计划，使施工活动在新的起点上按调整后的计划继续运行，如此循环往复，直至预期计划目标实现。

(5）根据项目周边环境特点，制定相应的协调措施，减少外部因素对施工进度的影响。项目周边环境是影响施工进度的重要因素之一，其不可控性大，必须重视诸如环境扰民、交通不畅和偶发意外等因素，采取相应的协调措施。

5.8.2 质量管理计划

质量管理计划是保证实现项目施工质量目标的管理计划，包括组建相关组织机构，制定、实施所需的组织机构职责、程序以及采取的措施和资源配置等。

工程质量目标的实现需要具体的管理和技术措施，根据工程质量形成的时间阶段，工程质量管理可分为事前管理、事中管理和事后管理，质量管理的重点应放在事前管理。

施工单位应按照《质量管理体系　要求》(GB/T 19001—2008)编制本单位的质量管理体系文件。可以独立编制质量计划,也可以在施工组织设计中合并编制质量计划的内容。质量管理应按照 PDCA 循环模式,加强过程控制,通过持续改进提高工程质量。质量管理计划应包括下列内容:

1) 按照项目具体要求确定质量目标并进行目标分解,质量指标应具有可测量性

应制定具体的项目质量目标,质量目标应不低于工程合同明示的要求;质量目标应尽可能地量化和层层分解到最基层,建立阶段性目标。质量指标应具有可测量性,并分解为分部工程、分项工程和工序质量控制子目标。

2) 建立项目质量管理的组织机构并明确职责

应明确质量管理组织机构中各重要岗位的职责,与质量有关的各岗位人员应具备与职责要求匹配的相应知识、能力和经验。

3) 制定符合项目特点的技术保障和资源保障措施,通过可靠的预防控制措施,保证质量目标的实现

应采取各种有效措施,确保项目质量目标的实现,这些措施包含但不局限于:原材料、构配件、机具的要求和检验,主要的施工工艺、主要的质量标准和检验方法,夏期、冬期和雨期施工的技术措施,关键过程、特殊过程、重点工序的质量保证措施,成品、半成品的保护措施,工作场所环境以及劳动力和资金保障措施等。

4) 建立质量过程检查制度,并对质量事故的处理作出相应规定

按质量管理八项原则中的过程方法要求,将各项活动和相关资源作为过程进行管理,建立质量过程检查、验收以及质量责任制等相关制度,对质量检查和验收标准作出规定,采取有效的纠正和预防措施,保障各工序和过程的质量。

5.8.3　安全管理计划

安全管理计划是保证实现项目施工职业健康安全目标的管理计划,包括组建相关的组织机构,制定、实施所需的组织机构职责、程序以及采取的措施和资源配置等。安全管理计划可参照《职业健康安全管理体系　要求》(GB/T 28001—2011),根据国家和地方政府部门的要求,在施工单位安全管理体系的框架内,针对项目的实际情况进行编制。建筑工程施工安全管理应贯彻“安全第一、预防为主”的方针。施工现场的大部分伤亡事故是由于没有安全技术措施,缺乏安全技术知识,不做安全技术交底,安全生产责任制不落实,违章指挥、违章作业造成的。因此,必须建立完善的施工现场安全生产保障体系,才能确保施工的安全和健康。

建筑施工安全事故通常分为七大类:高处坠落、机械伤害、物体打击、坍塌倒塌、火灾爆炸、触电、窒息中毒。安全管理计划应针对项目具体情况,建立安全管理组织,制定相应的管理目标、管理制度、管理控制措施和应急预案等。安全管理计划应包括下列内容:

(1) 确定项目重要危险源,制定项目职业健康安全管理目标。

危险源辨识的方法很多,基本方法有:询问交谈、现场观察、查阅有关记录、获取外部信息、工作任务分析、安全检查表、危险与可操作性研究、事件树分析、故障树分析。辨识危险源过程中可以综合地运用两种或两种以上方法。项目经理部应针对施工中人的不安全行为、物的不安全状态、作业环境的不安全因素和管理缺陷制定相应的安全控制目标。

(2) 建立有管理层次的项目安全管理组织机构并明确职责。

可建立矩阵式项目安全管理组织机构,根据安全生产责任制要求,把安全责任目标分解到岗,落实到人。

(3) 根据项目特点,进行职业健康安全方面的资源配置。

安全资源包括安全帽、安全带、安全网等防护用品和绝缘电阻仪、接地电阻仪等安全检测器具。职业健康安全资源配置计划用表格表述如表 5-28 所示。

表 5-28 职业健康安全资源配置计划表

序 号	职业健康安全资源名称	数 量	使用特征	保管人

(4) 建立具有针对性的安全生产管理制度和职工安全教育培训制度。

根据工程情况,编制施工现场安全规章制度,如安全检查制度、安全教育培训制度、设备设施验收制度、班前安全活动制度、安全值班制度、特种作业人员管理制度、安全生产责任制、安全生产责任制考核制度、安全生产责任目标考核制度、事故报告制度、安全防护费用与准用证管理制度、安全技术交底制度等。

(5) 针对项目重要危险源,制定相应的安全技术措施。

对达到一定规模的危险性较大的分部、分项工程和特殊工种的作业应制定专项安全技术措施。对结构复杂、施工难度大、专业性强的项目,制定安全施工措施。在防火、防毒、防爆、防洪、防尘、防雷击、防触电、防坍塌、防物体打击、防机械伤害、防溜车、防高空坠落、防交通事故、防寒、防暑、防疫、防环境污染等方面制定安全技术的措施。

(6) 根据季节、气候的变化制定相应的季节性安全施工措施。

(7) 建立现场安全检查制度,并对安全事故的处理作出相应规定。

5.8.4 环境管理计划

环境管理计划是保证实现项目施工环境目标的管理计划,包括组建相关的组织机构,制定、实施所需的组织机构职责、程序以及采取的措施和资源配置等。

建筑工程施工过程中不可避免地会产生施工垃圾、粉尘、污水以及噪声等环境污染，一般来讲，建筑工程常见的环境污染因素包括如下内容：大气污染，垃圾污染，建筑施工中建筑机械发出的噪声和强烈的振动，光污染，放射性污染，生产、生活污水排放。制定环境管理计划就是要通过可行的管理和技术措施，使现场环境管理符合国家和地方政府部门的要求，使环境污染降到最低。

施工现场环境管理越来越受到建设单位和社会各界的重视，同时各地方政府也不断出台新的环境监管措施，环境管理计划已成为施工组织设计的重要组成部分。环境管理计划可参照《环境管理体系　要求及使用指南》(GB/T 24001—2004)，根据建筑工程各阶段的特点，依据分部、分项工程进行环境因素的识别和评价，在企业环境管理体系的框架内，针对项目的实际情况制定相应的管理目标、控制措施和应急预案等。环境管理计划应包括下列内容：

(1) 确定项目重要环境因素，制定项目环境管理目标；

(2) 建立项目环境管理的组织机构并明确职责；

(3) 根据项目特点进行环境保护方面的资源配置；

(4) 制定现场环境保护的控制措施；

(5) 建立现场环境检查制度，并对环境事故的处理作出相应的规定。

5.8.5　成本管理计划

成本管理计划是保证实现项目施工成本目标的管理计划，包括成本预测、实施、分析、采取的必要措施和计划变更等。

由于建筑产品生产周期长，造成了施工成本控制的难度大。成本管理的基本原理就是把计划成本作为施工成本的目标值，在施工过程中定期地进行实际值与目标值的比较，找出实际支出额与计划成本之间的差距，分析产生偏差的原因，并采取有效的措施加以控制，以保证目标值的实现或减小差距。成本管理计划应包括下列内容：

(1) 根据项目施工预算，制定项目施工成本目标；

(2) 根据施工进度计划，对项目施工成本目标进行阶段分解；

(3) 建立施工成本管理的组织机构并明确职责，制定相应管理制度；

(4) 采取合理的技术、组织和合同等措施，控制施工成本；

(5) 采取科学的成本分析方法，采取必要的纠偏措施和风险控制措施。

5.8.6　其他管理计划

其他管理计划宜包括绿色施工管理计划、防火保安管理计划、合同管理计划、组织协调管理计划、创优质工程管理计划、质量保修管理计划以及对施工现场人力资源、施工机具、材料设备等生产要素的管理计划等。其他管理计划可根据项目的特点和复杂程度加以取舍。各项管理计划的内容应有目标，有组织机构，有资源配置，有管理制度和技术、组织措施等。

5.9 某教学楼工程施工组织设计实例

5.9.1 工程概况

1) 工程建设概况

某教学楼工程位于××省××学校院内，紧邻市区主干道，交通便利。本工程为六层现浇钢筋混凝土框架结构，总建筑面积 6 218.68 m^2，建筑物长 52 m，宽 20.8 m，总高度 23.95 m，室内外高差 0.85 m，第一层的层高 4 m，二层以上层高 3.6 m(其平面简图见图 5-11)。该工程投资约 500 万元，采用公开招标。施工合同已签订，计划 2009 年 2 月 1 日开工，2009 年 10 月底竣工。

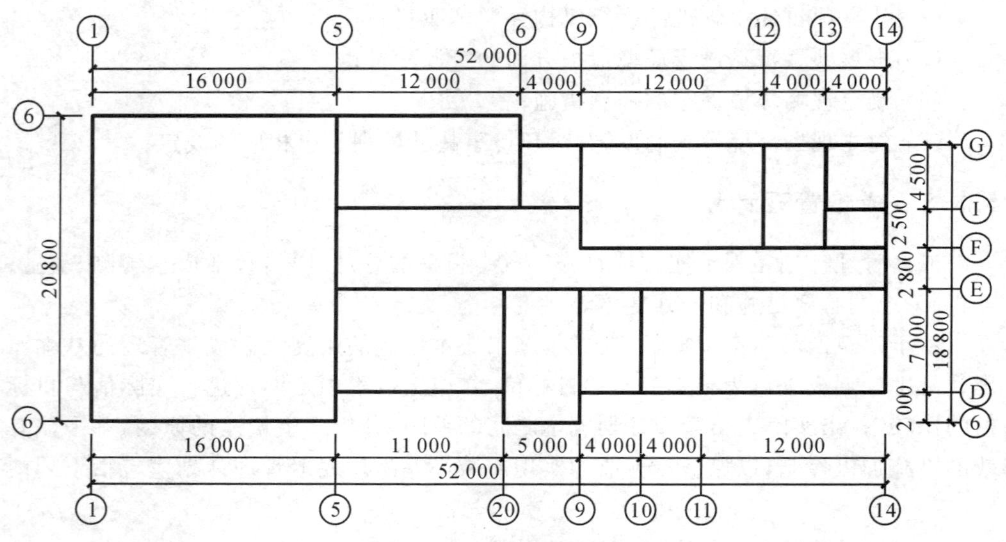

图 5-11 教学楼平面简图

2) 建筑设计概况

(1) 内外墙体。除卫生间及特殊注明部位外均为 400 mm 厚加气混凝土块。

(2) 门窗。外墙部位采用 80 系列塑钢窗和 90 系列铝合金窗，设备间及楼梯间疏散口采用钢质防火门，其他教室及办公室采用木夹板门，木门外刷浅灰色磁漆两遍。

(3) 室内装饰。一层楼梯间、走廊及一层展厅、门厅为米黄色地板砖；二层以上除楼面楼梯间、走廊采用暗红色地板砖外，其他房间地面为米黄色地板砖面层；一层展厅及门厅顶棚采用亚白色微孔方形铝合金板吊顶，房间及公共部分内墙及顶棚为混合砂浆刮腻子刷亚白色乳胶漆，卫生间、走廊及楼梯间墙面采用彩釉面砖，顶棚为水泥砂浆刷白色乳胶漆。

(4) 外墙面装饰。外墙立面采用浅灰色外墙面砖，入口处立柱采用浅灰色磨光花岗岩，其他采用米黄色外墙面砖。

(5) 屋面。屋面为二级防水上人屋面，采用 SBS 改性沥青卷材防水层，70 mm 厚水泥聚苯板保温层。

3）结构设计概况

该工程主体为现浇钢筋混凝土框架结构，抗震设计按地震烈度 7 度设防，建筑抗震设防类别为丙类，框架抗震等级为三级，框架柱、梁、板混凝土强度等级二层以下为 C35，二层以上为 C30；地基基础设计等级为乙级，地基基础设计为 C30 人工挖孔混凝土灌注桩，设计桩长为 11.5 m，桩径为 900 mm，共计 41 根桩，最大单桩承载力为 300 kN。

4）安装工程设计概况

(1) 电气工程。本工程设计内容为配电与照明系统、防雷与接地系统、电话通信系统、CATV 电视系统、有线广播系统、计算机网络和电话系统。

电力干线采用镀锌钢管，消防管路全部采用镀锌钢管，其余采用 PVC 电线管，防雷措施采用避雷网与柱内两根主筋焊接，在各引入点距地 1.5 m 处做断接卡子，在距墙(外墙)3 m 处做一环形接地网。

(2) 管道工程。本工程设计内容为生活给水系统、排水系统、消防给水系统等。

生活给水系统横支管采用 PPR 管，热熔连接，其余生活给水管均采用涂塑镀锌钢管，丝扣连接；消防给水系统给水管采用镀锌焊接钢管，附件处采用法兰连接；排水系统排水立管采用内螺旋 UPVC 管，其余采用 UPVC 管，胶黏剂黏结；消防器材采用 SQS 形地上式消防水泵接合器。

5）施工条件

本工程“三通一平”已完成，施工现场交通运输比较方便，可通过大型施工车辆，水、电可直接与市区水、电管网连接，直接在施工现场边缘提供水、电接驳点，供水管径为 50 mm，用电负荷可供 150 kW，办公室和生活临时设施也已修建，施工机具、施工队伍及其他施工准备工作均已落实，开工条件已具备。

施工期间主导风向为东南风，基本风压 0.45 kN/m^2，雨季在七、八月，最大降雨量为 189.4 mm。地下水位较深，对施工没有影响。土质有轻微湿陷性，稳定性较好；表层土为 1.2～2.6 m 厚的杂填土，以下为粉土。

本工程处于教学区，紧临 1# 教学楼，施工期间不得妨碍学校的正常上课，确保学校师生员工安全，文明施工。为减少噪声、加快施工进度，现场不设混凝土搅拌站，采用泵送商品混凝土；现浇梁板的模板采用 12 mm 厚木胶合板。

5.9.2　施工方案

1）确定施工程序及流向

根据先地下后地上、先主体后围护、先结构后装修、先土建后设备的原则，以及工程结构和施工特点，本工程总的施工程序将工程划分为四个施工阶段：地下工程、主体结构工程、围护工程和装饰工程。外装修可与屋面工程同时施工,内装修必须在屋面刚性防水层施工完后才能进行。

基础施工阶段划分为两个施工段,自西向东施工;主体工程同一平面上划分为两个施工段,六层共 12 段,自下而上分层施工见图 5-12;屋面工程不分段,顺序施工;室外装饰工程不分段,自上而下完成;室内装饰一层一段,自上而下进行。由于工期短,质量高,不同的分部分项工程之间可组织平行、搭接、立体交叉流水作业,屋面工程、墙体工程、地面工程应密切配合。外脚手架应配合主体工程,且在室外装饰之后做散水之前拆除。

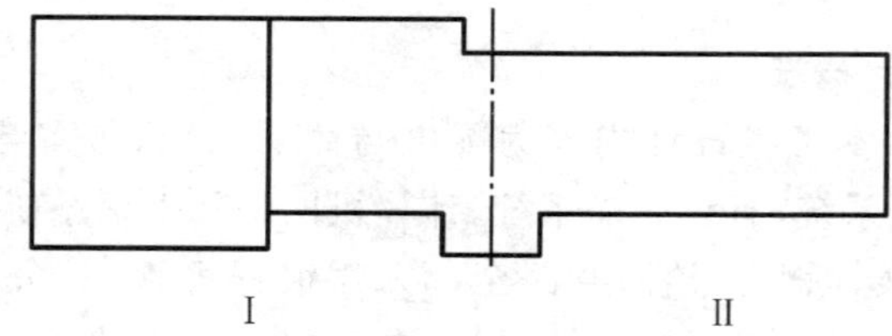

图 5-12　基础与主体阶段施工段划分

2）主要工种的施工方法、施工机械选择

（1）基础工程。

本工程地基基础采用钢筋混凝土挖孔桩基础,其施工顺序如图 5-13 所示。

图 5-13　基础工程施工顺序

① 人工挖孔桩。

工艺流程为:定位放线→机具就位→人工挖孔→验孔→安放钢筋笼→灌注混凝土→试桩。

a. 定位放线:依据建筑物测量控制网资料和桩基础平面图,测定桩位控制网和高程基准点,确定好桩位中心。以桩位中心为圆心,以桩身半径加护壁厚度为半径画出桩位开挖线。

定桩位:采用 50 mm×50 mm×300 mm 的小木桩插入桩中心作桩位标识,并在每个桩位上砌筑砖圈,用水泥砂浆粉顶压光,将桩号及桩位定位墨线标上去。

确定深度:根据高程确定每个桩的桩顶标高和桩底标高,确保桩顶、桩底都各在同一个平面上。

b. 开挖桩孔土方:人工挖孔采用工地常规机具,包括提升工具、挖土工具、运土工具、小直径插入式振动器、平板振捣仪、插钎、串筒、吊挂式软爬梯、井内外照明设施、潜水泵、空气压缩机及胶皮软管等。挖土时,配备经纬仪、水准仪各一台,随时控制基底标高。采用汽车运土,其他小型机械按工地需要配给。

开挖桩孔应从上到下逐层进行,先挖中间部分土方,然后向周边扩挖,严格控制桩孔底截面尺寸。开挖时应根据土质条件的设计规定确定每节底面高度,每挖完一节，必须根据桩孔口上顶面轴线吊直、修边，使孔壁圆弧保持上下顺直一致。

c. 安放钢筋笼：钢筋笼按设计要求配置，采用汽车吊运输及吊装。

运输及吊装时应防止钢筋笼扭转弯曲变形。钢筋笼放入前应在四周绑好砂浆垫块，作为定位垫块。吊放钢筋笼时，要对准孔位，直吊扶稳，缓慢下沉，避免碰撞孔壁。钢筋笼吊至设计位置时，应立即固定。吊放钢筋笼时注意不要碰撞孔壁。

d. 浇筑混凝土：本工程拟采用混凝土泵送车布料机浇筑混凝土。

浇筑混凝土时应连续进行，分层振捣密实。第一步浇筑至扩底部位的顶面，然后浇筑上部混凝土。分层振捣厚度不宜大于 1.5 m。

② 土方开挖。

土方开挖前应进行场地平整，绘制基坑土方开挖图，确定开挖路线、顺序、基底标高、边坡坡度及土方堆放地点。

本工程采用人工挖土，放坡开挖，坡度系数为 0.33，自东向西进行。由于施工现场场地小，挖出的土要立即用翻斗车、单轮手推车将土方随挖随运至指定地点，待室内回填土时运回。

③ 基础垫层。

垫层采用 100 mm 厚的 C10 混凝土，沿基底连续浇筑，标高控制准确，注意表面平整，用平板振捣器进行往复振捣密实。

④ 混凝土桩承台、基础梁。

钢筋混凝土桩承台、基础梁采用普通组合钢模板，应控制好模板的位置和稳定性。绑扎钢筋时，应注意控制保护层的厚度及底板钢筋和柱的插筋位置，桩承台钢筋绑扎前应先在垫层上弹好钢筋的分档位置线，按弹好的位置线摆放好钢筋并进行绑扎。桩头进入承台尺寸为 50 mm。混凝土捣实时应特别注意角、边等处的密实性，分台阶浇筑和捣实。基础梁原槽浇筑。

⑤ 砖基础。

砖基础采用一顺一丁组砌形式、等高式大放脚。基础砌筑应检查垫层的水平度和控制基础的轴线、边线位置，注意退台的砌筑要求，采用小皮数杆控制砖层水平度和灰缝的厚度。

⑥ 回填土。

基础回填土应在基础拆模及外围基础墙砌好后立即进行，以便外架子的搭设。室内回填土可在一层楼板模板及支撑拆除、基础墙砌筑完毕后进行。土方回填拟采用人工填土和机械填土压实相结合的方法进行。

工艺流程：基坑底清理→检验土质→分层铺土、耙平→夯打密实→检验密实度→修整、找平→验收。

土方回填土时应严格选用回填土料，控制含水率、夯实遍数。

a. 回填土应分层铺摊。每层铺土厚度应根据土质、密实度要求和机具性能确定。一般蛙式打夯机每层铺土厚度为 200～250 mm；人工打夯每层铺土厚度不大于

200 mm。每层铺摊后,随之耙平。

b. 回填土每层至少夯打三遍,检验压实系数达到设计要求。打夯应一夯压半夯,夯夯相接,行行相接,纵横交叉。

c. 回填土每层填土夯实后,应按规范规定进行环刀取样,测出干土的质量,并计算密度;达到要求后,再进行上一层的铺土。

d. 修整找平:填土全部完成后,应进行表面拉线找平,凡超过标准高程的地方,及时依线铲平;凡低于标准高程的地方,应补土夯实。

回填土应连续进行,尽快完成。施工时应有防雨措施,要防止地面水流入基坑内,以免边坡塌方或基土遭到破坏。

(2) 主体工程。

主体工程的施工顺序如图 5-14 所示。

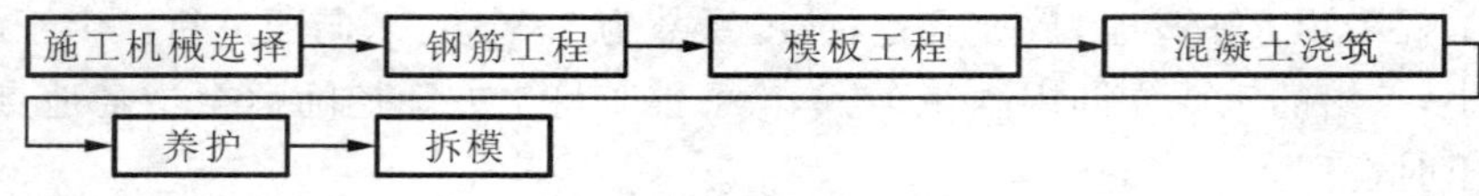

图 5-14 主体工程的施工顺序

① 施工机械选择。

垂直运输机械:选用 QTZ-40 自升式塔吊,塔身截面 1.4 m×1.4 m,底座 3.8 m×3.8 m,节距 2.5 m,附着式支架设于电梯井北侧,最大起升高度 120 m,最大起重量 4 t,最大幅度 42 m,最大幅度时起重量 0.965 t;泵送混凝土施工采用 HBT60A 型拖式混凝土高压输送泵。

其他加工机械:钢筋加工配备钢筋切断机 1 台、钢筋弯曲机 1 台、对焊机 1 台、冷拉卷扬机 1 台。

② 钢筋工程。

a. 钢筋加工。根据图纸及规范要求进行钢筋下料,钢筋加工按钢筋下料单加工,钢筋的形状、尺寸必须符合设计及现行施工规范要求。受力钢筋的弯钩和弯折应符合设计及规范要求:HPB235 级末端应作 180°弯钩,弯弧内径不小于钢筋直径的 2.5 倍;弯钩的平直部分长度不小于钢筋直径的 3 倍;所有梁柱箍筋末端均应做成不小于 135°的弯钩,弯钩端头平直部分长度不应小于 $10d$。

b. 钢筋连接。根据图纸要求,结合公司实际情况,为加快施工速度,同时在保证质量的前提下,钢筋连接采用如下方法施工。

框架柱纵向钢筋采用直螺纹套筒连接,对其他部位纵向钢筋,$d<16$ mm 时采用焊接或绑扎连接;$d>16$ mm 时采用直螺纹套筒连接。

同一连接区段内,纵向钢筋搭接接头面积百分率应符合设计要求。当设计无具体要求时,应符合下列规定:对梁类、板类构件,不宜大于 25%;对柱类构件,不宜大于 50%。

c. 钢筋绑扎。

柱子钢筋绑扎:按设计要求的箍筋间距和数量,先将箍筋按弯钩错开要求套进柱子主筋,在主筋上用粉笔标出箍筋间距,然后将套好的箍筋向上移动,由上往下用铅丝绑扎。箍筋应与主筋垂直,箍筋转角与主筋交点均要绑扎。

梁、板钢筋绑扎:梁钢筋在底模上绑扎,先按设计要求的箍筋间距在模板上或梁的纵向钢筋上画线,然后按次序进行绑扎。框架梁钢筋应放在柱的纵向钢筋内侧,梁的上部贯通筋采用机械连接或焊接;板、次梁与主梁交叉处,板的钢筋在上,次梁的钢筋居中,主梁的钢筋在下。

配有双层钢筋网的楼板钢筋,应根据钢筋直径、网格大小配置钢筋马凳筋,以防止上层钢筋在施工过程中受压变形或被踩下。绑扎时,应注意钢筋弯钩方向,不得任意颠倒,端部的弯钩应与所靠底模板面垂直,不得倾斜式平放。

梁、柱节点钢筋绑扎:现浇钢筋混凝土框架梁、柱节点的钢筋绑扎质量将直接影响结构的抗震性能,而且该部位又是钢筋加密区,因此应严格控制该部位的施工程序,即支设梁底模板→穿梁底钢筋→套节点处柱箍筋→穿梁面筋。

柱、梁板钢筋的接头位置、锚固长度、搭接长度应满足设计和施工规范要求,钢筋绑扎完成后应固定好垫块或撑铁,以防止出现露筋现象,同时要控制内、外排钢筋之间的间距,防止钢筋保护层过大或过小。

③ 模板工程。

a. 材料准备。依据工程量大、工期紧、模板周转快的特点,拟定选用木桁架、木胶合板、钢模结合的模板体系,一层采用圆木支撑,二层以上采用钢支撑。为了提高细部工程(梁、板之间,梁、柱之间,梁、墙之间)的质量,达到顺直、方正、平滑连接的要求。在以上部位,采用特殊加工的薄钢板,同时改进预埋件的预埋工艺。有拉结筋的框架柱选用拉筋预埋件专用模板。

b. 安装柱模板。其工艺流程为:弹柱位置线→抹找平层作定位墩→安装柱模板→安柱箍→安拉杆或斜撑→办预检。

柱模板采用截面可调钢模板(从 900 mm×900 mm 截面调节到 650 mm×650 mm截面)。先安装两端柱,再校正、固定、拉通线校正中间各柱。模板按柱子大小预拼,就位后先用铅丝与主筋绑扎临时固定,用 U 形卡将两侧模板连接卡紧,安装完两面再安装另外两面模板,每层柱支模到梁底标高。柱模每边设 2 根拉杆,固定于事先预埋在楼板内的钢筋环上,用经纬仪控制,用花篮螺栓调节校正模板垂直度。拉杆与地面夹角为 45°,预埋的钢筋环与柱距离为 3/4 柱高。

c. 安装梁、板模板。梁底及侧模板采用组合钢模板,梁与梁及梁与柱交接处配以阴角连接。模板使用 12 mm 厚木胶合板,压帮铺设。梁钢管支撑间距不大于 900 mm,跨中 1/3 部分间距 600 mm,楞方间距不大于 600 mm。对于层高 6.5 m 以上的截面较大梁及板,采用多功能门式脚手架支撑,楞方间距为 500 mm。梁跨度较大,支梁底模时起拱高度为梁跨度的 1‰。此外,模板必须有足够的刚度和稳定性。

d. 安装楼梯模板。楼梯竖墙采用定制钢模,板面为 6 mm 厚钢板,竖向次龙骨为 ϕ48×3.5 钢管,横向主龙骨为 10# 槽钢。楼梯板、预留洞口、施工缝处采用 12 mm厚夹板模板(木背楞),根据楼梯尺寸现场加工。

④ 混凝土浇筑。

本工程主体结构采用的混凝土,除少数构造柱、圈梁混凝土在现场自拌外,其他均采用商品混凝土。

a. 准备工作。浇筑前应对模板的尺寸、位置、标高、垂直度,钢筋和预埋件的数量、位置及材料、机具、运输道路、泵送管道等进行检查,在底部先填 50～100 mm 厚与混凝土成分相同的水泥砂浆。

b. 浇筑方法。混凝土应分层浇筑,厚度控制为 300～400 mm,后一层混凝土应在前一层混凝土浇筑后 2 h 以内进行,混凝土坍落高度不超过 2 m。梁、板应同时浇筑,浇筑板混凝土的虚铺厚度应略大于板厚。楼梯混凝土应沿梯段自下而上进行浇筑,先振实底板混凝土,达到踏步位置时再与踏步混凝土一起浇筑,连续向上推进,并用木抹子将踏步上表面抹平。

浇筑与振捣必须紧密配合,每一层均振实后再下料,振捣时不要触动钢筋及预埋件。根据结构截面尺寸、钢筋密集程度分别采用不同直径的插入式振动棒及平板式、附着式振动机械。楼面混凝土采用混凝土抹光机处理,降低水灰比,增加密实度,提高早期强度。

此外,施工缝的位置宜留在结构受剪较小且便于施工的部位。楼梯施工缝留置在楼梯板长度的 1/3 处。

c. 柱混凝土浇筑。

柱混凝土在楼面模板安装后、钢筋绑扎前进行。一次连续浇筑高度不宜超过 0.5 m,待混凝土沉积、收缩完成后再进行第二次混凝土浇筑,但应在前层混凝土初凝之前,将次层混凝土浇筑完毕。

每层柱混凝土浇筑至梁底标高,浇筑时要控制混凝土自落高度和浇筑厚度,防止离析、漏振。

使用插入式振动器应快插慢拔,插点要均匀排列,逐点移动,按顺序进行,不得遗漏,做到均匀振实。加强柱四角和根部混凝土振捣,防止漏振捣造成根部结合不良,柱角残缺现象出现。

d. 楼板、楼梯混凝土浇筑。

浇筑前在板的四周模板上弹出板厚度水平线,钉上标记,在板跨中每距 1 500 mm 焊接水平标志筋,并在钢筋端头刷上红漆,作为衡量板厚和水平的标尺。

浇筑楼面混凝土采用“A”字凳搭设水平走桥,严禁施工人员碾压钢筋。楼梯筑混凝土不得将整车倒下,应打铲浇灌,均匀布料,并用灰匙清理抹平,专门派瓦工把高出的混凝土铲出、抹平,同时在模板边“插浆”,消除蜂窝,终凝前,严禁人员上落。

浇筑混凝土时应注意保持钢筋位置准确和混凝土保护层控制,特别要注意负筋的位置，发现偏差应设专人负责及时校正。梁柱接头设计要求按高一级的混凝土强度等级浇筑，为保证柱混凝土的强度等级，在柱边外300 mm梁板位置按柱强度等级浇筑。浇筑时可采用先浇柱头后浇梁板的做法进行，但要严格控制在初凝前覆盖。

楼板混凝土采用平板振捣器捣实，随打随抹平，梁底及梁帮部位要注意振实。当混凝土面收水后再进行二次压光，以减少裂缝的产生。混凝土浇筑方向一般平行次梁方向推进。为保证混凝土的密实，梁浇筑采用振动棒振捣时，间距应控制在500 mm左右，插入时间控制在10 s，以表面翻浆冒出气泡为宜。

⑤ 养护。

采用湿润养护法。混凝土浇筑完毕后，短期内应避免暴晒，12 h以内应在混凝土表面加薄膜覆盖和浇水，浇水次数应以保持混凝土有足够的湿润状态为宜。混凝土需补充水分时，在薄膜和底板接触面浇水，然后尽快覆盖，养护7昼夜。

⑥ 拆模。

模板的拆除应在混凝土强度超过设计强度等级的70%以后进行。混凝土表面与环境温差应不超过15 ℃，以防止混凝土表面产生裂缝。模板拆除后，应设专人对模板进行清理，铲除附带的混凝土残渣，刷好隔离剂，按规格堆放整齐，对夹板模板更要轻拆慢放，以增加周转次数，降低成本。

(3) 围护工程。

围护工程包括墙体工程（搭设内脚手架、砌筑内外墙、安装门窗框、安装过梁）和屋面工程（隔气层、保温层、找平层、防水层施工）等内容。

围护工程搭设SMZ150施工升降机2台，供垂直运输。

① 墙体工程。

砌筑前应做好砂浆配合比的技术交底及配料的计量准备。砌筑用砖及砌块应在砌筑前一天浇水湿润，一般以水浸入砖四边1.5 cm为宜，含水率：砖为10%～15%，加气块为5%～8%。砌筑前应弹好建筑物的墙体中心线和控制边线，经检查合格后方可施工。除一层砌筑采用双排外脚手架外，其他层砌筑均采用里脚手架。

填充墙施工顺序为：楼层清理→楼层放线→机制砖做底→加气混凝土块砌筑→构造柱、圈梁钢筋、模板、混凝土。

a. 砌墙。砌墙应遵守混凝土砌块规范的各项规定，做好块体组砌，墙体与混凝土柱、墙的拉结，构造柱与圈梁的设置，埋设件或穿墙件的留设，洞口加强措施等，同时应注意以下几点。

砌筑前，将墙体部位的楼板面清理干净，弹出墙身位置线，检查墙或柱上预埋的拉结筋位置是否正确，并清除砌块表面粉尘，然后挂立线和水平线进行砌筑。

砌筑前还应立好皮数杆，根据砌块尺寸和灰缝厚度计算砌块皮数和排数。砌筑时应底面朝上砌筑，横竖灰缝砂浆饱满，上下层错缝搭砌，搭接长度不小于150 mm，否则应在水平灰缝中加设钢筋网片。灰缝宽（厚）8～12 mm，水平灰缝的砂浆饱满度不小于90%，垂直灰缝的砂浆饱满度不小于80%。砂浆稠度控制在5～7 cm，在

4 h以内使用完毕。

框架柱的拉筋应埋入砌体内不小于600 mm。沿砌体高度每隔2～3皮砌块，在墙体内埋放2根ϕ6钢筋(通长)，钢筋应平直无弯曲，与主体结构中预埋铁件焊接牢固，以免因砌筑过高而影响砌体质量。

应按设计规定或施工所需要的孔洞打管道井、沟槽和预埋件或脚手眼等，应在砌筑时预留、预埋或将砌块孔洞朝内侧砌。不得在砌筑好的砌体上打洞、凿槽。

在门窗洞口两侧应采用预制素混凝土砌块砌筑，并在素混凝土砌块中预埋木砖，以便于固定门窗框。

每天砌筑高度不宜超过一步架或1.5 m。当砌块砌到梁底或板底时，应留出20 mm空隙，用斜砖塞紧，保持墙体顶部与梁紧密结合。

b. 构造柱、圈梁的施工。按照设计和规范要求，填充墙长度大于5 m时，墙中部设置构造柱；墙高超过4 m时，在墙中部设置与柱连接的圈梁。构造柱、圈梁等均采用C20混凝土，构造柱的柱顶、柱脚应在主体结构中预埋4ϕ12短竖筋，钢筋搭接长度35d。先砌墙，后浇柱，竖筋用4ϕ12，箍筋用ϕ6@200，墙与柱的拉结筋应在砌墙时预埋。钢筋混凝土圈梁120 mm厚，纵向钢筋放置4ϕ8，箍筋采用ϕ6@250。

拟在现场设小型搅拌站，以满足零星混凝土的搅拌需要。浇筑混凝土时，应注意以下几点。

构造柱：前构造柱根部宜先铺5 cm厚与混凝土配合比相同的水泥砂浆或减石子混凝土。浇筑混凝土构造柱时，先将振捣棒插入柱底根部，使其振动后再灌入混凝土，应分层浇筑、振捣，每层厚度不超过60 cm，边下料边振捣，一般浇筑高度不宜大于2 m。

圈梁：圈梁混凝土每振捣完一段，应随即用木抹子压实、抹平。表面不得有松散混凝土。

振捣：振捣构造柱时，振捣棒尽量靠近内墙插入。振捣圈梁混凝土时，振捣棒与混凝土面应成斜角，斜向振捣，振捣板缝混凝土时，应选用ϕ30小型振动棒。振捣层厚度不应超过振捣棒有效长度的1.25倍。

混凝土养护：混凝土浇筑完12 h以内，应对混凝土加以覆盖并浇水养护。常温时每日至少浇水两次，养护时间不得少于7 d。

② 屋面工程。

屋面工程施工顺序为：15 mm厚1∶2水泥砂浆找平层→70 mm厚水泥聚苯板保温→20 mm厚1∶2.5水泥砂浆找平层→4 mm厚SBS防水卷材。

a. 保温层施工。

工艺流程：基层清理→管根固定→隔气层施工→保温层铺设并找坡。

基层清理：基层表面清理干净，洒水湿润。

管根固定：穿楼板的管根在保温层施工前，应用细石混凝土塞堵密实。

隔气层施工：按设计要求做隔气层，涂刷均匀，无漏刷。

保温层铺设：板块应紧密铺设、铺平、垫稳。保温板缺棱掉脚时，可用同类材料的粉屑加适量的水泥填嵌缝隙。应紧贴基层铺设，铺平垫稳，找坡正确，上、下两层板块缝应错开，表面两块相邻的板边厚度应一致，下层应错缝并嵌填密实。铺设后的保温层上不得直接推车行走或堆积重物。

b. 找平层施工。

找平层施工质量的好坏，直接影响到卷材铺贴质量，施工时必须予以重视。操作前将基层表面清理干净，洒水湿润，刷纯水泥浆一次，随刷随铺砂浆，使之与基层黏结牢固，无松动、空鼓、凹坑、起砂、掉灰等现象。砂浆铺设应由远及近、由高到低进行，最好在每分格内一次连续铺成，严格控制坡度，可用 2 m 长的方尺找平。待砂浆收水后，用抹子压实抹平；终凝前，轻轻取出嵌缝条，完工后表面少踩踏。

工艺流程：基层清理→管根封堵→标高坡度弹线→洒水湿润→找平层施工→养护→验收。

基层清理：将结构层、保温层上表面的松散杂物清扫干净，凸出基层表面的灰渣等黏结杂物要铲掉，不得影响找平层的有效厚度。

管根封堵：大面积做找平层，应先将出屋面的管根、变形缝、屋面暖沟墙根部处理好。

抹水泥砂浆找平层施工如下。

洒水湿润：抹找平层水泥砂浆前，应适当洒水湿润基层表面，主要是利于基层与找平层的结合，但不可洒水过量，以免影响找平层表面的干燥，防水层施工后窝住水汽，使防水层产生空鼓。所以洒水以基层和找平层能牢固结合为度。

贴点标高、冲筋：根据坡度要求，拉线找坡，一般按 1～2 m 贴点标高（贴灰饼）。铺抹找平砂浆时，先按流水方向以间距 1～2 m 冲筋，并设置找平层分格缝，宽度一般为 20 mm，并且将缝与保温层连通，分格缝最大间距为 6 m。

铺装水泥砂浆：按分格块装灰、铺平，用刮杠靠冲筋条刮平，找坡后用木抹子搓平，铁抹子压光。待浮水消失后，以人踏上去有脚印但不下陷为度，再用铁抹子压第二遍即可完工。找平层水泥砂浆一般配合比为 1∶3。

养护：找平层抹平、压实以后 24 h 可浇水养护，一般养护期为 7 d，经干燥后铺设防水层。

c. 卷材防水层施工。

水泥砂浆找平层，养护一周后铺设 SBS 卷材。SBS 卷材施工选用 FL-5 型胶黏剂，涂刷胶黏剂厚薄要一致，待内含溶剂挥发后开始铺贴 SBS 卷材。铺贴采用明火烘烤推滚法，用圆辊筒滚平压紧，排除其间空气，消除皱折。卷材开卷后清除卷材表面隔离物，先在天沟、烟道口、水落口等薄弱环节处涂刷胶黏剂，铺贴一层附加层，再按卷材尺寸从低处向高处分块弹线，弹线时应保证有 10 cm 的重叠尺寸。

工艺流程：清理基层→涂刷基层处理剂→铺贴卷材附加层→铺贴卷材→热熔封边→蓄水试验→保护层。

清理基层:施工前将验收合格的基层表面的尘土、杂物清理干净。

涂刷基层处理剂:高聚特改性沥青卷材施工,按产品说明书配套使用,基层处理剂是将氯丁橡胶沥青胶黏剂加入工业汽油稀释,搅拌均匀,用长把滚刷均匀涂刷于基层表面上,常温经过 4 h 后,开始铺贴卷材。

铺贴卷材附加层:一般用热熔法使用改性沥青卷材施工防水层,在女儿墙、水落口、管根、檐口、阴阳角等细部先做附加层,附加的范围应符合设计和屋面工程技术规范的规定。

铺贴卷材:卷材的层数、厚度应符合设计要求。多层铺贴时接缝应错开,将防水卷材剪成相应尺寸,用原卷心卷好备用,铺贴时随放卷材随用火焰喷枪加热基层和卷材的交界处,喷枪距加热面 300 mm 左右,经往返均匀加热,趁卷材的材料表面刚刚熔化时,将卷材向前滚铺、粘贴,搭接部位应粘贴牢固,搭接宽度应为 80 mm。

热熔封边:将卷材搭接处用喷枪加热,趁热使二者黏结牢固,以边缘挤出沥青为度;末端收头用密封膏嵌填严密。

(4) 装饰工程。

装饰工程是多工种、多工序配合施工的复杂过程,各分项工程开始施工前,应组织有关人员编制技术措施,其内容包括:施工准备、操作工艺、质量标准及成品保护等,应先做样板间,经各方检验确认后,方可进行大面积的施工。装饰工程阶段采用物料提升机作为垂直运输机械,水平运输采用双轮手推车。外装修采用外墙双排脚手架,内装修采用里脚手架和满堂脚手架。

其施工流向为:先室内,后室外;室外装饰自上而下,室内装饰自第五层开始由上而下,再至六层,最后施工一层。

室内装修的施工顺序为:天棚、墙面抹灰→墙面釉面砖→楼地面抹灰→门窗框扇安装→油漆、涂料→玻璃安装。

① 天棚、墙面抹灰。

抹灰坚持“两遍成活”,面层表面光滑洁净,阴阳角顺直方正。抹灰前认真对墙体基层进行处理,并提前一天浇水湿润,然后找规矩,贴灰饼,冲筋。窗口先抹灰,后装塑钢窗窗框。抹窗口时,使用定型塑钢窗框模,确保窗口抹灰方正,上下通顺,水平一致。

抹灰前,检查门窗框及预留洞位置是否正确,预留架眼应提前堵塞填实,砖墙表面的灰尘、污垢和油渍应清除干净。

必须找好规矩,即四角规方,横线找平,立线吊直弹出准线和踢脚线,然后贴饼冲筋,稍干后可进行底层抹灰。抹灰前基层要先刷一道掺 107 胶水泥浆。

阴、阳角抹灰时,要方正、垂直、平整,符合规范要求。

所有门窗洞口及阳角部位,均需先垂直找平后再行抹灰,并用 1∶2 水泥砂浆抹出工程包角线,角边 50 mm,露明 10 mm,并与罩面灰齐。

② 瓷砖饰面。

本工程卫生间及走廊墙面采用瓷砖饰面。其工艺流程为:基层处理→吊垂直套方→找规矩→贴灰饼→抹底层砂排砖→浸砖→镶贴面砖→面砖勾缝与擦缝。

施工前墙面基层清理干净，脚手眼、窗台、窗套等应事先砌筑好，按面砖尺寸、颜色进行选砖，并分类存放备用，大面积施工前应先放大样，并作出样板墙，确定后再施工。

瓷砖使用前应在清水中浸泡 2～3 h 后(以瓷砖吸足水不冒泡为止)，阴干备用。镶贴釉面砖时，先浇水湿润墙面。采用掺 107 胶水泥浆做黏结层，贴时一般从阳角开始，由上往下逐层粘贴。

③ 陶瓷地砖地面施工。

工艺流程：基层处理→找标高、弹线→抹灰饼和标筋→抹找平层砂浆→弹铺砖控制线→铺砖→勾缝、擦缝。

基层处理：将混凝土基层上的杂物清理掉，并用錾子剔掉砂浆落地灰，用钢丝刷刷净浮浆层。如基层有油污时，应用 10%火碱水刷净，并用清水及时将其上的碱液冲净。

找标高、弹线：根据墙上的+50 cm 水平标高线，往下量测出面层标高，并弹在墙上。

抹灰饼和标筋：从已弹好的面层水平线下量至找平层上皮的标高(面层标高减去砖厚及黏结层的厚度)，抹灰饼间距 1.5 m，灰饼上平就是水泥砂浆找平层的标高，然后从房间一侧开始抹标筋(又叫冲筋)。有地漏的房间，应由四周向地漏方向放射形抹标筋，并找好坡度。抹灰饼和标筋应使用干硬性砂浆，厚度不宜小于 2 cm。

抹找平层砂浆(即在标筋间装铺水泥砂浆)：清净抹标筋的剩余浆渣，涂一遍水泥浆(水灰比为 0.4～0.5)黏结层，要随涂刷随铺砂浆。然后根据标筋的标高，用小平锹或木槎子将已拌和的水泥砂浆(配合比为 1∶3～1∶4)铺装在标筋之间，用木抹子摊平、拍实，小木杠刮平，再用木抹子搓平，使其铺设的砂浆与标筋找平，并用大木杠横竖检查其平整度，同时检查其标高和泛水坡度是否正确，24 h 后浇水养护。

弹铺砖控制线：当找平层砂浆抗压强度达到 1.2 MPa 时，开始上人弹砖的控制线。预先根据设计要求和砖板块规格尺寸，确定板块铺砌的缝隙宽度，当设计无规定时，紧密铺贴缝隙宽度不宜大于 1 mm，虚缝铺贴缝隙宽度宜为 5～10 mm。在房间中分纵、横两个方面排尺寸，当尺寸不足整砖倍数时，将非整砖用于边角处。根据已确定的砖数和缝宽，在地面上弹纵、横控制线(每隔 4 块砖弹一根控制线)。

铺砖：为了找好位置和标高，应从门口开始，纵向先铺 2 行或 3 行砖，以此为标筋拉纵横水平标高线，铺时应从里向外退着操作，人不得踏在刚铺好的砖面上，每块砖应跟线，操作程序是：铺砌前将砖板块放入半截水桶中浸水湿润，晾干后表面无明水时，方可使用。找平层上洒水湿润，均匀涂刷素水泥浆(水灰比为 0.4～0.5)，涂刷面积不要过大，铺多少刷多少。

勾缝、擦缝：面层铺贴应在 24 h 内进行勾缝、擦缝工作，并应采用同品种、同标号、同颜色的水泥。勾缝用 1∶1 水泥细砂浆，缝内深度宜为砖厚的 1/3，要求缝内砂浆密实、平整、光滑。随勾随将剩余水泥砂浆清走、擦净。

④ 门窗框扇安装。

本工程窗均采用塑钢窗，内门采用木门，外门有塑钢门、防火门等。塑钢窗配

5 mm厚透明玻璃，塑钢门配 6 mm 厚透明玻璃。

塑钢门窗安装工作应在室内粉刷和室外粉刷找平、刮糙等湿作业完成后进行。塑钢门窗安装工艺流程为：弹线找规矩→门窗洞口处理→门窗洞口内埋设连接软件→塑钢门窗安装拆包检查→按图纸编号运至安装地点→检查塑钢保护膜→塑钢门窗安装→门窗口四周嵌缝、填保温材料→清理→安装五金配件→安装门窗密封条→质量检验→纱扇安装。

塑钢门窗框实行后装工艺，用膨胀螺栓与墙体固定，固定点间距、数量须符合规范规定，确保与墙体间固定牢固。窗框与墙面间的缝隙用岩棉分层填塞，缝隙外表留 5～8 mm 的槽口，填嵌密封材料，确保塑钢窗与墙体的弹性连接。

室内门框应根据图纸位置和标高安装，为保证安装的牢固，应提前检查预埋木砖的数量是否满足要求。木门安装前刷底油防潮，门框对墙面刷沥青漆防腐。木门框安装应在地面工程和墙面抹灰施工以前完成。门框与墙体之间的缝隙，用沥青麻丝分层填塞后再塞灰。缝隙经填嵌后应做到缝平直、光洁、不开裂、不漏嵌、四周缝隙均匀。三天内不得碰撞门框。

⑤ 油漆、涂料。

油漆、涂料严格按操作程序施工，保证不透底、不流坠，无刷痕裹边、无起皮皱纹、无咬色和五金污染现象，表面应光洁、手感柔滑。

⑥ 外墙面砖。

面砖的品种、规格、图案、颜色均匀性必须符合设计要求。砖表面要平整方正，厚度一致，不得有缺楞、掉角和断裂等缺陷。面砖的吸水率不得大于 18%。所用砂浆、水泥必须经检验合格后方可使用。施工前必须搭设好双排脚手架，其横竖杆及拉杆等应离开墙面和门窗口角 15～20 cm。架子的步高要符合施工要求。

工艺流程：基层处理→吊垂直、套方→找规矩→贴灰饼→抹底层砂浆、排砖→浸砖→镶贴面砖→面砖勾缝与擦缝。

外墙面砖施工应做到分格缝控制均匀，纵横通顺，整齐清晰。其具体施工方法如下。

施工时墙面应提前清扫干净，洒水湿润。

吊垂直、套方、找规矩、贴灰饼：大墙面、四角及门窗口边，必须由顶层到底一次弹出垂直线，并确定面砖出墙尺寸，分层设点，做灰饼。横线以楼层为水平线交圈控制，竖向线则以四周大角和柱子为基线控制。每层打底时以此灰饼为基准点进行冲筋，使底层灰横平竖直。同时要注意找好突出檐口、窗台、雨篷等饰面的流水坡度。

抹底层浆：先将墙面浇水湿润，然后用 6 mm 厚 1∶3 水泥砂浆刮一道，接着用相同标号的砂浆与所冲的筋抹平，随即用木杠刮平，木抹搓毛。终凝后浇水养护。

弹线分格：待基层灰达到六七成干时，即可按图纸要求进行分段、分格弹线，同时进行面层贴标准点的工作，以控制面层出墙尺寸及面层的垂直度、平整度。

排砖：根据大样图及墙面尺寸进行横竖向排砖，以保证面砖缝隙均匀，符合设计图纸要求，注意大墙面、垛子要排整砖，以及在同一墙面上的横竖排列，均不得有一行以上的非整砖。非整砖行应排在次要部位，如窗间墙或阴角处等。但也要注意一致和对称。如遇有突出的卡件，应用整砖套割吻合，不得用非整砖随意拼凑镶贴。

浸砖：釉面砖镶贴前，首先要将面砖清扫干净，放入净水中浸泡 2 h 以上，取出待表面晾干或擦干后方可使用。

镶贴釉面砖：镶贴应自上而下进行，墙较高时，可分段进行。在每一分段或分块内的面砖，均为自下而上镶贴。从最下一层砖下皮的位置线先稳好靠尺，以此托住第一皮釉面砖。在面砖外皮上口拉水平通线，作为镶贴的标准。

⑦ 安装工程施工。

a. 给排水安装工程：采用常规施工方法，但要注意抓好以下几个环节，一是配合土建施工及时做好预留洞、预埋件工作；二是搞好安装组合件制备，尽量扩大预制量，减少现场临时加工量；三是组织好安装阶段的交叉穿插施工；四是及时做好单体、分系统和系统的通水和水压试验。

b. 电气安装工程：关键是紧密配合土建预留配电箱洞口及时搞好埋管、敷线和开关、插座安装；并尽量扩大安装件的预制量和预组含量，减少现场工作量。

对安装完毕的设备、器具进行细部处理、调试、试运行。

3）主要技术组织措施

（1）保证工程质量的组织措施。

① 加强技术管理，认真贯彻各项技术管理制度；落实好各级人员岗位责任制，做好技术交底，认真检查执行情况；积极开展全面质量管理活动，认真进行工程质量检验和评定，做好技术档案管理工作。

② 认真进行原材料检验。进场钢材、水泥、砌块、混凝土、焊条等建筑材料，必须提供质量保证书或出厂合格证，并按规定做好抽样检验；各种强度等级的混凝土，要认真做好配合比试验；施工中按规定制作混凝土试块。

③ 加强材料管理。建立工、料消耗台账，实行“当日领料、当日记载、月底结账”制度；对高级装饰材料，实行“专人检验、专人保管、限额领料、按时结算”制度；未经检验，不得用于工程。

④ 认真贯彻质量检验制度，进行质量监督，发现问题及时整改，实行质量奖罚措施。

⑤ 严格控制主楼的标高和垂直度，控制各分部分项工程的操作工艺，完工后必须经班组长和质量检验人员验收，达到预定质量目标签字后，方可进行下道工序施工，并计算工作量，实行分部分项工程质量等级与经济分配挂钩制度。

⑥ 加强工种间的配合与衔接，在土建工程施工时，水、卫、电、暖等工程应与其密切配合，设专人检查预留孔、预埋件等的位置和尺寸，逐层检验，不得遗漏。

（2）保证工程质量的技术措施。

① 桩基础工程质量保证措施。

a. 在挖孔桩施工前，必须认真进行挖孔桩的定位放线工作，用直角坐标法定出每根桩的中心点，然后根据中心点弹出其开挖圆周线。

b. 桩孔中心点的控制。为防止杂物在开挖时落入孔中，便于第一节混凝土护壁施工，防止地表水渗入孔内，开挖前应以桩中心点为中心，按相应的桩径加大40 cm用砖砌一圈，宽度为120 mm，高出井周围地面150～200 mm，同时通过桩中心引两条垂直直径线与井圈相交得四点，在这四点处设置四个钢钉，或用油漆在这四点作标记，作为控制中心点及施工中控制垂直度的依据。要求每模都进行吊中，拆模后进行复检，及时修正，做到中心偏差小于20 mm。

c. 挖孔桩按节挖孔，每一节挖深一般为1 m，每掘进1 m必须当天修筑护壁，根据桩孔中心点校正模板，保证护壁厚度、桩孔尺寸和垂直度，按设计配护壁钢筋，然后浇筑护壁混凝土，上、下护壁间应搭接50 mm，且用钢筋插实以保证护壁混凝土的密实度，四周应均匀浇筑，以保证中心点位置的正确。

d. 当桩孔挖至设计标高时，应及时通知建设方（或监理单位）会同设计、勘察、质监等单位共同鉴定，满足要求后迅速扩大桩头，清理孔底，及时验收。验收后用稍高于设计强度等级的混凝土封底100 mm，防止岩石风化。

e. 吊放钢筋笼时注意不碰撞孔壁。安装时应慢吊慢放，垂直下放到位后，在钢筋笼中心与桩孔中心是否重合，在钢筋笼与井壁间垫混凝土垫块以确保保护层的厚度均等。

f. 在浇筑挖孔桩桩身混凝土过程中，注意防止地下水进入，不能有超过50 mm厚的积水层，否则，应设法把混凝土表面积水层用导管吸干后，才能浇筑混凝土。

② 模板工程质量保证措施。

a. 模板安装前必须熟悉安装的模板图，模板要有足够的强度、刚度和稳定性，拼缝严密，模板最大拼缝宽度应控制在1.5 mm以内。

b. 为了提高工效，保证质量，模板重复使用时应编号定位，清理干净模板上的砂浆，刷隔离剂，使混凝土不掉角，不脱皮，表面光洁。

c. 注意墙、柱、梁、板交接处的模板拼装，做到稳定、牢固、不漏浆。

d. 对固定在模板上的预埋件和预留孔洞不得遗漏，安装应牢固、位置准确，其允许偏差均应控制在允许值内。

e. 模板支模应按规定的作业程序进行，模板未固定前不得进行下一道工序。严禁在连接件和支撑件上攀登，并严禁在上下同一垂直面上装、拆模板。高处作业应配置蹬高用具或搭设支架。

③ 钢筋工程质量保证措施。

a. 施工现场的钢筋必须要有出厂证明书或试验报告单、标牌，由材料员和质检员按照规范标准分批抽检验收，合格后方能加工使用。

b. 钢筋的规范、数量、品种、型号均应符合图纸要求，绑扎成形的钢筋骨架不得超出规范规定的允许偏差范围。

c. 钢筋的接头焊接必须按设计要求和规范标准进行焊接和搭接，钢筋焊接的质量应符合《钢筋焊接及验收规程》(JGJ 18—2012)的规定。

d. 为了保证楼板施工时上、下层钢筋位置准确，应在梁中部区域每 3 m 处加设支撑和混凝土垫块，保证上层钢筋网不被踩踏变形。

e. 独立柱钢筋固定方法：插筋前，在上、下层钢筋网上放置一定位箍筋，并与承台筋点焊连接，插筋放置后再在底面标高以上 800 mm 处扎三道箍筋将柱插筋予以固定。

f. 混凝土浇筑时，应对钢筋尤其是柱的插筋进行跟踪测量，发现问题及时纠正。

④ 混凝土工程质量保证措施。

a. 选择优质砂子、石子、水泥和外加剂，使用时严格按照砂、石、水泥、外加剂配合比配料过秤，以确保混凝土的质量。

b. 混凝土配合比按设计要求进行试配。根据配合比确定的每盘(槽)各种材料用量，均要过秤。

c. 装料顺序：一般先装石子，再装水泥，最后装砂子。需加掺和料时，应与水泥一并加入。

d. 混凝土浇筑若遇雨天，应及时调整混凝土配合比，备足防雨棚布，并做好已浇筑混凝土的保护工作。

e. 混凝土搅拌的最短时间应根据施工规范要求确定，掺有外加剂时，搅拌时间应适当延长。粉煤灰混凝土的搅拌时间宜比基准混凝土延长 10～30 s。

f. 混凝土浇筑前，模板内部应清洗干净，严禁踩踏钢筋。踩踏变形的钢筋应及时地在浇筑前复位。下落的混凝土不得发生离析现象，应保证混凝土表面层养护工作由专人负责。

g. 对班组进行施工技术交底，浇捣实行挂牌制，谁浇捣的混凝土部位，就由谁负责混凝土的浇捣质量，要保证混凝土的质量达到内实外光。

⑤ 砌体工程质量保证措施。

a. 砌体放置一段时间才能使用；砌筑前应充分湿润。

b. 按设计要求设过梁、圈梁带，拉结钢筋及压砌钢筋网片要符合设计要求。

c. 采用合理的组砌方式。

⑥ 装饰工程质量保证措施。

a. 装饰工程开工前应先定标准，做样板经有关人员认可后，方可进行大面积施工。

b. 装饰施工每行一道工序，必须对上一道工序进行全面检查，全部合格后方能进行下一步的施工。

c. 室内抹灰时，凡带洞口的墙仅抹底子灰，暂不抹罩面灰，并在距洞口边缘 100 mm处留反槎。堵洞口时，两侧留槎和堵洞砌块应充分浇水浸润，待表面无明水时可向反槎内掺素水泥浆，用与底灰相同的砂浆抹洞口。当新抹底灰达到一定强度时，将整面墙浇水浸润，水浸入墙体内的深度以 10～15 mm 为宜，再抹罩面灰即可根除洞口边缘裂缝和痕迹。

(3) 安全防火措施。

严格执行各项安全管理制度和安全操作规程，并采取以下措施。

① 进场人员必须进行安全防火教育,提高职工对安全工作的认识,充分发挥“三保”的作用,使职工熟知本工种的安全操作规程。

② 进场人员一律须戴好安全帽,高空作业须系好安全带,并沿建筑物周围随楼层设安全网一道。

③ 禁止双层作业,施工人员一律从指定的出入口通行,并在通行口处搭好安全防护棚。

④ 所使用的各种机械、工具要定期进行检查,不得带电作业。所有电气设备,一律做接零保护,非机械操作人员禁止操作各种机械。

⑤ 在各层预留洞口、通道口及楼梯两侧加以封闭或加防护栏。

⑥ 暂设线路设专人管理,非电工和无操作证的电工一律禁止动用电气设施,电工用电要安装好触电保护器材。

⑦ 固定的塔吊、物料提升机等应设避雷装置,其接地电阻不大于 4 Ω。所有机电设备,均应由专人负责。

⑧ 塔式起重机基座、升降机基础、龙门架地基必须坚实,雨期要做好排水导流工作,防止塔、架倾斜事故发生,作业前必须仔细检查悬挑脚手架的牢固程度。

⑨ 任何人不得从楼上往下扔任何物体。各层电梯口、楼梯口、预留洞口设置安全护栏。

⑩ 加强防火、防盗工作,指定专人巡检。每层要设防火装置,第三层、第六层设一临时消防栓。在施工期间严禁非施工人员进入工地。

⑪ 未列项目严格按安全操作规程及有关文件认真执行。

(4) 雨期施工措施。

工程所在地年降水总量达 1 223.9 mm,日最大降水量达 189 mm,时最大降水量达 59.2 mm,为此设气象预报情报人员一名,与气象台(站)建立正常联系,做好季节性施工的参谋。此外,要做好以下准备工作。

① 施工现场按规划做好排水管沟工程,及时排除地面雨水。

② 做好塔吊、井架、电机等设备的接地、接零及防雷装置。

③ 配置一定数量的覆盖物品,保证尚未终凝的混凝土免受雨水冲淋。

④ 做好脚手架、通道的防滑工作。

(5) 确保施工工期的保证措施。

根据甲方要求,该工程工期定为 180 天,为确保按期竣工,特采取以下措施。

① 由建设单位、施工单位双方组成现场领导小组,密切协作配合,及时解决施工准备和施工过程中的各种问题,确保工程顺利进行。

② 加强施工现场的组织领导,成立施工现场项目经理部,统一指挥,协调项目经理部内各部门之间的协作配合及工序搭接;按照拟订的施工组织设计的进度计划,精心组织施工;根据施工段和施工层的划分,要集中人力、物力组织钢筋绑扎、模板安装、混凝土浇灌和粉刷等工序进行流水作业,同时上、下主体装饰交叉组成多层

次、多部位施工的综合性施工工程序，保证施工连续地、均衡地、有节奏地开展。

③ 在施工过程中，加强技术、材料、质量、安全、进度及施工现场等各方面的管理工作。落实项目经理部内各项岗位责任制，严格实行奖罚制度，保证工程按期竣工。

④ 采取切实可行的雨季施工措施，尽量减少停工，确保施工进度和质量。

⑤ 为了确保施工进度计划，尽可能提前完成主体工程，使粉刷工程有更多的时间，施工高峰期可适当组织两班作业，在农忙期间采取有效措施尽量少减员，使工程进度不受较大的影响。

⑥ 在混凝土中掺加早强剂，加速混凝土的硬化，减少工艺间歇时间，加快施工进度。

(6) 确保文明施工的技术组织措施。

① 建立现场文明施工制度。文明施工要落实到人，按照公司现场文明施工检查评分办法进行打分，每月进行一次。

② 施工现场按照文明施工的有关规定，在明显位置设立施工标牌、主要管理人员名单、总平面图等。

③ 实行分项包干制度，生活区域及施工现场划分出清洁责任区，现场保持整洁、平整、道路畅通、不积水。

④ 现场材料堆放必须做到散材成方、型材成垛，并标明位置。

⑤ 现场管理人员及操作人员必须佩戴胸卡。

⑥ 严格遵守地方政府和有关部门对施工噪声等的管理规定。

⑦ 对各工种操作人员进行教育，在施工中搬运架管和钢模板要轻拿轻放，不得乱扔，减少噪声。

⑧ 木工电锯不得在深夜使用，因夜深人静时噪声传声很远，在夜晚十点到次日凌晨，主要进行无噪声施工操作。

5.9.3　施工进度计划的编制

1) 划分施工项目，确定劳动工日数

劳动工日数的确定，如表 5-29 所示。

表 5-29　劳动量一览表

序号	分项工程名称	劳动量/工日(或台班)	序号	分项工程名称	劳动量/工日(或台班)
	基础工程		6	承台混凝土、基础梁混凝土	39
1	人工挖孔桩	455	7	砖基础	79
2	开挖基础土方、截桩头	232	8	回填土	258
3	混凝土垫层			主体工程	
4	承台、基础梁模板	137	9	脚手架	237
5	承台、基础梁钢筋(含构造柱筋)	86	10	柱筋	345

续表

序号	分项工程名称	劳动量/工日(或台班)	序号	分项工程名称	劳动量/工日(或台班)
11	柱、梁、板模板(含楼梯)	3 468	19	屋面防水层	124
12	柱混凝土	298		装饰工程	
13	梁、板筋(含楼梯)	1 080	20	顶棚墙面中级抹灰	1 645
14	梁、板混凝土(含楼梯)	756	21	外墙面砖	521
15	拆模	396	22	楼地面及楼梯地砖	846
16	砌空心砖墙(含门窗框)	1 101	23	门窗扇安装	365
	屋面工程		24	油漆、涂料	798
17	保温隔热层(含找坡)	118	25	室外散水、台阶等	62
18	屋面找平层	89		水、电	—

2）编制施工进度计划表

本教学楼工程合同工期为220天(日历天数),考虑施工准备工作为15天,水、电安装及工程收尾15天,因此,安排进度计划时以190天作为工期要求。

为便于计划安排和按期完成施工任务,以基础、主体、装修三大分部工程的施工进度来控制单位工程的工期。基础工程工期一般占总工期的18%～25%(含桩基础),本工程取20%,则其控制工期为:190天×20%＝38天。主体工程工期一般占总工期的40%～45%,本工程取42%,则其控制工期为:190天×42%≈80天。装修工程的控制工期为:190天×(1－20%－42%)≈72天。

(1) 基础工程。

根据施工方案,基础工程划分两段组织流水施工,由于桩基础不分段,故纳入流水施工的项目有四个,即挖土及垫层、承台及基础梁、砖基础和回填土。

① 计算流水节拍。

桩基础劳动量为455工日,安排30人,持续时间为(455÷30)天≈15天。

土方开挖班组人数为30人,持续时间为(232÷30)天≈8天,流水节拍为4天。

承台及基础梁支模板劳动量为137工日,施工班组人数为35人,流水节拍为2天。

承台及基础梁扎钢筋劳动量为86工日,施工班组人数为25人,流水节拍为2天。

承台及基础梁浇混凝土劳动量为39工日,施工班组人数为20人,流水节拍为1天。

砖基础及回填土的流水节拍各为2天,其施工班组人数分别为20人和30人。

② 工期计算。

$$T_1 = (15 + 4 \times 2 + 2 + 2 + 1 + 2 + 2)\text{天} = 32\text{天}$$

(2) 主体工程。

主体工程每层划分两段,六层共12段。

主体工程包括立柱子钢筋,安装柱、梁、板模板,浇捣柱子混凝土,梁、板、楼梯钢筋绑扎,浇捣梁、板、楼梯混凝土,搭脚手架,拆模板,砌空心砖墙等施工过程,主导施工过程是柱、梁、板模板安装，后三个施工过程属平行穿插施工过程，只要根据施工工艺要求，尽量搭接施工即可，不纳入流水施工。本工程中平面上划分为两个施工段即 $m_0=2$，主体工程施工段数为 $M=2\times6=12$。由于有层间关系，要保证主导施工过程流水施工，避免发生层间间断，出现窝工现象，必须处理好每层的施工段数 m_0 与参与流水施工的施工过程数 n 之间的关系。本工程中，主导施工过程是柱、梁、板模板安装，柱、梁、板、楼梯钢筋绑扎及浇捣混凝土为次要施工过程。为便于组织，将次要施工过程综合为一个施工过程来考虑其流水节拍，且流水节拍之和不得大于主导施工过程的流水节拍，以保证主导施工过程的连续性，因此，主体工程参与流水的施工过程数 $n=2$ 个，满足 $m_0\geqslant n$ 的要求。其具体组织如下。

① 计算流水节拍。

柱、梁、板模板劳动量为 3 468 个工日，为主要施工过程，两班制施工，每班人数为 24 人，流水节拍为 6 天。

柱子钢筋劳动量为 345 个工日，一班制施工，施工班组人数为 30 人，流水节拍为 1 天。

柱子混凝土劳动量为 298 个工日，一班制施工，施工班组人数为 25 人，流水节拍为1 天。

梁、板钢筋劳动量为 1 080 个工日，一班制施工，施工班组人数为 45 人，流水节拍为 2 天。

梁、板混凝土劳动量为 756 个工日，一班制施工，施工班组人数为 30 人，流水节拍为 2 天。

拆模施工过程计划在梁、板混凝土浇捣 12 天后进行，施工班组人数为 18 人，一班制施工，流水节拍为 2 天。

② 工期计算。

由于搭脚手架，拆模板，属于平行穿插施工过程，不占工期，因此

$$T_{主体}=[6\times12+(1+1+2+2)]天=(72+6)天=78 天$$

(3) 围护工程。

围护工程包括墙体工程和屋面工程等内容。

① 墙体工程。

砌墙在拆模以后进行，一层一段，共六个施工段。

a. 流水节拍的确定。

砌墙(含门窗框)劳动量为 1 101 个工作日，施工班组人数为 30 人，一班制施工，每层一段，共六段，其每层工作时间为 6 天。

b. 工期计算。

$$T_{墙体}=(6\times6)天=36 天$$

② 屋面工程。

屋面工程包括屋面保温隔热层、找平层和防水层三个施工过程。考虑到屋面防水要求高，所以不分段施工，即采用依次施工的方式。

a. 流水节拍的确定。

屋面保温隔热层劳动量为 118 个工日，施工班组人数为 20 人，一班制施工，其

施工持续时间为：$t_{保温}=(118\div20)$天≈6 天。

屋面找平层劳动量为 89 个工日，18 人，一班制施工，其施工持续时间为：$t_{找平}=(89\div18)$天≈5 天。

屋面找平层完成后，安排 7 天的养护和干燥时间，方可进行屋面防水层的施工。

SBS 改性沥青防水层劳动量为 124 个工作日，安排 22 人一班制施工，其施工持续时间为：$t_{防水}=(124\div22)$天≈6 天。

b. 工期计算。

$$T_{屋面}=(6+5+7+6)\text{天}=24\text{ 天}$$

③ 装饰工程。

装饰工程包括顶棚墙面中级抹灰、外墙贴面砖、地面垫层、楼地面及楼梯铺地砖、铝合金窗扇安装、胶合板门安装，内墙刷涂料、油漆等施工过程。地面垫层可以在模板拆除后穿插施工，不参与流水，因此参与流水的施工过程数为 $n=7$ 个。

装饰工程采用自上而下的施工起点流向。结合装饰工程的特点，把每层房屋视为一个施工段，共六个施工段（$m=6$），其中抹灰工程是主导施工过程，组织有节奏的流水施工如下。

a. 流水节拍的确定。

顶棚墙面中级抹灰劳动量为 1 645 个工日，施工班组人数为 45 人，一班制施工，其流水节拍为 6 天。

外墙贴面砖劳动量为 521 个工日，施工班组人数为 30 人，一班制施工，其施工持续时间为 18 天。

楼地面及楼梯铺地砖劳动量为 846 个工日，施工班组人数为 28 人，一班制施工，其流水节拍为 5 天。

门窗扇安装劳动量为 365 个工日，施工班组人数为 20 人，一班制施工，流水节拍为3 天。

内墙刷涂料、油漆劳动量为 798 个工日，施工班组人数为 34 人，一班制施工，流水节拍为 4 天。

室外散水、台阶等劳动量为 62 个工日，施工班组人数为 15 人，流水节拍为4 天。

b. 工期计算。

由于外墙面砖与室内抹灰工程平行施工，不影响工期计算，故纳入流水施工的施工过程共有 6 个，即顶棚墙面抹灰、楼地面及楼梯铺地砖、门窗扇安装、胶合板安装，内墙刷涂料油漆、室外散水等。

$$\begin{aligned}T_L &= (t_{抹灰}+t_{地面}+t_{安装}+t_{油漆})\times6+t_{散水}\\ &= (6+3+5+3+4)\text{ 天}\times6=126\text{ 天}\end{aligned}$$

将基础工程、主体工程、装修工程这三部分施工进度计划进行合理搭接，并在基础工程与主体工程之间，加上搭脚手架的工序。在主体工程与装修工程之间，以围护工程作为过渡连接。最后把室外工程和其他扫尾工程考虑进去形成单位工程的施工进度计划，见图 5-15。

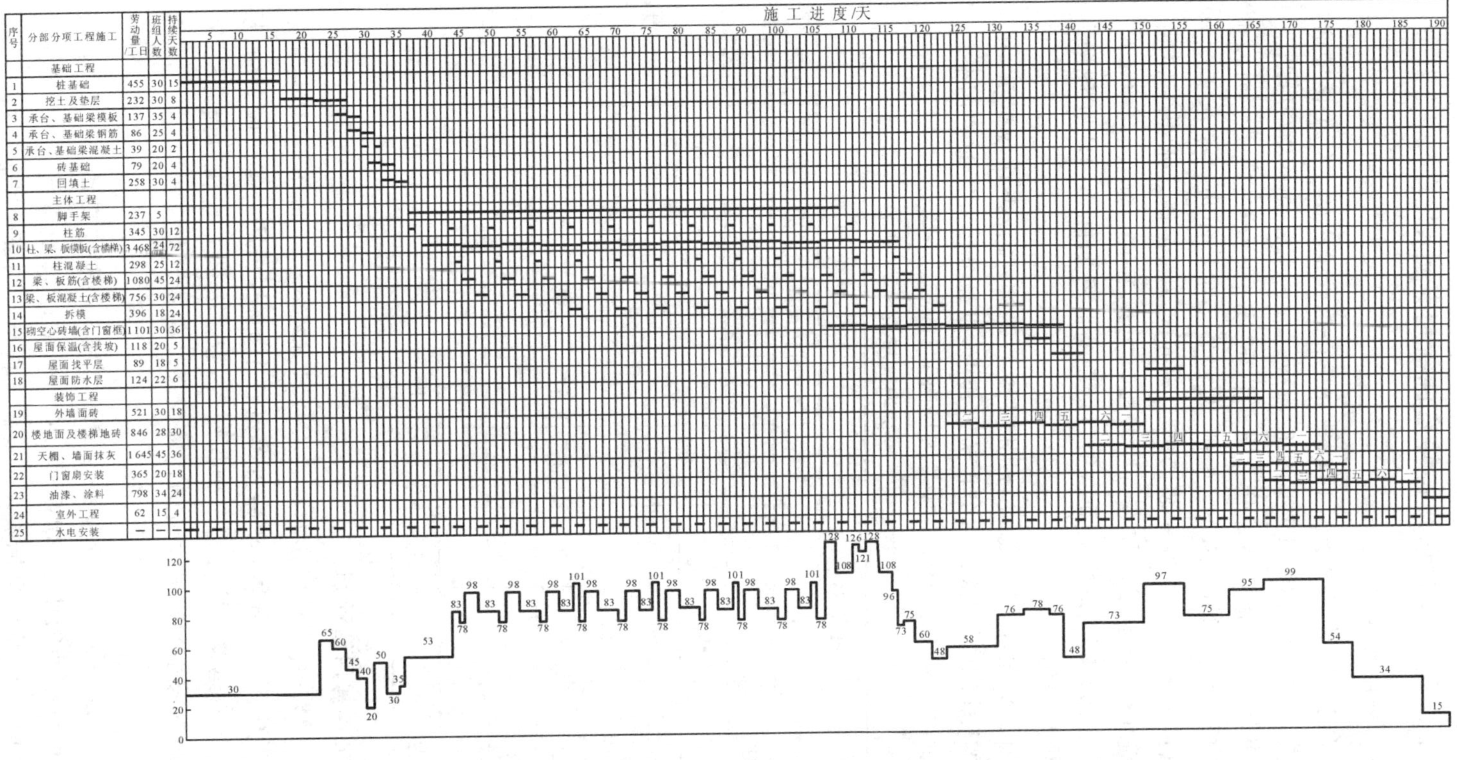

序号	分部分项工程施工	劳动量/工日	班组人数	持续天数
	基础工程			
1	桩基础	455	30	15
2	挖土及垫层	232	30	8
3	承台、基础梁模板	137	35	4
4	承台、基础梁钢筋	86	25	4
5	承台、基础梁混凝土	39	20	2
6	砖基础	79	20	4
7	回填土	258	30	4
	主体工程			
8	脚手架	237	5	
9	柱筋	345	30	12
10	柱、梁、板模板(含楼梯)	3 468	24	72
11	柱混凝土	298	25	12
12	梁、板筋(含楼梯)	1 080	45	24
13	梁、板混凝土(含楼梯)	756	30	24
14	拆模	396	18	24
15	砌空心砖墙(含门窗框)	1 101	30	36
16	屋面保温(含找坡)	118	20	5
17	屋面找平层	89	18	5
18	屋面防水层	124	22	6
	装饰工程			
19	外墙面砖	521	30	18
20	楼地面及楼梯地砖	846	28	30
21	天棚、墙面抹灰	1 645	45	36
22	门窗扇安装	365	20	18
23	油漆、涂料	798	34	24
24	室外工程	62	15	4
25	水电安装	—	—	—

图5-15　某教学楼工程施工进度计划(工期: 190天，劳动力不均衡系数: K=1.84)

5.9.4 施工准备工作规划及各种资源需用量计划

1）劳动力需用量计划

根据工程施工需要，在各施工阶段建立主导工程施工队。施工队中应包括该阶段施工的主要工种。在基础、主体施工阶段应选择一支素质高、能打硬仗、不受秋收季节影响的综合型施工作业队伍作为本工程施工的主力军，负责该阶段的混凝土、模板、钢筋分项工程的施工。砌墙、粉刷、装修施工阶段组成两个施工队，主要由瓦工、粉刷工负责砌墙、粉刷。专业装修施工队负责室内装修。水电安装由公司水电分公司承担施工，水电施工队要在各阶段配合土建施工。施工员、技术员、质检员、安全员、测量员、机械工、试验员等由项目部配备。各职能部门均在现场办公，直接参与施工管理和协调。

在结构施工阶段，由于钢筋、模板和混凝土数量大，任务比较饱满，故三大工种采取专业队的劳动组织形式进行分段流水作业，以充分提高工时利用率。

各施工阶段所需主要工种人数及进场时间详见表 5-30。

表 5-30 劳动力需用量计划

序号	工种名称	最高人数	进场月份							
			2月	3月	4月	5月	6月	7月	8月	9月
1	普通工	30	30	30						
2	瓦工	30		20				30		
3	混凝土工	60	30							
4	钢筋工	45	25	45	45	45	45	45		
5	木工	45	35	45	45	45	45	45		
6	抹灰工	120					20	80	80	120
7	油漆工	20							20	20
8	其他	15	15	15	15	15	15	15	15	15

2）施工机具需用量计划

垂直施工机具：在现场南立面布置安装自升塔式起重机 1 台，塔吊中心线距外墙 4 m，回转半径 50 m，塔高 35 m，可覆盖整个工程，满足主体阶段钢筋、模板及脚手架等材料的垂直运输。主体施工到顶层后，着手安装 2 台物料提升机，可满足建筑材料、砌筑材料及小型机械设备的运输。现场设置混凝土搅拌站 1 个，用于少量混凝土搅拌。

现场配置 2 台 HBC60 高压混凝土输送泵加快混凝土的施工。设钢筋成型、切断机械 1 套，负责钢筋的成型、切断；配木工机械 1 套，负责模板及木制品的制作。待主体施工到顶层后，将塔吊拆除。主要施工机具需用量详见表 5-31。

表 5-31　主要施工机具需用量计划表

序号	机具名称	规格	数量	进场日期	用途
1	自升固定式塔吊	QTZ-40	1	2009 年 3 月 15 日	垂直运输
2	拖式混凝土高压输送泵	HBT60A	1	2009 年 3 月 5 日	输送混凝土
3	混凝土泵车	28 m	1	2009 年 2 月 15 日	输送混凝土
4	砂浆搅拌机	JHZ250	4	2009 年 7 月 10 日	砂浆搅拌
5	对焊机	UM-100	1	2009 年 2 月 15 日	钢筋焊接
6	钢筋切断机	GQ32-1	1	2009 年 2 月 15 日	钢筋加工
7	钢筋成型机	GW40	1	2009 年 2 月 15 日	钢筋加工
8	钢筋调直机	GT3/9	1	2009 年 2 月 15 日	钢筋调直
9	电锯	MT104	2	2009 年 2 月 25 日	模板加工
10	电刨	MA3504	1	2009 年 2 月 25 日	模板加工
11	混凝土搅拌机	400 L	1	2009 年 7 月 10 日	混凝土搅拌
12	砂浆搅拌机	350 L	2	2009 年 2 月 25 日	砂浆搅拌
13	混凝土振动棒	HZ70	5	2009 年 2 月 15 日	振捣梁、柱混凝土
14	平板振动器	—	2	2009 年 2 月 25 日	振捣板混凝土
15	交直流电焊机	BX330	4	2009 年 2 月 15 日	铁件等焊接
16	蛙式打夯机	HW60	2	2009 年 2 月 25 日	土方夯实
17	物料提升机	SMZ150	2	2009 年 7 月 10 日	垂直运输
18	汽车吊	15 t	1	2009 年 2 月 20 日	下钢筋笼

3）主要材料需用量计划

根据施工所需材料用量及施工进度计划要求，本教学楼工程主要材料需用量计划见表 5-32。

表 5-32　主要材料需用量计划表

序号	材料名称	单位	总需用量	进场日期
1	水泥	t	508	2009 年 3 月 1 日
2	钢筋	t	254	2009 年 2 月 15 日
3	模板	m^3	35	2009 年 3 月 5 日
4	混凝土	t	1 732	2009 年 3 月 20 日
5	标准砖	千块	37	2009 年 3 月 1 日
6	砌块	m^3	1 008	2009 年 7 月 5 日
7	砂	m^3	954	2009 年 3 月 1 日
8	SBS 卷材	m^2	1 393	2009 年 7 月 25 日

续表

序号	材料名称	单位	总需用量	进场日期
9	石灰膏	m^3	61	2009年6月5日
10	玻璃	m^2	70	2009年8月10日
11	面砖	m^2	32	2009年7月20日
12	水泥聚苯板	m^2	1 099	2009年6月28日

5.9.5 施工平面图

本工程采用商品混凝土,主体施工阶段现场不需要设混凝土搅拌机及砂石堆场。

1) 起重运输机械位置的确定

基础回填土进行完毕,即可在建筑物的北面安装一台QTZ-40型自升固定式塔吊,如图5-16所示。

2) 各种作业棚、工具棚的布置

(1) 钢筋棚及堆场。每个钢筋工需作业棚3 m^2,堆场面积为其2倍,因此,按高峰时钢筋工人数45人计算,需钢筋棚$(3\times45)\ m^2=135\ m^2$,堆场$(135\times2)\ m^2=270\ m^2$。

(2) 木工棚及堆场。每个木工需作业棚2 m^2,堆场面积为其3倍,按高峰时木工45人计算,另加一台圆锯所需面积40 m^2,则木工棚为$(2\times45+40)\ m^2=130\ m^2$,堆场为$(2\times45\times3)\ m^2=270\ m^2$。

3) 临时设施

(1) 办公室。按10名管理人员考虑,每人3 m^2,则办公室面积为$(3\times10)\ m^2=30\ m^2$。

(2) 工人宿舍。主体施工阶段最高峰人数为215名,由于建设单位已提供了60个床位的工人宿舍,因此现场还需搭设155名工人的宿舍,每人3 m^2,则工人宿舍面积为$(3\times155)\ m^2=465\ m^2$。

(3) 食堂及茶炉房总面积30 m^2。

(4) 厕所面积10 m^2。

4) 临时道路

利用原有道路及将来建成后的永久性道路位置作为临时道路,工程结束后再修筑。

5) 临时供水、供电

(1) 供水。供水线路按枝状布置,根据现场总用水量要求,总管直径为100 mm,支管直径为40 mm。

(2) 供电。直接利用建筑物附近建设单位的变压器。现场设一配电箱,通向塔吊的电缆线埋地设置。

以上内容如图5-16所示。

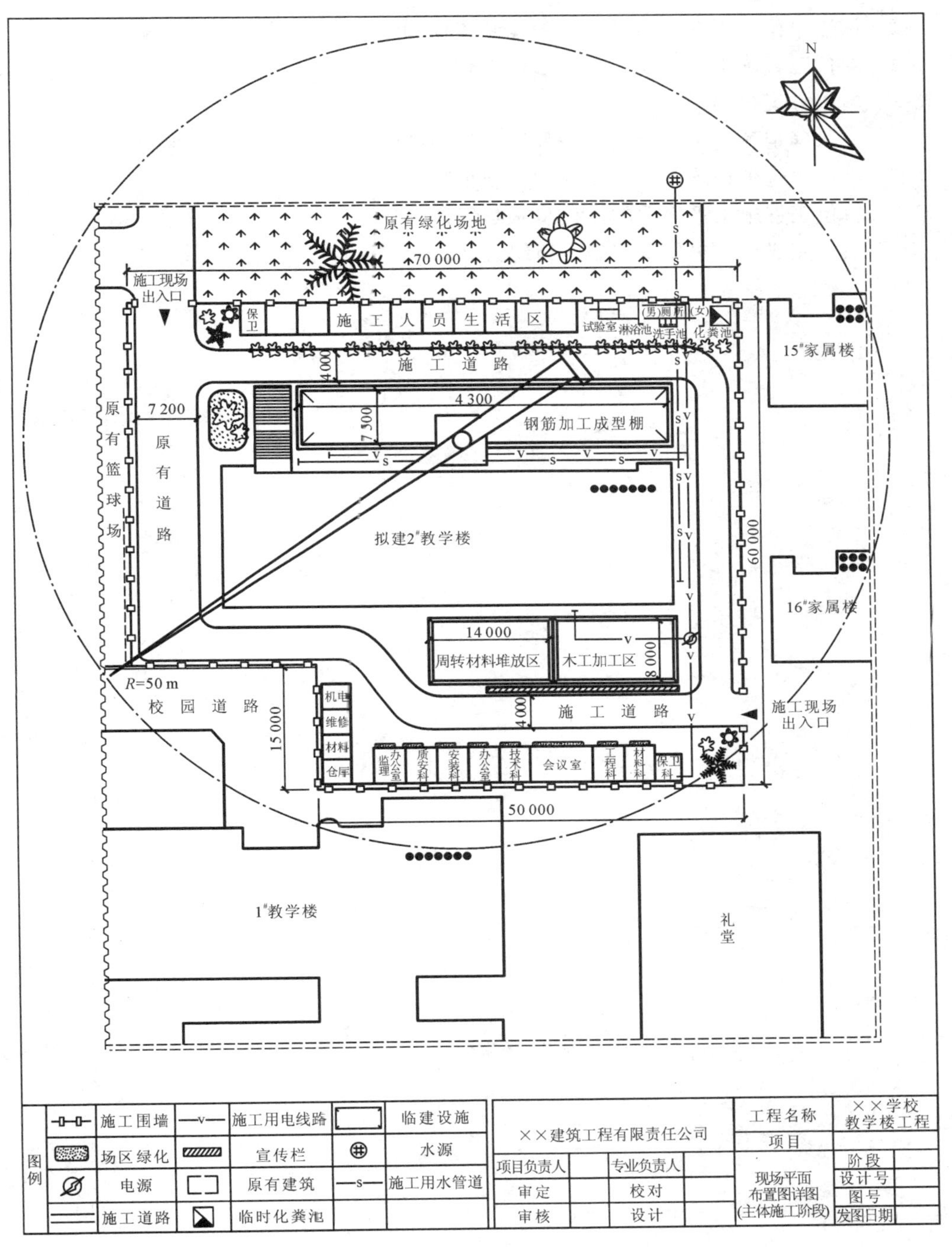

图 5-16　教学楼主体施工阶段平面布置图

【思考与练习】

5-1 试述单位工程施工组织设计的编制依据和程序。

5-2 单位工程施工组织设计包括哪些内容?

5-3 施工方案包括哪些内容?

5-4 如何确定各施工过程的先后顺序?举例说明。

5-5 试述单位工程施工进度计划的编制步骤。

5-6 单位工程施工平面图的设计步骤是怎样的?

5-7 独立完成一份单位工程施工组织设计。

参考文献

[1] 武佩牛.建筑施工组织与进度控制[M].北京:中国建筑工业出版社,2006.

[2] 中国建设监理协会.建设工程进度控制[M].北京:中国建筑工业出版社,2016.

[3] 翟丽旻,姚玉娟.建筑施工组织与管理[M].北京:北京大学出版社,2009.

[4] 危道军.建筑施工组织[M].3版.北京:中国建筑工业出版社,2014.

[5] 毛小玲,江洋.建筑施工组织[M].3版.武汉:武汉理工大学出版社,2015.

[6] 郭庆阳.建筑施工组织[M].2版.北京:中国电力出版社,2014.

[7] 蔡红新,陈卫东,苏丽珠.建筑施工组织与进度控制[M].2版.北京:北京理工大学出版社,2014.

[8] 彭圣浩.建筑工程施工组织设计实例应用手册[M].4版.北京:中国建筑工业出版社.2016.